BIBLIOTHÈQUE INSTRUCTIVE

H. LE CHARTIER ET G. PELLERIN

MADAGASCAR

BIBLIOTHÈQUE INSTRUCTIVE

MADAGASCAR

CORBEIL. — IMPRIMERIE CRÉTÉ.

BIBLIOTHÈQUE INSTRUCTIVE

MADAGASCAR

DEPUIS SA DÉCOUVERTE JUSQU'A NOS JOURS

PAR

H. LE CHARTIER & G. PELLERIN

OUVRAGE

Orné de 60 gravures et accompagné d'une carte de Madagascar.

PARIS

LIBRAIRIE FURNE

JOUVET ET Cie, ÉDITEURS

5, RUE PALATINE, 5

M DCCC LXXXVIII

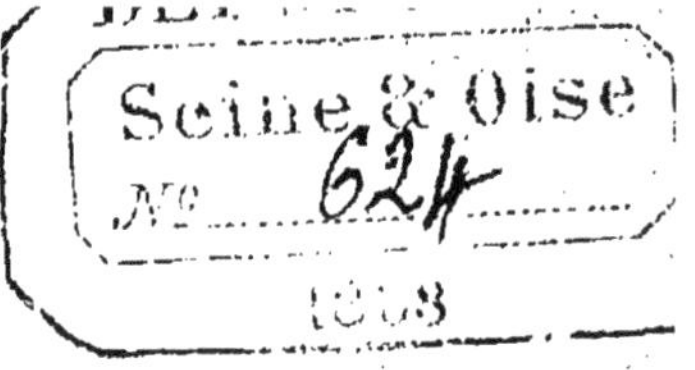

MADAGASCAR

CONSIDÉRATIONS PRÉLIMINAIRES

Les événements survenus à Madagascar, pendant ces dernières années, et le traité qui en a été la conséquence, entre la France et le gouvernement hova, ont éveillé chez nous, au plus haut point, la curiosité publique sur cette île sauvage de l'océan Indien, jusqu'alors peu connue. Nous croyons répondre au désir de nos lecteurs, en leur livrant une étude approfondie et détaillée de ce monde presque nouveau, de même que, dans nos précédents ouvrages : « La Nouvelle-Calédonie et les Nouvelles-Hébrides, Tahiti et les colonies françaises de la Polynésie », nous avons examiné les questions pendantes entre la France et l'Angleterre, au sujet de ces possessions lointaines.

Placée dans le voisinage des îles de la Réunion et de Maurice, autrefois l'île de France, flanquée de nos avant-postes : Sainte-Marie, Nossi-Bé, Nossi-Faly, Nossi-Mitsiou, Mayotte, l'île de Madagascar, jadis honorée du titre de *France orientale*, a les dimensions d'un petit continent. Elle doit nous être d'autant plus précieuse que, malgré nos droits imprescriptibles, elle a failli nous échapper sans retour, et qu'aujourd'hui encore elle nous est disputée avec acharnement par les sourdes intrigues de l'Angleterre.

Sa conquête, bien que basée sur un protectorat hybride, consacre l'avenir de la France dans les mers du sud. Si nous savons utiliser les nombreux avantages qu'elle nous offre, elle est appelée, en peu de temps, à devenir la perle de notre écrin colonial, quelque chose comme notre Australie.

Ligne de retraite en cas de désastre naval, port d'attache en temps de paix, elle peut à la fois servir d'escale à nos vaisseaux et de point de concentration à nos escadres, d'où, comme au temps légendaire des Suffren et des Labourdonnais, elles s'élanceront à la poursuite du pavillon britannique, soit pour la défense de nos colonies polynésiennes, soit à l'attaque de l'Australie et de la Nouvelle-Zélande, soit, surtout, pour la récupération de l'île Maurice, cette sœur de l'île de la Réunion, dont le traité de 1814 l'a si violemment et si douloureusement séparée.

N'envisageant, à cette heure, que son importance maritime, nous passons sous silence, pour y revenir plus tard, les trésors inépuisables qu'elle tient à portée de notre main, si nous avons la volonté et la persévérance de travailler à les exploiter.

Les Anglais, nos maîtres en pareille matière, ont tellement bien compris ces divers avantages, qu'après avoir suscité contre nous les difficultés diplomatiques et extra-diplomatiques les plus inextricables, ils ne peuvent encore se résoudre philosophiquement à voir tomber de leur bec de vautour ce succulent gâteau.

Voilà ce qu'il leur en coûte d'avoir si bien chanté! Tout en écoutant distraitement leurs réclamations, nous avons agi. Et, pour la première fois que nous sommes sortis de notre attitude expectante, nous nous en trouvons bien.

D'hier à aujourd'hui, quelle différence essentielle

s'est opérée subitement dans nos conditions de voyage, sur la grande route des Indes!

Hier, avec de superbes colonies égrenées dans l'Océan, à des milliers de lieues les unes des autres, du Sénégal à la Nouvelle-Calédonie, nous n'avions pas un port de refuge pour abriter nos flottes, en cas de défaite ou d'avaries, pas une station de ravitaillement pour nos transports, en cas d'expédition lointaine.

La guerre du Tonkin nous a prouvé combien il était imprévoyant de s'embarquer pour les antipodes, sans être sûr, tout au moins, de trouver un dépôt de charbon pour renouveler les provisions épuisées de nos cuirassés, un magasin de munitions prêt à expédier rapidement les réserves de son arsenal, un poste de renfort pouvant, à moitié route, fournir, sans perte de temps, des troupes fraîches et déjà faites aux rigueurs de ces climats exotiques.

Aujourd'hui, grâce à la baie de Diégo Suarez, au nord-est de Madagascar, nous tenons cette escale indispensable, qui est, en même temps, une des rades les plus merveilleuses du monde, non seulement par sa situation exceptionnelle, mais encore par son cadre immense et sa position naturelle à l'abri des coups de vent, si dangereux dans l'océan Indien.

Indépendamment de ces considérations politiques, quel entrepôt et quel débouché pour notre commerce national!

Voisine des *îles Comores*, récemment placées sous notre protectorat, des *îles Seychelles* (possession anglaise) et du groupe des *Mascareignes*, à proximité de la côte orientale d'Afrique, devenue l'objet des convoitises de toutes les nations européennes, du *Zanzibar* visé par l'Allemagne, des colonies du *Cap* et du *Transwal;* sur la route de la mer Rouge, du golfe

Persique, de l'Indoustan, des îles de la Sonde, Madagascar prend une importance de premier ordre, qui lui permettra de jouer, dans les mers du Sud, le rôle prépondérant accaparé par l'Angleterre dans les mers du Nord.

Ce jour-là, nous pourrons lutter à armes égales et avec chances de succès. Espérons, qu'avec cet atout dans notre jeu, l'avenir nous réserve la destinée glorieuse de rattacher à la métropole les fleurons de notre couronne coloniale tombés au pouvoir de notre ennemie séculaire, faute d'avoir pu, jusqu'ici, disposer des moyens suffisants pour les soustraire à son action envahissante.

MADAGASCAR

CHAPITRE PREMIER

NOTICE HISTORIQUE.

Madagascar a, sans doute, été connue, de toute antiquité, par les peuplades du Zanzibar et du Somali.

Quand l'influence arabe s'étendit sur la côte orientale de l'Afrique, pénétra-t-elle jusqu'à elle? Si ce n'est certain, c'est du moins probable. Ce serait également vers la même époque (VIIe siècle) que les Chinois seraient entrés en relations commerciales avec les *Madégaches*. Aussi, plusieurs géographes, des plus autorisés, se plaisent-ils à retrouver dans la grande île franco-malgache l'ancienne *Cerne* de Pline, la *Menuthias* de Ptolémée, la *Phebol*, la *Taprobane*, la *Zaledj* d'Edrisi, la *Saraudile* ou la *Camboulou* de Massoudi.

Le premier Européen qui mentionna son existence fut Marco Polo, vers la fin du treizième siècle. Et encore, n'en parle-t-il que d'après des récits arabes, ainsi qu'il résulte d'une de ses relations. Elle ne fut réellement découverte que trois siècles plus tard, en 1506, par des Portugais qu'y jeta la tempête.

Suivant la même route que Vasco de Gama qui, en

1497, passa presque en vue de Madagascar, sans l'apercevoir, Fernando Suarez et Tristan d'Acunha, allant, eux aussi, à la conquête des Indes, furent brusquement surpris par une violente tempête qui divisa leur flotte, dont une partie, placée sous le commandement de Fernando Suarez, se réfugia sur la côte orientale de l'île. Quelques mois après, un autre vaisseau de Tristan d'Acunha, sous les ordres de Ruy Pereira, éprouvait le même sort, mais sur la côte opposée. Enthousiasmé de sa découverte, Ruy Pereira rejoignit aussitôt son commandant, pour l'en informer, et revint avec lui explorer les côtes. Comme il arrive souvent, en pareille occasion, la légende mensongère a fait bénéficier le chef de l'œuvre de son subordonné; elle attribue à d'Acunha tout l'honneur de cette découverte. Et, suprême consécration de la gloire, c'est lui seul que le Camoëns célèbre dans sa « *Lusiade* ».

La même année, Lorenzo Almeïda, premier vice-roi des Indes orientales, débarquait à Madagascar. Voulant y léguer le souvenir durable de son passage, il la baptisait du nom d'île Saint-Laurent, parce qu'il y abordait le jour de la fête de ce saint.

En 1509, Emmanuel de Portugal y envoyait Diégo Lopez de Siqueyra, et, en 1510, Juan Serrano.

Vers la fin de juillet 1529, deux navires dieppois, commandés par les frères Parmentier et se rendant à Sumatra, reconnurent l'île de Madagascar et s'en approchèrent. Ils furent assez mal accueillis par les indigènes; après avoir vu massacrer trois de leurs compagnons, ils s'éloignèrent de ces parages inhospitaliers.

Vers la même époque, les Anglais n'y furent pas mieux reçus.

Ici se termine l'ère de la découverte proprement dite, et s'ouvre celle de la colonisation.

Juan Serrano avait établi dans l'île quelques comptoirs et y avait introduit une mission; sa tentative ne fut pas couronnée de succès, elle fut néfaste. Les comptoirs, au lieu de se borner au trafic des marchandises, commirent la faute de se livrer à la traite des nègres, avec les Arabes. La mission s'en ressentit. Loin de porter ses fruits évangéliques, elle n'obtint qu'un résultat négatif. Bientôt même les choses s'envenimèrent à tel point, que négociants, missionnaires et soldats, ayant déchaîné contre les naturels des haines implacables, tombèrent sous les coups des indigènes exaspérés.

Pendant de longues années, après ce tragique événement, aucune puissance européenne ne tenta sérieusement de recueillir l'héritage de ces infortunés Portugais.

Bien que, sous Henri IV, les Français eussent commencé à fréquenter les côtes de l'île et eussent un moment songé à s'y fixer, c'est à la Société française de l'Orient qu'échut, en 1642, le triomphe de prendre officiellement possession de Madagascar et de planter notre pavillon dans la baie de Sainte-Luce (Manghafia).

La création de cette société fut l'œuvre de Richelieu.

Voici dans quelles circonstances le grand ministre eut la conception de cette entreprise digne de son génie :

En 1601, une compagnie de marchands malouins ayant équipé deux navires à destination des Indes, cette petite expédition, poussée par une effroyable tempête, trouva un refuge inespéré dans la baie de Saint-Augustin (4 février 1602). Sur les rapports favorables que, à leur retour en France, ils firent de cette grande et belle île, Richelieu entrevit la possibilité d'en faire une terre française.

Son but était, puisque la Manche, en Europe, sert de barrière défensive et offensive à l'Angleterre, de voir, dans les Indes orientales, nos colonies se dresser en face des possessions britanniques, non pour prendre une attitude belliqueuse vis-à-vis de l'Angleterre, mais uniquement pour faire contrepoids à sa puissance maritime, et cela, dans l'intérêt du monde entier.

C'était une noble et généreuse inspiration, qu'il s'empressa de mettre à exécution. Des lettres patentes du 24 juin 1642 organisèrent, sous ses auspices, une compagnie chargée de nouer des relations commerciales avec les habitants de ces contrées lointaines. Il confia le commandement de l'expédition au capitaine de marine Rigault, originaire de Dieppe. Malheureusement, Richelieu mourut, le 4 décembre 1642, sans avoir pu constater les résultats de son œuvre.

Ces lettres patentes, que l'illustre cardinal, quelques mois avant sa mort, avait fait signer par Louis XIII, furent confirmées, le 20 septembre 1643, par Louis XIV.

De 1643 à 1644, des navires transportèrent à Madagascar deux cents personnes, sous les ordres de Pronis et de Fouquembourg, nommés agents de la Société. Ceux-ci prirent possession de la baie de Sainte-Luce, sur la côte sud-est. Ils y établirent, d'abord, le siège de la Compagnie, avec des comptoirs à Fénérive et à Manahar, mais l'insalubrité de ces parages les ayant forcés à les abandonner, ils se retirèrent dans la presqu'île de Tholangare, où ils bâtirent un fort, auquel ils donnèrent le nom de *Fort Dauphin*. Là, les exactions et

Vue générale de Tananarive, capitale de l'île de Madagascar.

l'immoralité de Pronis et de ses compagnons faillirent annuler l'œuvre de Richelieu. De plus, notre petite colonie, décimée par les maladies, s'affaiblissait peu à peu ; elle était sur le point de succomber, faute de secours de la mère patrie, lorsque l'énergie d'un compatriote, nommé Levacher, plus connu sous le nom de Lacaze, parvint à la sauver. Lacaze releva les courages chancelants, battit les chefs indigènes, qui nous harcelaient sans répit, et finit par épouser la fille du roi d'Amboule.

Étienne de Flacourt remplaça Pronis, en décembre 1648. C'était un homme énergique, un observateur perspicace, un esprit éclairé, un caractère élevé, aux vues sages et prudentes. Malgré l'opposition systématique des anciens compagnons de Pronis, malgré l'exaspération des Malgaches, double obstacle contre lequel le nouveau commandant de l'île de Madagascar eut à lutter, dans le début de son administration, il parvint néanmoins, en 1652, à assurer la conquête de l'île, comme il l'avait déjà fait, en 1649, pour une des îles Mascareignes, à laquelle il avait donné le nom d'*île Bourbon*. Malheureusement, en 1655, au retour d'un voyage en Europe, Flacourt périt en mer, dans un combat acharné qu'il eut à subir, le 10 juin, contre des pirates barbaresques.

Après la mort de Flacourt, Fort-Dauphin fut brûlé, par l'imprudence d'un soldat de la garnison. Pronis, qui, revenu de France, était, sur le tard, devenu un homme de bien, au contact de Flacourt, en mourut de chagrin. Desperriers et Laroche en profitèrent pour s'emparer de la direction de la petite colonie. Les détails de leur administration sont tellement navrants, que nous nous dispenserons de les relater.

Ensuite, l'ancienne Compagnie périclita dix ans,

sous la gestion du maréchal duc de la Meilleraye, qui, en 1654, par privilège du roi, en obtint la concession, à son profit, jusqu'au jour où Colbert (1664), avec la netteté de vue qui le caractérisait, jugeant les conséquences fâcheuses de ce déplorable état de choses, la réorganisa en une vaste Société commerciale, sous le nom de « *Compagnie des Indes orientales* », constituée au capital de 15 millions, somme fabuleuse pour l'époque. Le jeune roi Louis XIV, alors âgé de 26 ans, y participait pour 3 millions, et la Cour pour 2 millions.

M. de la Meilleraye, trop fin courtisan pour s'exiler de Versailles, où il bénéficiait tout particulièrement des faveurs royales, confia le commandement des quelques hommes qu'il envoyait dans sa nouvelle concession à M. de Champmargou, qui la gouverna, de 1660 à 1667. Les capacités de ce dernier eussent mieux convenu à d'autres pays et à d'autres circonstances. Il n'avait pas le tempérament colonisateur. C'est sous son gouvernement que fut massacré le P. Étienne, directeur de la mission catholique, dans un soulèvement général provoqué par le zèle inconsidéré des religieux. Ce fut encore Lacaze, envers lequel M. de Champmargou avait fait preuve de la plus noire ingratitude, qui vint à notre secours et sauva de nouveau la colonie en détresse. Il usa de son influence auprès de son beau-père et apaisa les indigènes révoltés. En reconnaissance de ce signalé service et pour réparer l'injustice dont il avait été victime, Lacaze fut nommé major de l'île.

L'édit d'août 1664, qui conférait et réglementait les droits de la nouvelle société, lui octroyait l'île de Madagascar, avec les forts et habitations construits par les sujets français, et y adjoignait les îles voisines : de France et de Bourbon.

Un autre édit, de la même année, retirait à Madagascar son ancien nom d'île Saint-Laurent et le remplaçait par celui d'île Dauphine, en l'honneur du dauphin.

En vertu de ces deux édits successifs, la Compagnie avait la faculté d'exercer haute, moyenne et basse justice. Fort-Dauphin était assigné comme chef-lieu de Madagascar, qui recevait le beau nom de *France*

orientale, ainsi que le mentionne l'exergue du sceau royal, ainsi conçue :

LUDOVICI XIV, FRANCIÆ ET NAVARRÆ REGIS, SIGILLUM, AD USUM SUPREMI CONSILII GALLIÆ ORIENTALIS.

M. de Beausse arriva, en 1665, en qualité de gouverneur général. Son court passage aux affaires n'offre rien de remarquable.

Vers cette époque, Louis XIV, pour perpétuer le souvenir du relèvement de notre marine, qui avait été négligée assez longtemps, et aussi afin d'affirmer nos droits sur Madagascar, faisait frapper deux médailles, l'une en argent, l'autre en bronze. Sur l'une des faces de la première, on voit le buste du roi, et sur l'autre face, un vaisseau voguant à pleines voiles, avec la légende : *Navigatio instaurata* M. D. C. LXV. La seconde médaille représente, sur une face, le buste du roi et, sur l'autre, les symboles de Madagascar : le bœuf à bosse et l'ébénier, avec la légende : *Colonia Madagascarica* M. D. C. LXV.

En 1669, M. le comte de Mondevergue succéda à M. de Beausse, au moment où le gaspillage, les dilapidations, la discorde intestine, les hostilités des naturels, avaient épuisé toutes les ressources de la Compagnie, au point qu'en 1670 elle dut résigner entre les mains du roi ses privilèges et ses pouvoirs.

M. de Mondevergue fut placé dans l'alternative de rester à Madagascar, comme gouverneur particulier, ou de rentrer en France. Il choisit ce dernier parti. Mais, à son retour, il devait être payé de son zèle et de sa sagesse par l'ingratitude et la trahison. A peine débarqué à Lorient, il fut arrêté et conduit au château de Saumur, où il mourut de chagrin, sans avoir eu la consolation de pouvoir se justifier.

L'amiral de la Haye, vice-roi des Indes, hérita de ses fonctions, en 1670; il arriva, le 24 novembre, à Fort-Dauphin, où M. de Champmargou avait continué à exercer ses attributions de commandant militaire. Il s'aliéna bientôt colons et indigènes, et, après s'être fait battre par ces derniers, repartit pour l'Inde, en remettant ses pouvoirs à M. de Champmargou.

Peu après le départ de M. de Mondevergue, Lacaze était mort, et M. de Champmargou ne tardait pas à le suivre dans la tombe.

M. de la Bretesche, gendre de Lacaze, avait pris la place de M. de Champmargou. Homme sans valeur et sans énergie, il ne sut pas dominer la situation devenue critique, et, en désespoir de cause, imitant l'exemple de l'amiral de la Haye, il abandonna le pays, avec sa famille.

Au moment même de son départ, survint un tragique événement qui, anéantissant notre colonie naissante, devait, pour de longues années, porter atteinte à notre influence et rendre superflus les efforts tentés jusque-là.

C'était pendant la nuit de Noël 1672. La jalousie de quelques femmes malgaches, suscitée par la présence de jeunes filles françaises, récemment dans la colonie, fit éclater un complot, dans lequel les Français assistant sans défense à la messe de minuit furent presque tous massacrés.

Le navire qui emportait M. de la Bretesche, ayant aperçu des signaux de détresse sur la côte, mit une embarcation à la mer et recueillit à son bord les rares fugitifs de ces nouvelles vêpres siciliennes, qui se réfugièrent à l'île Bourbon, où ils furent la souche de la première population sédentaire.

Malgré cette renonciation effective de M. de la Bretesche, qui, avant de partir, avait fait brûler les magasins et enclouer les canons, les édits de 1686, 1711, 1719, 1720, 1725, maintinrent nos droits de priorité sur Madagascar et la déclarèrent possession française.

Louis XIV, en 1686, la réunit à son domaine privé, ainsi que les forts et habitations en dépendant, pour en disposer, selon son bon plaisir, en toute propriété, seigneurie et justice.

Nous ne rappellerons que pour mémoire le voyage d'exploration de l'ingénieur de Corbigny à la baie d'Antongil (1733), et la visite de M. Mahé de la Bourdonnais, gouverneur de l'île Bourbon (1746), pour nous arrêter à la cession solennelle que, le 30 juillet 1750, la princesse Béti fit à la France de l'île Sainte-Marie et des droits de suzeraineté qu'elle possédait sur toute l'étendue de la côte d'Antongil, en qualité d'unique héritière de Tamsimalo, roi de Foulepointe.

Par un acte en bonne et due forme, Béti s'engageait à céder à Louis XIV, en toute propriété et souveraineté, Sainte-Marie de Madagascar, à la charge par lui et ses successeurs d'admettre les États de la reine Béti, dans la grande île, sous le protectorat de la France, d'y établir des comptoirs et d'y envoyer des vaisseaux. Jamais cession ne fut plus spontanée, ni plus unanime, la signature de la reine Béti étant, sur le traité, contresignée par la totalité des chefs malgaches de Tongil et de Foulepointe.

Ainsi se trouvent sanctionnés, diplomatiquement, notre possession de Sainte-Marie et notre protectorat sur le pays sakalave et la côte est de Tanni-Bé (Grande terre), faisant face à l'île de la Réunion.

Vers cette époque, le sieur Gosse, gouverneur de Sainte-Marie et représentant de la Compagnie des

Indes, exerça une telle tyrannie sur la population placée sous ses ordres, qu'il périt dans un soulèvement général, sans que ce fait, d'ailleurs isolé, rompît pour cela les excellents rapports qui existaient entre la France et la reine Béti, laquelle s'empressa de confirmer à nouveau l'ancienne cession (1754).

De 1761 à 1767, notre influence s'étendit depuis Fort-Dauphin jusqu'à la baie d'Antongil, avec Foulepointe comme centre d'action.

En 1767, M. le comte de Mandave, alors gouverneur de Madagascar, proposa, mais en vain, au duc de Choiseul de relever Fort-Dauphin. Il essaya, et ne réussit pas davantage dans son entreprise, d'inaugurer un nouveau système de colonisation, ayant pour seul objectif le commerce. L'antagonisme déclaré du gouverneur de l'île Bourbon fit échouer cette tentative. Découragé, M. de Mandave revint en France (1769). C'est sous son gouvernement que le naturaliste français, Commerson, visita Madagascar et l'étudia, au point de vue scientifique.

Enfin, en 1772, un magnat hongrois, le comte Bényowski, exilé politique, sut convaincre le ministre Choiseul et le faire entrer dans ses vues. Mieux secondé, il eût pu assurer à jamais notre influence à Madagascar. Mais des intrigues de cour paralysèrent malheureusement ses efforts.

Afin de permettre au lecteur de mieux juger l'œuvre de Benyowski, il est nécessaire d'esquisser, à grands traits, la biographie de cet aventurier de génie.

Né à Verbowa (Hongrie), en 1741, Benyowski était le fils d'un général autrichien. Chassé de l'Autriche, qu'il avait combattue à Lobositz, à Prague et à Donstadt, il mit son épée au service de la Pologne, contre les Russes. Fait prisonnier par ces derniers, à Cracovie, il est interné à Kasan; puis, impliqué dans un complot contre l'impératrice Catherine II, il est déporté au Kamtschatka (1771). En route pour cette destination lointaine, il sauve du naufrage le navire qui le transporte. Le gouverneur de la forteresse lui ayant confié l'éducation de ses enfants, il profite de la liberté relative qui lui est accordée pour s'évader. Maître d'une corvette dont il s'est emparé, au moment de sa fuite, il touche à Formose et au Japon et atteint Macao. Là, ayant pris passage à bord d'un navire français en partance pour Bourbon, il gagne Madagascar. D'un coup d'œil, il se rend compte de l'immense parti que la métropole peut tirer de cette colonie naissante et se rembarque pour la France.

Présenté au duc d'Aiguillon, qui l'introduit à la Cour, il est fort bien accueilli à Versailles, où on lui décerne le brevet de représentant à Madagascar.

En février 1774, — Louis XVI venait alors de monter sur le trône, — Benyowski prend de nouveau possession de l'île entière, au nom du roi de France, et devient bientôt l'idole des populations malgaches, qu'il séduit par sa bravoure chevaleresque. Se mettant à l'œuvre aussitôt, il crée ou répare les postes d'Angentzy, de Marose, de Fénérive, de Foulepointe, de Tamatave, de Manahar, d'Antsirak et, surtout, de Louisbourg, sur la rivière Tungumbaly, où il fixe sa résidence.

Tout en ayant à lutter contre l'hostilité latente des gouverneurs de l'Ile-de-France, il eut à réprimer l'insurrection d'une des plus grandes peuplades indigènes, les *Zaffi-Rabé*. Un jour qu'il se voit, tout à coup, entouré étroitement par ces naturels et menacé, à bout portant, par l'un d'eux : — « Coquin ! lui crie Benyowski, ton fusil ne partira pas ! » Et, comme si le hasard eût voulu justifier sa confiance, le fusil rate en effet, et tous les barbares, terrorisés, s'enfuient en hurlant : « Nous sommes perdus ! c'est un *ampoum-chavée* (sorcier) ! »

A cette heure, Madagascar nous appartenait et ne nous eût plus échappé, si tant de courage et de génie eussent été appuyés, sérieusement, par la France, si Benyowski, lassé des tracasseries continuelles dont il était l'objet de la part des gouverneurs de l'Ile-de-France et de l'île Bourbon, n'eût déserté notre cause et rêvé de se faire proclamer roi de Madagascar.

Ce rêve, il le réalisa. En cette circonstance, le hasard, qui semble avoir été le guide de son existence, le servit à souhait, comme toujours. C'est une bonne action qui fut le point de départ de sa haute fortune.

En 1774, ému de pitié pour une vieille esclave malgache, nommée Suzanne, vendue autrefois en même temps qu'une fille de Ramini, dernier *ampandzaka-bé* (grand-prince), Benyowski, dont le grand cœur égalait l'esprit, l'avait ramenée dans sa patrie et lui avait rendu la liberté. En reconnaissance d'un tel acte de générosité, cette femme voulut lui donner une couronne. Courant de villages en villages, elle répandit, dans toute l'île, l'étrange nouvelle que son libérateur était issu du sang de Ramini. Elle souleva, sur son passage, l'enthousiasme des populations, et, le 16 septembre 1776, Rafangour, héritier légitime de Ramini, suivi des principaux chefs, proclama, en ces termes, la souveraineté de Benyowski : « Béni soit le jour qui t'a vu naître ! Bénis soient les parents qui ont pris soin de ton enfance ! Bénie soit l'heure où tu posas le pied sur le sol de notre île ! Le fervent amour des chefs malgaches pour toi m'oblige à te révéler le secret de ta naissance et de tes droits sacrés sur cette immense contrée, dont tous les habitants t'adorent. Moi, Rafangour, seul survivant de Ramini, je renonce au trône pour te déclarer son héritier légitime. Sois *Ampandzaka-bé!* tes sujets te défendront au péril de leur vie, contre les violences des Français, nos envahisseurs! »

Mais, Benyowski qui attendait l'arrivée des commissaires français, MM. de Bellecombe et Chevreau, lesquels débarquèrent, le 21 septembre 1776, et repartirent précipitamment, le 27, par crainte de la fièvre, les pria d'attendre jusqu'au 10 octobre pour procéder à son intronisation.

Le 11 du même mois, Javi, roi de l'Est, Lambouine, roi du Nord, et Rafangour, roi des Sambarives, en présence de plus de cinquante mille Malgaches, lui décernèrent solennellement le titre suprême.

Cependant, Benyowski sentait bien que, sans le concours et le protectorat de quelque grande nation européenne, Madagascar ne pouvait entrer dans la voie de la civilisation. Aussi, malgré le culte fervent de ses sujets, s'embarqua-t-il, deux mois après, à Louisbourg, pour la France.

Cette puissance l'ayant éconduit honorablement, après lui avoir offert une épée d'honneur, — amère dérision! — en récompense de ses services, l'Autriche et l'Angleterre ayant imité son exemple, il s'adressa, sur les conseils de Franklin, à la jeune république américaine, qui venait de voir le jour. Ayant obtenu le concours de cette dernière, il revint à Madagascar, en 1785, dix ans après son départ, et son retour fut salué par l'enthousiasme délirant de ses fidèles Malgaches.

Mais la France entendait faire respecter ses droits, et puisque Benyowski rompait avec elle, elle le traita en rebelle. M. de Souillac, à la tête d'un régiment indien, eut l'ordre de le combattre. Dans un engagement avec les troupes françaises, à l'instant même où il pointait contre elles une pièce de canon chargée à mitraille, Benyowski tomba frappé d'une balle au sein droit. Son corps, abandonné parmi les cadavres, resta trois jours sans sépulture. Ce fut un de ses anciens officiers, M. de Lassalle, qui, l'ayant découvert, lui rendit les derniers devoirs.

Après la mort de Benyowski, pendant près de deux siècles, la France fonda, à diverses reprises, des établissements qu'elle fit évacuer ou reprendre tour à tour, selon les vues et les convenances du gouvernement en vigueur. Vers l'époque de la Révolution, à Madagascar, nous n'avions plus que quelques établissements, placés sous la protection d'un petit nombre de soldats, pour assurer l'approvisionnement de nos possessions voisines.

En 1792, Daniel Lescallier fut chargé par Louis XVI de rechercher, dans cette île, les causes de l'insuccès de nos premières tentatives de colonisation. Dans son rapport à la Convention, qui l'avait maintenu dans ses fonctions de commissaire civil, et à l'Institut, dont il était l'un des membres les plus éminents, il protesta énergiquement contre la réputation d'insalubrité qu'on avait faite à Madagascar.

En 1801, M. Bory de Saint-Vincent, savant naturaliste, reçut du premier consul la mission d'explorer la grande île.

En 1804, Napoléon Ier y envoya Decaen, avec pleins pouvoirs pour organiser nos établissements dans les mers des Indes. Decaen se fixa à Tamatave et choisit Sylvain Roux pour agent général. L'administration de ce dernier, homme habile et prudent, eût certainement porté ses fruits, si, malheureusement, les îles

Bourbon et de France ne fussent tombées aux mains des Anglais (1811).

Jusqu'en 1814, époque à laquelle le traité de Paris nous dépouilla officiellement de l'île de France et de ses dépendances, les Anglais nous remplacèrent à Madagascar. Mais, durant cette période, au lieu de s'attacher les indigènes, ils ne surent que les indisposer par des vexations de toutes sortes et, conséquence de leur intempérance bien connue, ne cessèrent d'être décimés par la fièvre.

Ce même traité ayant rendu à la France son droit nominal sur l'île de Madagascar, une commission française reprit possession de Sainte-Marie, le 15 octobre 1818, et, quelques jours après, de Tamatave, en présence d'une assemblée générale des chefs, qui s'empressèrent de reconnaître la validité de cet acte. Fort-Dauphin et Sainte-Luce rentrèrent sous notre domination et l'on établit, sur la côte, quelques postes militaires.

Radama Ier, 1808-1828. — Avant d'évacuer nos possessions, les Anglais avaient eu soin de les céder, par traité secret, à un roitelet de l'intérieur, nommé Radama, chef de l'Imérina, territoire peuplé de Hovas. Cette tribu, jusqu'alors à peu près inconnue, traitée en paria par les Sakalaves et les Atamassés, s'était retirée dans l'intérieur des terres, sur le haut des montagnes. C'est seulement sous le règne de Dianampouine, père de Radama, que cette peuplade secoua le joug de ceux qui l'avaient refoulée dans le cœur du pays et commença à déborder dans toute l'étendue de la grande île.

Dianampouine, homme d'un esprit aventureux et d'une intelligence supérieure, s'était allié avec les Anglais, comprenant bien que leur appui pouvait lui donner la suprématie sur les autres chefs malgaches.

Fort de leur protection et en échange de leur concours, il soumit à leur influence une partie du nord-ouest de Madagascar. Il mourut, en 1808, à l'âge de soixante-cinq ans, laissant à son fils Radama un empire déjà puissant et, surtout, plein d'avenir.

Ce nouveau monarque, alors âgé de dix-huit ans, n'était monté sur le trône d'Imerina qu'à la condition d'abolir dans ses États la traite des esclaves et de protéger les missionnaires anglais.

Doué d'une intelligence non moins remarquable que celle de son père, il était brave, ambitieux, et recherchait, en vue de s'instruire, la fréquentation des Européens. Son nom, Radama (fourbe et poli) lui provenait de ce qu'il savait dissimuler une profonde hypocrisie sous les dehors les plus affables.

Après s'être renseigné sur le caractère de ce prince, prévoyant le parti qu'il pourrait tirer de son ambition, sir Robert Farquhar, gouverneur de l'île Maurice, lui dépêcha, en 1816, un ambassadeur, pour lui déclarer qu'il considérait Madagascar comme un pays indépendant, avec lequel son gouvernement désirait contracter une alliance que le roi des Hovas était seul capable de conclure. Il n'y eut pas de bassesses, pas de mensonges que n'employât l'agent britannique pour flatter la secrète ambition de Radama. Il alla jusqu'à lui insinuer que son peuple devait vivre dans une indépendance telle, qu'aucune autre puissance ne pût prétendre à la conquête de son pays. Il lui proposa, de la part de Farquhar, le concours des Anglais pour chasser les Français, ces oppresseurs, qui ne visaient qu'à anéantir ses sujets, s'engageant à lui fournir des armes, des munitions, des instructeurs, enfin tous les moyens propres à arriver à ses fins.

Séduit par de telles ouvertures, Radama accepta ce pacte d'alliance, et, comme preuve de son entière bonne foi, confia à l'ambassadeur ses deux frères, que celui-ci emmena à Maurice.

Farquhar riposta par l'envoi d'un nouvel ambassadeur, l'agent général Lesage, chargé d'établir les bases du traité. Lesage se présenta, accompagné d'une escorte imposante, et muni de présents pour Radama. Il eut soin, lui aussi, de ne rien négliger pour flatter l'ambition de ce sauvage, lui prodiguant, à toute occasion, le titre pompeux de roi de Madagascar et de ses dépendances.

Tout naturellement, comme s'y attendaient les Anglais, ces prétendues marques d'amitié, ces riches cadeaux nous valurent l'inimitié du roi hova, dont nos troubles intérieurs nous empêchaient de pénétrer les secrètes intentions.

Déjà, avant Radama, notre allié, Jean René, mulâtre d'origine française, s'était laissé prendre aux présents des Anglais. En reconnaissance de leurs gracieux procédés, il leur avait même facilité l'accès de la capitale de Radama. Mais le roi d'Ivondrou, Fiche, frère de Jean René, voyant plus clair dans leur jeu, non seulement fit à son frère de justes observations, lui démontrant qu'il travaillait contre sa propre indépendance, mais encore refusa aux envoyés de Farquhar les pirogues et les vivres nécessaires pour leur voyage.

Quoi qu'il en fût, après avoir surmonté beaucoup de difficultés, Lesage arriva, le 14 janvier 1817, à Tananarive, où il fut reçu avec la plus grande solennité. Afin de s'attacher Radama par des liens indissolubles, il alla, suivant les coutumes, jusqu'à faire avec lui le serment du sang. Puis il jeta les bases du traité secret qui le liait à l'Angleterre. Le 5 février 1817, enchanté de l'heureux résultat de sa mission, Lesage quittait Tananarive pour rentrer à la hâte à Maurice, laissant auprès du roi hova deux soldats chargés de procéder à l'instruction de ses troupes.

Abandonner un seul instant Radama à lui-même, c'eût été compromettre gravement le succès de l'entreprise. Aussi Farquhar, envisageant nettement la situation, dépêcha-t-il, immédiatement, un nommé Pye, pour remplacer Lesage auprès du roi. Le nouveau venu sut bientôt persuader Radama de la nécessité de posséder sur la côte un port à lui. A cet effet, il le décida à supplanter Jean René. Singulière façon de reconnaître les services rendus par ce dernier à la cause anglaise! Radama eut promptement raison de la résistance de Jean René; il signa avec lui un traité d'alliance offensive et défensive, et tous deux prêtèrent le serment du sang, dans un grand kabar (1). Mais, d'après les clauses de ce traité, Jean René, de souverain indépendant qu'il était, devenait le vassal du monarque hova, et celui-ci, comme fiche de consolation, ne lui laissait que le titre illusoire de gouverneur général de Tamatave.

Un peu plus tard, James Hastie, sergent anglais qui avait été chargé de l'éducation des deux jeunes frères de Radama, fut envoyé comme ambassadeur auprès de ce dernier, en compagnie de ses deux jeunes élèves. C'était un homme fin, rusé, insinuant, et, de même que ses supérieurs, peu scrupuleux en affaires. Il avait pour mission de consolider par de nouveaux gages le traité conclu avec le roi des Hovas : notamment, de spécifier les fournitures d'armes, de munitions et d'équipements militaires qui seraient faites à

(1) Kabar ou mieux Kabary : réunion publique où se discutent les affaires de l'État.

Radama, pour réparer le préjudice que lui causerait la prohibition, dans ses États, de la traite des nègres. Cette nouvelle convention fut signée, le 23 octobre 1817.

Ainsi, au moment même où l'Angleterre s'apprêtait à reconnaître ouvertement nos droits sur Madagascar, en signant le traité de Paris, elle s'ingéniait, sournoisement, à saper notre autorité dans cette possession, en nous aliénant, en sous-main, les chefs indigènes. Suivant ses procédés habituels, elle faisait de la diplomatie en partie double, et nous autres, confiants dans sa loyauté, cependant si sujette à caution, nous ne soupçonnions même pas ce manège équivoque, oubliant qu'avec elle, en matière de politique extérieure, on ne sait où elle veut en venir qu'en ne s'attachant qu'au contraire de ce qu'elle affirme.

Pendant que sir Farquhar nouait ainsi des rapports de bonne amitié avec Radama, en vue de nous évincer de Madagascar, que faisions-nous pour elle?

Après la perte de nos colonies les plus importantes, l'Inde et le Canada, le cabinet de Paris songea à recueillir les épaves de notre empire colonial, et Madagascar fut considérée comme une compensation possible.

Malheureusement, l'Europe, par les traités de 1814 et de 1815, ne s'était pas seulement contentée de nous démembrer, elle avait tenté également de nous ruiner, en imposant à la France, épuisée par vingt-cinq ans de luttes, la fabuleuse rançon de deux milliards, à payer avant l'évacuation du territoire.

Néanmoins, l'Angleterre ayant reconnu nos droits sur Madagascar (1816), M. Dubouchage, alors ministre de la marine, envoya M. Forestier (1817) reconnaître par quels moyens nous parviendrions à nous réimplanter dans cette colonie déjà à moitié perdue.

M. Forestier fut d'avis de nous établir d'abord à

l'île Sainte-Marie, et, ce poste une fois consolidé, de nous transporter sur la grande terre, à Tintingue. Mais, comme l'expédition devait coûter 1,200,000 francs, M. le comte Molé, successeur de M. Dubouchage, jugea prudent de l'ajourner à 1819.

Devançant l'heure fixée par le ministre, Sylvain Roux et le baron de Mackau visitèrent Tamatave et Foulepointe, en 1818, et reprirent solennellement possession de l'île. Ils retrouvèrent à Sainte-Marie les débris d'une installation française qui avait suivi la cession faite par la reine Béti, en 1755, et furent accueillis en libérateurs.

Ils ramenèrent avec eux, en France, deux jeunes princes malgaches, confiés à leurs soins, pour être placés dans une maison d'éducation : Berora, neveu de Jean René, et Mandi-Tsara, petit-fils de Tsifanin, qu'ils présentèrent au baron Portal, successeur du comte Molé.

A la même époque (1818), Farquhar, pendant un voyage qu'il était venu faire en Angleterre, fut remplacé, à Maurice, par le général Hall. Celui-ci, par esprit de contradiction, sans doute, se hâta de désapprouver le traité passé par son prédécesseur avec un *roi sauvage*, et rappela Hastie.

A cette nouvelle, Radama refusa, d'abord, d'y ajouter foi ; puis, cédant à l'évidence, après être entré dans une colère justifiée, il rétablit dans ses États la traite des nègres et implora l'amitié des Français. Ceux-ci eurent pu, à ce moment, faire tourner à leur avantage ce revirement inespéré de la fortune. Hélas ! il n'en fut rien. Farquhar, averti de ce qui se passait, revint à Maurice, d'où il députa de nouveau, en toute hâte, Hastie auprès du monarque courroucé. Après s'être entendu traiter de fourbe et de menteur, après avoir essuyé bien des humiliations, Hastie parvint à obtenir son pardon. Grâce à la souplesse de son échine, il rentra en cour et reprit toute son influence, dont il usa, plus que jamais, pour nous évincer.

En 1819, M. Albrand s'installa à Fort-Dauphin et à Sainte-Luce, ne voyant pas Tintingue et Sainte-Marie sous un jour aussi favorable que M. Sylvain Roux et M. de Mackau.

Cependant, après avoir cessé de faire flotter le pavillon français sur Madagascar, il convenait, maintenant, d'étudier quel parti on en pourrait tirer. Une expédition fut organisée dans le but de résoudre la question.

Par une sorte de fatalité, Sylvain Roux, placé par ordonnance royale (1821) à la tête de l'expédition, n'aborda à Sainte-Marie qu'en janvier 1822, au moment de l'hivernage, c'est-à-dire à l'époque de la saison des fièvres, et rencontra, lors de son débarquement, nos ennemis qui l'attendaient.

A peine eut-il mis pied à terre, que le capitaine de la corvette anglaise *le Manai* vint lui demander en vertu de quels droits il s'installait à Sainte-Marie, et quelles étaient ses vues sur Madagascar. Visiblement embarrassé par la réponse catégorique de Sylvain Roux, qui lui objectait les termes formels du traité de Paris, forcé de reconnaître que ce traité, en cédant l'île de France à l'Angleterre, n'avait pas compris Madagascar dans ses dépendances, le capitaine anglais, se plaçant sur un autre terrain et se basant alors sur le traité secret conclu avec Radama, contesta effrontément la validité de nos droits sur l'île, la prétendit indépendante, et déclara que l'Angleterre ne pouvait admettre nos empiétements sur le territoire des Hovas, ses fidèles alliés.

Rappelé à la pudeur par une note diplomatique

sévère, le cabinet de Londres fut contraint de désavouer cette tentative, due à l'inspiration de Farquhar.

Changeant alors de tactique, le gouverneur de l'île Maurice ne se tint pas pour battu. Il se fit le champion de l'indépendance malgache et fournit au roitelet hova les armes et les munitions nécessaires pour nous combattre.

Le 13 avril 1822, sous la direction de Hastie, d'un officier du génie anglais et de deux soldats de cette nation, Rafaralah, général de Radama, poussa l'insolence jusqu'à attaquer nos anciens protégés, à Foulepointe, et à dresser son camp sur la pierre même où était inscrite la constatation des droits de la France.

Immédiatement, les chefs sakalaves, réunis en grand *kabar*, se placèrent sous notre protectorat.

Sylvain Roux mourut, le 2 avril 1823, et M. de Freycinet, gouverneur de Bourbon, lui désigna comme successeur le capitaine du génie Blevec.

Impuissant à défendre Tintingue et Pointe à Larrée, celui-ci dut se borner à préserver Sainte-Marie. Les Hovas s'emparèrent de Pointe à Larrée, de Fondaraze et de Tintingue sans défense, qu'ils pillèrent et incendièrent (juillet 1823).

Réduit à protester, Blevec le fit d'une façon énergique et comminatoire. Radama répondit qu'il ne contestait pas à la France la possession de l'île Sainte-Marie, qui lui avait été vendue autrefois par les naturels, mais qu'il ne reconnaissait, ni à la France, ni à aucune autre puissance étrangère, des droits sur aucune partie de la grande île, et que, quant au titre de roi de Madagascar, il le conservait pour lui-même parce que, seul, il était capable de le porter et d'en soutenir le prestige.

Force nous fut de dévorer l'outrage et de l'enregistrer

au nombre de ceux qui nous avaient déjà été infligés.

Comme on vient de le voir, Hastie était complètement rentré en faveur. Il avait fait signer à Radama un nouveau traité, d'après lequel vingt jeunes Hovas seraient élevés aux frais du gouvernement anglais, dix à Maurice, dix à Londres. A Hastie s'était adjoint le R. Dr Jones, qui, profitant des excellentes dispositions du roi, s'était empressé d'ouvrir une école à Tananarive (8 décembre 1820).

Ainsi donc, Hastie se chargeait de l'éducation militaire, et Jones de l'éducation politique, ayant tous deux pour objectif de ruiner notre influence et d'inspirer aux Hovas la haine des Français.

Radama, cet ambitieux monarque, à qui les agents anglais répétaient à satiété qu'il était le roi des rois, etc., humait avec délices les fumées de cet encensement perpétuel et prenait pour argent comptant les flagorneries intéressées de ses adulateurs.

Et nous, pendant ce temps-là, nous n'avions toujours, à Fort-Dauphin, qu'un officier et cinq soldats. Or, il fallait Fort-Dauphin à Radama. Il voulait régner, en maître absolu, sur tout Madagascar.

Vers la fin de février 1825, un général, à la tête d'un corps de troupes hovas, vint notifier à l'officier français que le roi l'envoyait prendre possession du fort. Sa demande fut naturellement repoussée ; mais il fut convenu qu'aucun acte d'hostilité ne commencerait avant un délai de deux mois, afin de laisser à l'officier français le temps nécessaire pour recevoir des ordres du gouverneur de Bourbon. Le général hova, poussé par les Anglais, dont cet atermoiement contrariait les visées, ne tint pas sa parole. Ses troupes entrèrent, le 14 mars 1825, dans Fort-Dauphin, et arrachèrent le pavillon francais qu'elles remplacèrent par celui de Radama. Elles accomplirent cet acte déloyal sans, toutefois, faire aucun mal à notre faible garnison, qui se réfugia à Sainte-Luce.

Ce n'était pas assez !

Un décret officiel de Radama, publié par la *Gazette de Maurice*, déclarait les ports de Madagascar ouverts aux navires anglais et fermés au commerce français.

Malheureusement, le caractère hésitant de M. de Freycinet n'était pas fait pour endiguer ces menées envahissantes. En revanche, si ce gouverneur n'opposait à l'activité de nos ennemis que la force d'inertie, le commandant de Sainte-Marie était loin de lui ressembler. Il était parvenu à soulever les Betsimsaracs contre les Hovas (juillet 1825), dans les environs de Foulepointe, pendant que d'autres peuplades les attaquaient dans la province d'Anossy, du côté de Fort-Dauphin. Les premiers échouèrent dans leur tentative ; les Anglais ayant prêté leurs navires à Radama pour transporter ses armées sur divers points de la côte, Hastie réussit à replacer les Betsimsaracs sous la domination du monarque hova. Les seconds furent plus favorisés ; renforcés par les Antavartes, leurs voisins, formant ensemble un contingent de 10,000 hommes, ils accablèrent les Hovas, enfermés à Fort-Dauphin. Jugeant la situation désespérée et ne voyant qu'un seul moyen d'en sortir, le général hova écrivit au gouverneur de Bourbon, pour le prier de faire parvenir une dépêche à Radama et une autre à Jean René. A sa place, les Hastie, Jones and C°, n'eussent pas hésité à intercepter ces deux missives. M. de Freycinet n'en fit rien ; il se hâta d'envoyer à destination les paquets du général, montrant par là la générosité du caractère français et la magnanimité avec laquelle nous savons oublier les injures de nos ennemis, lorsque l'adversité les livre à notre merci.

Par reconnaissance, Radama signifia de nouveau à ce trop confiant gouverneur, le 23 août 1825, qu'il était le souverain exclusif de Madagascar. Si, au lieu de croire aussi naïvement en la loyauté de nos ennemis, M. de Freycinet eût su profiter de ce soulèvement général contre les Hovas et l'appuyer de toutes nos forces disponibles, on n'eût pas eu de peine à obliger Radama à capituler, et l'année 1825 eut marqué l'ère de notre souveraineté absolue sur Madagascar.

L'année suivante, au mois de mars, mourut Jean René; il avait désigné pour son successeur son neveu Berora. Comme ce dernier était à Paris, où il achevait ses études, le titre de prince de Tamatave fut provisoirement décerné par Radama à un de ses généraux, nommé Coroller, neveu par sa mère de Jean René et fils d'un blanc de Bourbon.

Au mois d'octobre 1826, mourut, à son tour, Hastie. Malgré le respect dû à la tombe, nous avouons que la mort de cet homme fut pour nos compatriotes un véritable bienfait. Nous perdions en lui le plus acharné, le plus implacable de nos ennemis, qui n'avait cessé d'exciter contre nous le farouche monarque.

Jean René, lui, malgré les liens qui l'attachaient à Radama, et les obligations qu'il avait contractées vis-à-vis des Anglais, n'avait pas tardé à regretter ses vénales compromissions. Il les avait rachetées, en témoignant, dans la suite, quelque bienveillance à l'égard des Français. Sa mort rendit notre situation, déjà critique, tout à fait insoutenable.

De même que, à Tahiti, Pomaré Ier était mort en septembre 1803, et Pomaré II, en décembre 1821, de l'abus des liqueurs fortes, importées par les RR.

anglais, de même Radama, déjà souffrant, lors de son voyage à Tamatave, expirait, le 27 juillet 1828, à l'âge de trente-sept ans, emporté en peu de jours, lui aussi, par l'usage immodéré des boissons alcooliques que lui fournissaient les Anglais de Madagascar et dont ils le saturaient intentionnellement. Car c'est là un des procédés de la politique coloniale anglaise d'idiotiser ceux qu'elle entreprend, ceux dont elle veut capter la confiance, de façon à leur ôter la faculté de penser et, conséquemment, à agir librement sous leur couvert.

Singulière méthode de civilisation! Étrange moyen de propager la foi chrétienne!

La mort de Radama fut, pendant quelques jours, soigneusement cachée au peuple. On ne l'apprit que le 11 août, dans un kabar solennel, en même temps que l'avènement au trône de sa femme Ranavalona.

Un deuil national fut alors décrété, et la peine de mort édictée contre tous ceux qui, pendant la durée de ce deuil, chanteraient, danseraient, monteraient à cheval, et coucheraient ailleurs que sur la terre nue. Pendant deux jours, le canon retentit, de minute en minute, depuis le lever jusqu'au coucher du soleil. Des funérailles somptueuses, dont la pompe égalait celle dont on entoure les obsèques d'un souverain européen, eurent lieu, à Tranouvola, et le corps du monarque hova fut enseveli dans un cercueil fait en piastres fondues, sur lequel fut gravée cette inscription :

TANANARIVO,

1er août 1828.

« RADAMA MANJAKA, SANS ÉGAL PARMI LES PRINCES, SOUVERAIN ABSOLU DE TOUTE L'ILE DE MADAGASCAR. »

RANAVALONA Ire (1828-1861). Bien que Radama, de son vivant, eût désigné un de ses neveux comme héritier présomptif de la couronne, ce fut Ranavalona, une de ses onze femmes, la *vadi-bé*, ou première d'entre elles, qui fut proclamée reine.

Elle personnifiait le parti des anciens hovas, réfractaires aux réformes introduites par le roi défunt. Ce parti, sous le règne de Radama, constituait l'opposition; il était en hostilité sourde avec celui des jeunes, élevés dans des idées avancées, par les soins des RR. anglais. Maintenant, avec cette nouvelle reine, inféodée aux antiques coutumes, il revenait au pouvoir, et pourrait rendre aux hovas leurs usages et leurs croyances.

A la tête de ce parti, se trouvaient Andrian, Ambanivoula et Rainizouare. Ils s'emparèrent, immédiatement, de la direction des affaires et inaugurèrent le nouveau règne par le massacre de tous ceux qui étaient soupçonnés de porter ombrage à leur autorité. La mère et la sœur de Radama, le fils de cette dernière, héritier légitime de son oncle, furent au nombre des victimes.

L'usage du *tanguin* qui, jusque-là, ne pouvait être administré qu'aux esclaves, fut prescrit à tous les sujets, sans distinction de caste.

Les RR. anglais, privés désormais de leur protecteur, voulurent quitter Tananarive. Mais la reine leur signifia qu'elle seule était maîtresse de fixer le jour de leur départ et elle ne leur accorda l'autorisation qu'ils sollicitaient de son bon plaisir qu'au bout de quelques jours, à la condition expresse qu'ils laissassent auprès d'elle leurs femmes et leurs enfants.

Le traité conclu par son époux Radama avec les Anglais fut annulé; l'agent britannique, accrédité auprès du gouvernement hova, en remplacement de Hastie, Robert Lyall, qui n'avait pu gagner son poste qu'en novembre 1828, à cause du deuil royal, pendant lequel l'accès de Tananarive fut interdit aux étrangers, non seulement n'obtint pas d'audience de la souveraine, mais encore reçut l'ordre de quitter sur-le-champ la capitale.

A l'occasion de son couronnement, célébré en grande pompe, le 11 juin 1829, la reine prononça publiquement un grand discours, empreint de sentiments fanatiques envers les dieux nationaux, et de haine implacable à l'égard des étrangers. A l'issue de cette cérémonie, qui ne manquait pas d'un certain caractère imposant, les ministres, les grands dignitaires, les généraux, les chefs de chaque province et de chaque tribu, les Européens établis dans la capitale, prêtèrent serment entre les mains de Ranavalona.

C'est alors que la France, voulant en finir avec les mauvais traitements qu'avaient endurés ses colons, sous Radama, songea sérieusement à reprendre possession de Tintingue et des autres points dont l'influence anglaise nous avait chassés. En présence de ce nouvel état de choses, la reine se ravisa, au sujet des missionnaires anglais. Elle les pria de ne pas partir, afin de l'éclairer de leurs conseils, et leva contre nous une armée de 14,000 hommes.

Une expédition fut envoyée de l'île Bourbon par M. Hyde de Neuville, ministre de la marine.

Ce fut le 11 octobre 1829, que M. le capitaine de vaisseau Gourbeyre commença les hostilités. Après plusieurs succès, il aurait certainement rasé tous les postes occupés par les Hovas, au nord de Tintingue, si, manquant de munitions, il ne s'était vu contraint d'interrompre le cours de sa brillante campagne.

A cette heure, on avait tout lieu d'espérer que Charles X, après la glorieuse conquête d'Alger, allait ordonner l'occupation de Madagascar. Cet espoir fut déçu, comme tant d'autres. Le roi fit tout simplement proposer à Ranavalona l'occupation de certains points de l'île ou la garantie d'un protectorat, proposition qui n'obtint pas de réponse catégorique. Toutefois, notre établissement de Tintingue fut rebâti, et la reine demanda la paix.

Quand éclata la révolution de 1830, les négociations engagées n'avaient encore abouti à aucune solution. Le gouvernement de juillet, par crainte d'indisposer l'Angleterre, seule nation dont le régime libéral lui permît de compter sur elle, abandonna toute politique offensive, et ne conserva que l'île de Sainte-Marie, qui continua à être occupée militairement.

Louis-Philippe, par ces concessions, avait en vue d'assurer la conclusion de l'*entente cordiale*, dont il avait chargé son ministre à Londres, M. de Talleyrand, de jeter les premières bases.

Cette situation paraissait donc devoir se maintenir, lorsque, vers le milieu de l'année 1832, M. de Rigny, ministre de la marine, considérant, à juste titre, qu'il était humiliant pour notre amour-propre de céder aux prétentions de l'Angleterre et de ratifier ses empiètements sur nos droits acquis, sans au moins nous ménager une compensation suffisante, résolut de faire flotter à nouveau le pavillon français à Madagascar. Soutenu par l'approbation chaleureuse des chambres et de la presse, il chargea, en 1833, le commandant de la Nièvre d'explorer la baie de Diégo-Suarez, avec mission de déterminer si nous pouvions avantageusement l'occuper. Celui-ci adressa au ministre un rapport favorable, déclarant cette baie sûre et salubre, et tout à fait propre à y établir une station.

A l'île Bourbon, cette nouvelle fut accueillie avec joie par les colons. Mais un obstacle ne tarda pas à se présenter. Nous ne pouvions occuper ce point de la côte que par la force, et non par des négociations. Or, devant les dépenses que devait entraîner une telle expédition, le gouvernement de *la paix à tout prix* décida qu'il était sage d'ajourner notre action dans ces parages.

Jamais, cependant, l'occasion n'avait été aussi propice, car l'influence de Farquhar et de ses acolytes était à son déclin. Quoiqu'ils fussent rusés et insinuants, Ranavalona était clairvoyante et ne se laissait pas mener facilement. Elle avait subi ces étrangers obséquieux, tant qu'elle avait pensé que son peuple pût gagner à leur contact, mais, au fond, elle était édifiée sur la sincérité de leurs manœuvres.

Ceux-ci, trop zélés, avaient outrepassé la mesure. A force de répéter journellement à la reine que le culte des idoles était faux, qu'il n'y avait de vrai que l'Évangile, Ranavalona, très attachée aux anciennes institutions, conseillée par ses *ombiaches* (prêtres), dont les oracles exerçaient une pression toute-puissante sur son esprit superstitieux, voyait d'un mauvais œil ces intrigants prétendre, par tous les moyens, imposer à son peuple une religion étrangère. De plus, irritée de ce qu'ils s'immisçaient dans toutes les affaires, elle résolut d'en finir avec leurs agissements, dût-elle, pour atteindre son but, faire massacrer tous ceux qui avaient embrassé la religion nouvelle.

En cette circonstance, elle se conduisit en reine. Avant de frapper, Ranavalona tint à les prévenir, par un message, qu'ils eussent, dorénavant, à respecter les coutumes de son pays. Les missionnaires anglais firent la sourde oreille et voulurent protester. Alors, dans un grand *Kabar* (1er mars 1835), auquel assistaient plus de 150,000 indigènes de toutes castes, elle promulgua un édit qui les visait avec la dernière rigueur.

Cet édit décrétait que tous les néophytes chrétiens eussent à se dénoncer et à renoncer aux pratiques nouvelles. Il menaçait de la peine de mort ceux qui ne se conformeraient pas aux prescriptions de l'ordonnance royale.

Terrorisée par cet édit, une foule considérable d'indigènes, dans laquelle figuraient plus de 400 officiers, vint remettre aux mains des commissaires, préposés à cet effet, les bibles que leur avaient données les missionnaires anglais. Les officiers furent dégradés et le commun des mortels fut condamné à une forte amende.

Cette fois, force fut aux Anglais d'abandonner définitivement Tananarive, où ils avaient été les maîtres pendant quinze ans, après y avoir dépensé la somme de 1,549,000 francs. Ainsi donc, leur œuvre, si laborieusement échafaudée, au prix de tant de sacrifices, s'écroulait en un seul jour.

En revanche, les Français étaient considérés sous un meilleur jour. L'amiral Duperré, ministre de la marine, fut même avisé par un capitaine marchand, qui avait mouillé à Madagascar, que la reine Ranavalona était désireuse de signer un traité de paix et de commerce avec la France.

En réponse à ces bonnes dispositions, au mois de décembre 1837, un capitaine de vaisseau fut chargé de jeter les bases de ce traité. Mais les négociations restèrent sans résultat.

Alors il advint que les Hovas maltraitèrent les

Européens résidant à Tananarive. Pour châtier cette offense, la France envoya à Tamatave le *Lancier* et le *Colibri*, que rejoignirent bientôt deux corvettes anglaises. Les Hovas se vengèrent de cette démonstration hostile, en incendiant, pendant la nuit, les habitations des Européens. Les marins français arrêtèrent les progrès du feu, et nos mandataires exigèrent du gouverneur de Tamatave des garanties permettant aux traitants établis sur la côte d'y vivre en toute sécurité.

Cependant les Anglais, chassés de Tananarive, n'avaient point perdu tout espoir d'y rentrer et de reconquérir leur influence. En 1839, ils revinrent à la charge et, de Maurice, députèrent à la reine, d'abord un négociant, puis un agent officiel, M. Campbell, sous le prétexte de lui demander des esclaves pour leurs plantations.

« Vous venez, leur répondit-elle, m'annoncer que vous avez rendu la liberté à vos esclaves, et chercher mes sujets pour travailler vos terres, sachez que je punirai de mort celui qui aura contracté un engagement avec vous. » Et, confirmant ces paroles par un exemple, elle fit sagayer, sous les yeux de l'agent britannique, plusieurs Malgaches accusés d'avoir traité secrètement avec lui.

A cette époque, nous avions, comme gouverneur à Bourbon, un homme d'une haute valeur, doué des qualités les plus remarquables chez un marin : l'amiral de Helle. Sachant que les indigènes de la côte ouest, les Sakalaves, pourchassés par les Hovas jusque dans les îles du canal de Mozambique, où ils s'étaient réfugiés, n'attendaient que l'occasion de secouer le joug de leurs oppresseurs, il vint à eux. Ceux-ci lui offrirent de céder leurs îles à la France, ainsi que tout le territoire dont les Hovas les avaient chassés. L'amiral accepta leur proposition et signa avec eux plusieurs traités (1840-1841), où il revendiquait hautement nos droits de souveraineté sur Madagascar. Ces conventions furent ratifiées par le gouvernement français et *Mayotte*, *Nossi-Bé*, *Nossi-Mitsiou*, *Nossi-Cumba*, ainsi que la côte occidentale de la grande île, depuis la baie de Passandava jusqu'au cap Saint-Vincent, furent déclarées possessions françaises.

En vertu de ces traités, M. de Helle vint à Mourousang signifier l'ordre au gouverneur de cette place de s'abstenir, sous peine du châtiment le plus sévère, de toute vexation envers nos nouveaux protégés.

Les Hovas ripostèrent par de nouvelles persécutions contre les traitants européens de la côte occidentale; les soldats de la reine pillèrent et saccagèrent leurs propriétés (1849).

Apprenant ces mauvais traitements, M. Romain Desfossés, commandant de la station française des côtes orientales d'Afrique, donna l'ordre au capitaine de vaisseau Fiereck de partir aussitôt pour Tamatave, avec la corvette *la Zélée*, afin de porter aide et protection à tous les Européens, quelle que fût leur nationalité. Ces prescriptions furent ponctuellement exécutées. Déjà, traitants français et anglais avaient trouvé refuge à bord de la *Zélée*, quand arriva la corvette anglaise *le Conway*.

Après avoir, de part et d'autre, essayé vainement de parlementer avec le gouverneur hova, qui avait prétexté une indisposition pour ne pas les recevoir, les deux commandants, dont la cause était commune, rédigèrent et signèrent ensemble une protestation très énergique, à l'adresse de Ranavalona.

Cette protestation n'ayant produit aucun effet, ils résolurent de châtier ces insolents hovas. Des moyens d'action insuffisants, des forces trop disproportionnées firent échouer leur tentative, et Ranavalona, dont l'orgueil ne connut plus de bornes, se vanta d'avoir vaincu les Français et les Anglais coalisés. Dans sa férocité, afin de nous donner une leçon terrifiante, elle fit planter, au bout de sagayes fichées dans le sable de la plage de Tamatave, les têtes des infortunés soldats dont nous avions été obligés d'abandonner les cadavres.

Une expédition considérable, ayant à sa tête des officiers généraux de l'armée d'Afrique, était prête à partir pour venger cet acte de sauvagerie, mais les Chambres, hostiles à toute expédition lointaine, suivant en cela l'exemple de Louis-Philippe, qui avait montré, récemment, une faiblesse déplorable dans l'affaire Pritchard, à Tahiti, s'opposèrent à son départ (1846). Et, pendant une dizaine d'années, ce triste trophée, dont les Hovas étaient fiers, resta exposé à leurs insultes, jusqu'au jour où un créole de Bourbon, M. Ch. Jeannette, vint courageusement enlever ces restes et leur donner la sépulture.

Le conseil colonial de Bourbon eut beau envoyer une adresse à Louis-Philippe, pour réclamer une intervention militaire, rien ne put secouer la torpeur de ce souverain, plus soucieux de sa tranquillité personnelle que de l'honneur national.

Les choses en étaient là, quand la Révolution de 1848 renversa Louis-Philippe. Le nouveau régime était trop préoccupé de se consolider à l'intérieur, pour songer à la question de Madagascar. Il en ajourna la solution à des temps moins troublés.

Malgré tous ces atermoiements, les Français n'avaient pas tardé à rentrer dans l'île. Ici, nous devons une mention toute spéciale aux braves colons qui, au prix de bien des sacrifices, souvent même au péril de leur vie, essayèrent, tant de fois, de faire prévaloir

M. Jean Laborde, ancien consul de France à Madagascar.

les idées françaises dans ces contrées, et, les premiers, nouèrent des relations commerciales avec les Hovas.

Parmi eux, citons : M. Arnaux, représentant de la maison Rantonnay de Bourbon qui, déjà sous le règne de Radama Ier, avant 1830, avait fondé une sucrerie à Mahéla, et était parvenu à sauver cet établissement de la destruction, en se plaçant sous la protection de la reine; M. de Lastelle, qu'il avait présenté à celle-ci comme son futur successeur, prit la suite de ses affaires. Ranavalona autorisa ce dernier à installer, dans ses États, une guildiverie, ou fabrique de tafia, et lui concéda la ferme des droits de douane sur plusieurs points du littoral. De plus, elle le chargea de venir en France opérer divers achats. Quoique l'expédition Romain Desfossés vînt déjouer les projets de M. de Lastelle, il ne resta pas moins de vingt ans à Madagascar.

Un peu après lui, un navire, commandé par M. Savoie, faisait naufrage à Fort-Dauphin, et un de ses passagers abordait la côte à la nage. C'était M. Jean Laborde, originaire d'Auch. Bientôt, par la vivacité de son esprit, qualité commune à tous les gascons, il sut gagner l'amitié de la reine, à laquelle il avait été recommandé par M. de Lastelle, et acquit sur elle un ascendant considérable, dont il se servit, plus au profit de sa patrie que de ses intérêts particuliers. Il s'était établi près de Tananarive, dans une somptueuse habitation, qu'il appelait *soatsimananopiouvanana* (lieu charmant qui ne changera jamais). Cet homme arriva au plus haut degré de la prospérité et son nom reste intimement lié à l'histoire de Madagascar. Il avait créé de nombreuses manufactures, mues par des roues hydrauliques, où il employait plus de dix mille ouvriers. On y filait la soie; on y fondait des canons et des boulets; on y faisait du charronnage, de la menuiserie, de la charpenterie, de la serrurerie; on y fabriquait de la porcelaine et du savon. En dehors de ces diverses industries, il exploitait des plantations de cannes, des usines à sucre, des distilleries de rhum. Il est merveilleux qu'un seul homme ait pu concevoir et mener à bien des entreprises si importantes et si multiples. La reine, qui l'admirait et lui portait une profonde affection, le pria de lui faire élever un palais. Il dépassa son désir, en y ajoutant un trône splendide, digne de la demeure royale qu'elle avait rêvée.

Non content d'avoir tout fait pour le présent, il voulut aussi préparer l'avenir. A cet effet, il donna, lui-même, au fils de Ranavalona, le prince Rakout, les notions d'une instruction morale. Il fut écouté avec respect. Malheureusement, la reine était dominée par les Ombiaches et surtout par un chef favori, son premier ministre. Sans l'influence pernicieuse de ces farouches conseillers, M. Laborde, soutenu par le prince Rakout, eût pu éviter à nos compatriotes bien des malheurs, bien des cruautés.

A l'île Maurice, se trouvait également un négociant français, M. Lambert, qui avait, autrefois, rendu un grand service aux armées de Radama, bloquées à Fort-Dauphin, en les ravitaillant. En souvenir de ce bon procédé, il fut facile à M. Laborde de le recommander à la reine, qui lui accorda la faveur de lui présenter son protégé.

Né à Redon, M. Lambert, venu de bonne heure à l'île Maurice, où il avait épousé une riche créole, avait alors trente ans. C'était un homme séduisant, agréable de sa personne, de manières distinguées. Son langage de courtisan lui valut tout de suite les bonnes grâces de la souveraine.

L'entente la plus cordiale ne cessa de régner entre nos deux compatriotes. D'ailleurs, M. Lambert, plein d'égards pour l'âge et l'expérience de M. Laborde, ne manquait jamais de le consulter, en toute occasion.

C'était surtout avec le jeune prince Rakout qu'il s'était lié; il avait avec lui fait le serment du sang. Initié aux plus secrètes pensées du prince, dont le but unique était de sortir son peuple de l'état sauvage, il conçut avec lui le projet de conquérir l'île entière, sans moyens violents.

Déjà, en 1847, n'ayant alors que dix-huit ans, Rakout avait écrit à l'amiral Cécile, commandant la *Cléopâtre*, pour lui offrir son concours, en vue d'arrêter le cours du règne sanguinaire de sa mère, puis, en 1852, à M. Hubert Delisle, gouverneur de Bourbon, pour réitérer sa proposition, et, en 1854, à Napoléon III, pour lui demander aide et protection, lui rappelant le traité d'alliance conclu avec son père, Radama.

M. Lambert, dont la faveur croissait avec le temps, à la cour d'Emyrne, obtint facilement de la reine qu'un missionnaire catholique pût résider à Tananarive. Et, le 8 août 1855, le père Finaz célébra la première messe dans la capitale. Ce jour-là fut un jour de triomphe pour nos compatriotes, éconduits pendant si longtemps par l'influence des missionnaires anglais.

Cependant le prince, poursuivant son projet, supplia M. Lambert de partir pour la France, et d'exposer, en son nom, à l'empereur les atrocités que commettait sa mère. Il lui remit une lettre autographe, dans laquelle il implorait le protectorat. A cette lettre était jointe une pétition, signée des principaux chefs hovas.

Au moment de quitter Tamatave, M. Lambert apprit la nouvelle que son établissement de Bavatoubé venait d'être détruit (19 novembre 1855), et que son représentant, M. d'Orvoy, ancien consul de France à Maurice, avait été mis à mort. C'était un outrage de plus infligé à la France, et pour M. Lambert une perte d'un demi-million.

Arrivé à Paris, M. Lambert obtint une audience de Napoléon III, auquel il remit quelques présents et les lettres dont il était porteur. L'empereur l'écouta favorablement ; il lui promit même son intervention. Sur ces entrefaites, éclata la guerre de Crimée, et Madagascar fut laissée de côté.

Sur les propres conseils de l'Empereur, M. Lambert se rendit à Londres, pour proposer à lord Clarendon de composer, par moitié, une compagnie anglo-française d'industrie et de commerce. Mais celui-ci déclara qu'il ne saurait admettre le protectorat de la France sur Madagascar. L'empereur, à qui M. Lambert rendit compte de sa tentative infructueuse, n'osa pas insister davantage.

Le ministre anglais s'était hâté d'envoyer secrètement à Tananarive le méthodiste Ellis, pour informer Ranavalona des démarches de M. Lambert. Ce nouvel agent raconta à la reine, en dénaturant les faits, que son fils tramait contre elle le plus odieux complot qu'un fils pût ourdir pour détrôner sa mère, et que l'empereur était disposé à envoyer des troupes, à l'effet de servir de tels projets.

Contrairement à son attente, ce lâche délateur fut honteusement chassé, malgré les cadeaux qu'il semait partout à l'appui de ses mensonges.

Au moment même où Ellis échouait piteusement dans son ambassade, un heureux événement venait faire diversion et achevait de nous conquérir les bonnes grâces de Ranavalona. Le frère du premier ministre était atteint d'un cancer au nez. La reine, qui l'aimait beaucoup, avait appelé à Tananarive, pour l'opérer, M. Milhet Fontarabie (1), médecin distingué et maire de Saint-Paul de la Réunion.

Le savant praticien arriva, vers le commencement d'octobre 1856, accompagné de deux aides chirurgiens, qui n'étaient autres que des missionnaires catholiques. L'opération réussit parfaitement. M. Milhet Fontarabie fut comblé de présents par la reine, qui l'avait pris en grande affection ainsi que ses deux aides. Sur les instances pressantes de Ranavalona, qui redoutait de nouvelles complications, il laissa à Tananarive, auprès du malade, un des missionnaires qu'il avait amenés.

Cependant, les cruautés et les exigences de la féroce souveraine avaient réduit son peuple à la plus extrême misère. Ne sachant qu'inventer pour assouvir ses instincts sanguinaires, elle avait imaginé les plus terribles supplices : l'eau bouillante, les fers, le tanguin. Par ses ordres, le sang coulait à flots dans toute l'étendue du royaume. Non contente de mutiler et de décimer ses sujets, elle vendait comme esclaves leurs femmes et leurs enfants.

Enfin, à la grande joie de son fidèle ami, le prince Rakout, M. Lambert revint à Tananarive, après deux ans d'absence (avril 1857). Il était accompagné de la célèbre voyageuse autrichienne, Mme Ida Pfeiffer, et apportait de riches présents pour la reine et son fils. Il fut reçu avec les plus grands honneurs, les plus grandes démonstrations d'amitié, et fêté comme jamais un blanc ne l'avait été.

En 1859 et 1860, à la suite de violences exercées contre les missionnaires et les négociants français, le capitaine de vaisseau Fleuriot de Langle, comman-

(1) M. Milhet Fontarabie, après avoir été député de la Réunion, en est aujourd'hui sénateur.

dant la station des côtes d'Afrique, imposa au district de Baly une contribution de 70,000 francs, en réparation du meurtre du délégué français chargé de surveiller les engagements des travailleurs. Ensuite, après avoir dépossédé la reine Outsingou, il conclut différents traités avec plusieurs chefs sakalaves (2 février 1859, 26 septembre 1859), puis, avec le roi des Mahafales (10 août), et avec le chef de la vaste province de Féérègne (19 août). Ces traités successifs nous rendaient maîtres de toute la côte ouest de Madagascar, depuis la baie de Baly jusqu'à celle de Saint-Augustin.

A la nouvelle que la France ne lui accordait pas son protectorat, Rakout avait éclaté en sanglots. Tout entier à son idée de rendre la liberté à son peuple, il s'arma de courage et pria MM. Laborde et Lambert de continuer à lui prêter leur concours dévoué.

Pour réussir dans ses projets, il lui fallait renverser Rainizouare, le premier ministre de sa mère. La tâche eût pu être facile, si celui-ci n'eût embrassé le protestantisme et n'eût été, par ce fait, entouré d'espions vigilants, intéressés à déjouer les intentions du prince. Averti par eux du complot, le premier ministre dénonça les blancs à la reine, comme conspirant contre elle. Ce mensonge, digne des RR. anglais, bouleversa la vieille reine, qui eut aussitôt recours aux pratiques habituelles des *sikydis*, pour dicter sa conduite. Sous leur inspiration, à la suite de l'épreuve du tanguin, pratiquée sur des poulets représentant chacun un blanc, Ranavalona, convaincue de la culpabilité des chrétiens, les condamna à mort. Un seul poulet, celui qui représentait le P. Joseph Weber, ne périt pas dans cette épreuve. Il faut avouer, pour être précis, que ce missionnaire ayant soigné avec dévouement le frère de Rainizouare, ce dernier, par reconnaissance, avait ordonné à l'indigène chargé d'administrer le tanguin de ménager le poulet du P. Weber.

Rakout intercéda auprès de sa mère en faveur des victimes désignées. Il lui fit observer que M. Lambert étant agent secret du gouvernement français, il serait imprudent de les exécuter. Ranavalona se rendit à ces raisons, et, après délibération, se contenta de les expulser. Malgré le déplaisir qu'elle éprouvait à se séparer de M. Laborde, elle s'y vit contrainte par les oracles que rendirent les ombiaches, en réponse à ses questions.

M. Laborde fut donc banni avec M. Lambert et même Mme Pfeiffer, ainsi que tous les autres Français compris dans cette mesure de proscription. Le prince Rakout, qui s'était vu menacé de mort par sa mère, pour avoir pris la défense de ses amis, leur fit des adieux déchirants. Il pria, une dernière fois, M. Lambert d'implorer de nouveau, en son nom, le protectorat de l'empereur Napoléon III. On les conduisit, sous bonne escorte, à Tamatave. Il leur fallut deux mois pour gagner cette étape, éloignée seulement de 70 lieues, à cause des lenteurs qu'on mit à la leur faire franchir, espérant, dans le trajet, qu'ils succomberaient à la fièvre mortelle de ces régions insalubres.

Les exilés se réfugièrent à l'île Bourbon. Aussitôt après leur départ, leurs biens avaient été confisqués.

M. Lambert, revenu à Paris, avait exposé la situation au prince Napoléon, spécialement chargé de la haute direction des colonies. Le prince fût certainement entré dans ses vues, si la guerre d'Italie ne fût venue obscurcir l'horizon politique.

Pendant ce temps, à peine Rakout venait-il d'obtenir de sa mère le rappel de M. Laborde, que Ranavalona mourait, le 16 août 1861, à l'âge de 81 ans.

Le règne de cette reine avait duré trente-trois ans. Il était loin de ressembler à celui de son prédécesseur. D'une extrême méfiance à l'égard des étrangers,

M. Lambert, duc d'Émyrne.

d'une crédulité sans bornes pour les croyances superstitieuses de ses ancêtres, Ranavalona s'abandonnait complètement aux caprices de ses favoris, à la fois ses époux et ses premiers ministres, n'ayant, d'ailleurs, aucun scrupule à se débarrasser d'eux, dès qu'ils avaient cessé de plaire.

Elle fut l'incarnation de la barbarie. Mme Pfeiffer raconte, dans ses relations de voyage, qu'en moyenne, chaque année, de 20,000 à 30,000 indigènes périssaient par ses ordres, dans les supplices les plus variés.

Inauguré par le meurtre de ses plus proches parents, son règne ne fut qu'une longue suite d'exécutions. Elle ne cessa de répandre la terreur la plus noire dans son pays désolé comme par le passage de la peste. Le nombre des victimes de sa cruauté est incalculable.

Pour donner un exemple à l'appui de ces assertions, en 1845, dans une chasse aux buffles qu'elle avait organisée, sur les 50,000 personnes qui l'accompagnaient, plus de 10,000 périrent, pendant les quatre mois que dura cette partie de plaisir.

Comme pour Radama Ier, on lui fit de magnifiques obsèques. Son corps fut transporté en grande pompe à Ambohimanga, la ville sainte, et sur tout le parcours du cortège funèbre, le sang d'une quantité innombrable de bœufs ruissela sur les routes. En l'honneur de sa mémoire, on immola ses taureaux favoris.

Et, comme si elle n'eût assez versé de sang pendant sa vie, au moment où son corps était déposé dans le caveau royal, une effroyable explosion, causée par la poudre préparée pour les canons destinés à saluer la fin de la cérémonie, vint jeter l'épouvante dans l'assistance et semer la mort autour de son cercueil, continuant, après elle, l'œuvre sinistre de son règne néfaste.

RADAMA II (1861-1863). — A Ranavalona Ire succéda le prince Rakout, ou, pour le désigner par son vrai nom, Ratond-Radama, lequel, bien qu'il ne fût pas le fils de Radama, prit, en montant sur le trône, le nom de Radama II.

Nouvel enfant du miracle, ce prince vint au monde, deux ans après la mort de son père putatif. Pour expliquer le mystère de sa naissance tardive, Ranavalona eut recours à un ingénieux subterfuge. Elle déclara qu'elle avait conçu à la suite d'une pieuse visite au tombeau de son époux regretté. Cette singulière interprétation de l'énigme suffit à la naïve crédulité du peuple hova, qui n'en vénéra que davantage le rejeton surnaturel de Radama Ier. En réalité, le père de Radama II n'était autre qu'Andrian-Mihaza, premier ministre et favori de la défunte souveraine.

Tout entier à la douleur d'avoir perdu sa mère, qu'il aimait sincèrement, malgré ses instincts dissolus, Radama II faillit, dès le début de son règne, être victime d'une lâche conspiration, ourdie, dans le but de l'assassiner, par un de ses cousins, Ramboasalama.

Au lieu de sévir, ce roi débonnaire célébra son avènement par un acte de clémence et d'humanité. Non seulement il rendit la liberté au coupable, mais encore il fit arracher les plantations du Tanguin qui ne rappelaient que trop les cruautés du règne précédent.

Peu de temps après, une circulaire de M. Lambert, en date du 7 avril 1862, annonçait, au nom du nouveau monarque, que le royaume de Madagascar était désormais ouvert au commerce de toutes les nations. Cette même circulaire abolissait les droits de douane. De plus, le roi accordait sa haute protection aux arts, à l'industrie et à tous les cultes, sans distinction.

En un mot, commençait le règne le plus libéral qu'eussent pu rêver les habitants de Madagascar et les étrangers en relations d'affaires avec eux.

Radama eut le bon esprit de s'entourer, en fait de conseillers intimes, de M. Laborde, nommé consul de France et de M. Lambert, qu'en reconnaissance des services rendus, il avait créé duc d'Imerina. Désireux de civiliser son peuple et sentant bien que le meilleur moyen d'arriver à ce résultat était de s'assurer le concours des grandes puissances occidentales, il envoya de nouveau M. Lambert, mais cette fois avec des pouvoirs réguliers, auprès de Napoléon III, ainsi qu'auprès du pape et des souverains d'Angleterre et de Belgique.

En dépit du mécontentement qu'ils éprouvaient des marques de bienveillance continuelles dont Radama comblait les Français, les Anglais, en fins diplomates qu'ils étaient, n'envoyèrent pas moins à Radama II, pour le féliciter de son avènement, une députation ayant à sa tête le colonel Midleton. Cette députation arriva à Tamatave, le 22 septembre 1861.

Le 8 février 1862, débarquait à son tour M. le capitaine de frégate, baron Brossard de Corbigny, chargé par Napoléon III de reconnaître Radama, en qualité de roi de Madagascar, tout en réservant les droits de suzeraineté de la France sur cette île.

Une nouvelle mission faisait son entrée à Tananarive, le 8 juillet 1862. Placée sous les ordres du commandant Dupré et composée d'un nombreux personnel d'officiers, elle venait représenter officiellement le gouvernement impérial à la cérémonie du couronnement. Le roi combla ses hôtes de cadeaux, en accompagnant ses présents de cette formule invariable : « C'est la main qui offre, c'est le cœur qui donne. »

Cependant, la date du couronnement avait été retardée jusqu'au 28 septembre, à cause du retour de M. Lambert, annoncé seulement pour la fin du mois d'août.

Après des fêtes brillantes et nombreuses, ce fut le 15 août 1862 que, pour la première fois à Tananarive, notre pavillon national fut arboré sur le consulat français. Cette imposante manifestation fut suivie d'une messe, à laquelle assistèrent, en grand apparat, le roi, la reine, les ministres, ainsi que le personnel des deux missions, au grand déplaisir de messieurs les anglais.

Le 18 septembre, au matin, le canon retentit. Il proclamait la grâce des complices de Ramboasalama et des pauvres chefs sakalaves détenus sous Ranavalona, en même temps qu'il donnait le signal des réjouissances du couronnement.

Le 20, dans une audience solennelle, donnée en son palais par le roi à la députation française, fut signé le traité de commerce entre les plénipotentiaires de Napoléon III et de Radama II, malgré les observations du chef de la mission anglaise et du sournois Ellis, qui assistaient également à cette entrevue.

Ce traité est le plus honorable et le plus avantageux que la France ait conclu avec les Hovas, à la fois dans l'intérêt de ses nationaux et dans celui des indigènes.

A l'issue de cette audience mémorable, où la France venait d'affirmer si hautement son prestige, le duc d'Emyrne présenta au roi les présents qu'il avait apportés pour lui. Ces objets, évalués pour le moins à 50,000 francs, consistaient en une couronne royale que l'empereur avait tenu à offrir à Radama, en un diadème, en deux manteaux de gala et en un costume de maréchal de France, que l'impératrice lui adressait, de son côté.

Le 22, au soir, les feux d'une innombrable quantité de torches, illuminant soudain l'horizon, annonçaient la cérémonie du lendemain. Cette soirée, d'un effet vraiment grandiose, fut gâtée par un sinistre événement. Un incendie attribué, par les uns au vieux parti, par les autres aux indépendants, faillit détruire toute la ville. Fort heureusement, grâce aux secours organisés par M. Laborde, il fut promptement localisé et, vers une heure du matin, tout danger était conjuré.

Enfin, le 23, les fêtes du couronnement eurent lieu, au milieu de l'allégresse générale. Plus de 200,000 personnes, venues de tous les points du pays, y assistaient. Les deux délégations contribuèrent par leur présence à en rehausser l'éclat. M. Laborde, qui en était l'habile organisateur, s'était surpassé.

Cette cérémonie, selon l'usage traditionnel, eut lieu, publiquement, au champ de Mars de Mahamasina, où se trouve la pierre sacrée, sur laquelle on a coutume de faire monter l'héritier du trône, quand on le présente au peuple.

La couronne en tête, le manteau royal sur les épaules, le sabre nu à la main, Radama, du haut de cette pierre, harangua son peuple, et son discours fut accueilli par les cris répétés d'un enthousiasme universel. Tous les Hovas accourus à cette solennité célébraient avec des transports de joie les vertus de ce sage souverain, que la mort impitoyable devait bientôt ravir à leur amour, avant qu'il eût le temps de mener à bien l'œuvre de prospérité qu'il avait si généreusement entreprise.

Dès le 25 septembre, la mission anglaise, voyant

bien qu'elle n'avait rien à tirer de Radama, avait quitté Tananarive. Tout au contraire, la mission française, cédant aux instances du roi, avait ajourné son départ ; elle ne quitta la capitale que huit jours après. Radama la vit s'éloigner avec tristesse, et c'est avec la plus vive effusion qu'il embrassa, à tour de rôle, chacun des membres qui en faisaient partie.

Peu de jours après, M. Lambert entreprenait un nouveau voyage en France, afin d'y constituer une compagnie ayant pour but la colonisation de Madagascar. Avant de partir, il avait obtenu la concession de vastes terrains où, déjà, il avait installé des agents. Il sollicita à nouveau Napoléon III de prendre sous son patronage cette grande entreprise, estimant que, placée sous de tels auspices, elle pourrait faire contrepoids à la puissante Compagnie des Indes anglaises.

L'Empereur accueillit favorablement cette requête et chargea M. Paul des Bassyns de Richemont d'organiser cette compagnie, à laquelle un décret, en date du 2 mai 1863, donna une existence légale et authentique. Sur le capital réalisé, une somme fut prélevée pour indemniser le roi Radama II de la suppression des droits de douane dans ses États. Le fonds social fut fixé à 50 millions de francs et la durée de l'exploitation à cinquante ans. Cette nouvelle société rappelait, en tous points, par ses apports et ses statuts, la première société, fondée sous Louis XIV.

L'admirable organisation de cette Compagnie, due à l'habile direction de M. des Bassyns de Richemont, promettait les plus féconds résultats. L'ouverture du Canal de Suez lui assurait un de ses plus sérieux éléments de succès, un débouché rapide à ses produits et un mouvement commercial incessant. La Compagnie ne pouvait débuter dans de meilleures conditions. Elle venait au monde avec les plus sûres garanties de viabilité.

M. Lambert était nommé résident général de la compagnie auprès de Radama. Ce poste lui revenait de droit; n'avait-il pas été le promoteur de l'entreprise?

M. Laborde était chargé de la partie technique. La tâche était des plus ingrates, car il s'agissait d'établir des voies de communication sur le territoire hova, et Radama, jusqu'à cette heure, s'était toujours refusé à en accorder l'autorisation; M. Laborde était le seul qui eût assez d'influence sur le roi, pour le déterminer à laisser faire une route reliant Tananarive à la côte.

Enfin, la Compagnie était appelée au plus brillant avenir. Elle eût pleinement réussi dans ses projets, si notre rivale n'eût veillé dans l'ombre, épiant tous nos mouvements, guettant toutes les occasions de nous nuire, et surtout d'enrayer dans son essor cette compagnie naissante qui lui portait ombrage. Toujours fidèle à sa ligne de conduite sournoise, elle dénatura, aux yeux de quelques chefs malgaches qui avaient embrassé sa religion, le véritable but que nous nous proposions.

Le vieux parti hova, auquel Radama avait si généreusement pardonné sa criminelle tentative, était entre les mains des Anglais une arme offensive qu'ils fourbissaient secrètement, afin de s'en servir, le moment venu, pour frapper le coup décisif. A force de piastres, ils avaient attiré à leur cause tous les mécontents. Les indépendants, ne reculant devant aucun moyen propre à assurer le triomphe de leurs intrigues, s'étaient même alliés avec les ombiaches.

Ces missionnaires anglais sont, dans toutes nos colonies, nos adversaires les plus acharnés. Partout où nous cherchons à nous implanter, partout nous les voyons apparaître, prêts à combattre notre influence, ou plutôt à la saper par la ruse et la bassesse. Car ja-

Radama II, roi de Madagascar.

mais ils ne luttent à armes franches; ils emploient toujours le même système de dénigrement, répétant à satiété que la France est un pauvre petit pays, sans importance, sans argent, sans vaisseaux, lequel a été, de tout temps, tributaire de l'Angleterre. Tout au contraire, le Français, loyal et confiant, qu'il soit soldat, missionnaire, commerçant, ou simple colon, va droit devant lui, incapable de mentir, n'ayant qu'un objectif : réussir honnêtement. Il ne médit pas de ses ennemis, il les aide au besoin, et s'expose ainsi, par sa bonne foi, à être trahi, quand il n'est pas empoisonné, quand il n'est pas transpercé par une flèche dirigée dans l'ombre par la main d'un Pritchard, d'un Shaw, ou de tout autre compère de la digne confrérie.

« Laissons passer les fêtes du couronnement, avait dit Ellis à ses honorables collègues; après, nous verrons ce que nous avons à faire. En attendant, veillons et usons de toutes nos ressources pour empêcher l'exécution du traité passé avec Napoléon III, le jeune roi dût-il y perdre la vie ! »

Au commencement de mars 1863, des intrigues étranges jetaient la perturbation dans les esprits et signalaient l'approche d'une révolution. Les Sikidys, soudoyés par les indépendants, ne craignaient pas de distribuer à la population pauvre des infusions de plantes excitantes, de leur composition, qui agitaient de mouvements convulsifs ceux qui en faisaient usage. Ces malheureux rappelaient les convulsionnaires du cimetière Saint-Médard. On les voyait errer par les rues, en bandes désordonnées, se livrant à toutes sortes d'excentricités, chantant, dansant, gesticulant, pénétrant dans les maisons, où ils se disaient les envoyés de la reine défunte, irritée de la bienveillance coupable que son fils témoignait aux Français. Et, comme à Madagascar les fous sont l'objet d'une sorte de vénération, presque d'un culte, on les écoutait comme des oracles. Puis, vinrent les apparitions : Ranavalona, sortie soi-disant de la tombe, pour sauver son peuple et arracher son royaume des mains des envahisseurs, avait déclaré Radama II indigne de régner, pour avoir vendu son pays à l'étranger. Partout, c'étaient des excitations à la révolte, sous les formes les plus diverses. Pendant ce temps-là, le R. Toy prêchait aux chefs qu'ils pouvaient déposer leur souverain, du moment que celui-ci ne s'acquittait pas de ses devoirs envers son peuple.

Radama II ne fit d'abord que rire de ces menées superstitieuses; dans son indulgence, il plaignit même les Ramanenjana, jusqu'au jour où, prenant les choses au sérieux, en s'apercevant que l'on essayait de soulever la ville et que l'on attentait ouvertement à sa personne, il fit arrêter plusieurs de ces énergumènes. Il était trop tard pour réagir; le mal était fait.

Effrayé de la tournure que prenaient les événements, le roi s'était réfugié avec les menamasos, ses plus chers amis, à la Maison de pierre, petite propriété qu'il possédait à quelque distance de la ville. C'est là que, le 9 mai, les émeutiers se présentèrent pour réclamer l'annulation des concessions faites aux étrangers et l'abrogation de la Charte Lambert. Ils exigeaient, en outre, que le roi leur octroyât sur l'administration un droit de contrôle qui leur permît de gouverner en son nom. Sur le refus que leur opposa Radama de souscrire à ces conditions humiliantes, huit de ses amis, ainsi que ses gardes du corps, furent massacrés, sous ses yeux, par la populace.

Cependant, le 10 mai, le roi, de retour en son palais, consentait à quelques réformes. C'était insuffisant pour apaiser la tourmente révolutionnaire. Déjà, le premier ministre, pactisant avec les rebelles, lui demandait de leur livrer ses chers menamasos; mais le roi, fidèle à ses affections, refusa énergiquement d'obtempérer à cette sommation déguisée.

Le 11 mai, la populace, cernant le palais, renouvelait les mêmes demandes et essuyait le même refus.

Les factieux n'eurent pas la patience d'attendre plus longtemps le résultat des négociations engagées, et, le soir de cette triste journée, les portes du palais volaient en éclats sous la poussée de la foule exaspérée et inconsciente de ses actes; la responsabilité doit en être attribuée à des conseils occultes, dont nous soupçonnons parfaitement la provenance.

Le rideau venait de se lever sur le dernier tableau de cette lugubre tragédie. Le dénouement s'annonçait comme devant avoir une issue sanglante. Sept des amis du roi, restés dévoués à sa cause, furent arrêtés. Au comble de la douleur, Radama criait aux émeutiers : « Grâce ! grâce ! je lècherai la poussière de vos pieds, mais laissez la vie à mes amis, prenez plutôt la mienne : j'aime mieux mourir que les abandonner ! » Mais ces sauvages, entraînés par une rage de massacre qui les enivrait, insensibles à ces appels généreux d'un cœur incompris, n'obéissant qu'à leurs passions criminelles, assouvirent leurs instincts meurtriers, sous les yeux mêmes du monarque impuissant.

Le 12, le palais était toujours investi. Vers dix heures du matin, le premier ministre, Rainivonninahitrinioni, faisait entrer dans la chambre du roi douze bandits déterminés, qui arrachèrent le malheureux d'auprès de la reine évanouie et l'étranglèrent avec un lamba de soie.

Le crime accompli, aussitôt Rainivonninahitrinioni donna l'ordre de faire périr les ménamasos, témoins de l'assassinat. Puis il fit d'abord annoncer que le roi avait pris la fuite, et enfin qu'il était mort subitement, tué par le chagrin d'avoir perdu ses plus chers amis.

Telle fut, à l'âge de trente-quatre ans, la fin misérable de ce pauvre jeune roi, auquel l'avenir semblait réserver les plus brillantes destinées. Son règne n'avait duré que vingt et un mois. Doué d'excellentes qualités, possédant des capacités remarquables, animé de nobles sentiments, ayant des aspirations élevées, de la droiture et de la grandeur d'âme, il n'avait pas de force de caractère, et l'esprit politique lui faisait malheureusement défaut. Les événements dont il fut la victime innocente ont, hélas! prouvé que s'il voulait le bien de son peuple, il n'eut pas la fermeté nécessaire pour civiliser, malgré eux, ses sujets. Ayant à lutter contre les traditions du passé, il ne suffisait pas qu'il décidât des réformes, il fallait, pour les rendre efficaces, qu'il les imposât, en usant presque du pouvoir despotique que lui conférait l'autorité royale.

Indépendamment de toutes ces raisons, nous devons un hommage tout particulier à cet infortuné souverain, qui, jamais, ne nous tourna le dos, malgré les tentatives de corruption des missionnaires anglais et qui, dédaignant leurs riches présents, préféra mourir plutôt que de commettre une lâcheté, en retirant à la France la parole qu'il lui avait donnée.

Le premier moment d'effervescence passé, Radama II fut universellement regretté. On déplora, même en Angleterre, l'acte monstrueux qui avait mis fin à ses jours. Le consul anglais, M. Packenham qui, au début de la révolution, avait précipitamment quitté Tananarive, fit de lui les éloges les plus pompeux et, certainement, les plus mérités. Un seul homme, un infâme coquin, le même qui, froidement, dans l'ombre, avait combiné et dirigé toutes les péripéties du drame, osa flétrir la mémoire du monarque défunt, en disant que Radama II avait avili la royauté — *had injured the kingdom*. Ce jugement, porté par le bourreau sur sa victime, n'est-il pas digne des procédés inqualifiables de cet abominable Ellis? Ainsi donc, après avoir guidé la main qui avait étranglé le roi, il fallait encore que cette vipère jetât son venin sur le cadavre du malheureux !

Mais l'opinion publique ne tarda pas à reprocher à Ellis d'avoir été l'instigateur de la révolte. Le lâche jugea prudent de chercher refuge au consulat anglais, d'où il fit publier, sous un nom d'emprunt, dans la « *Commercial Gazette* de l'île Maurice », un article dans lequel il prétendait que l'assassinat de Radama II était un événement profitable au pays; il y traitait le défunt souverain de despote manqué et qualifiait les honorables MM. Laborde et Lambert d'artificieux étrangers qui avaient poussé le roi à l'ivrognerie, pour usurper de riches et vastes concessions à Madagascar.

Et, comme il est d'usage chez les assassins de se disculper, avant d'avoir été directement accusés, il affirmait, dans cet article, que le roi était un persécuteur déclaré de la religion protestante et qu'au moment même où la Providence avait fait justice, il venait de décréter la mort du chef de la mission, le R. Ellis.

Aussitôt le meurtre commis, le premier ministre s'était rendu chez M. Laborde, si éprouvé déjà par tant d'atrocités, et lui avait signifié, purement et simplement, que, le roi mort, le traité conclu par lui avec la France ne subsistait plus, comme si la disparition de l'un pouvait entraîner conséquemment l'abrogation de l'autre.

Radama II fut proclamé *roi vaincu*, comme s'il avait succombé dans une défaite devant l'ennemi, et son règne fut décrété annulé. Pendant la nuit du 12 au

13 mai, son cadavre, enveloppé de cent lambas et accompagné de deux mille soldats, fut transporté à deux lieues de la capitale, où il fut enterré secrètement, sans pompe et sans honneurs. Il fut interdit de porter son deuil et défense fut même édictée de le pleurer.

Ainsi finit celui qui, en essayant de rompre avec l'erreur, n'avait d'autre but que de faire profiter son peuple des leçons des Français.

Rasohérina (1863-1868). — Le soir même de l'assassinat du roi, à la suite d'un conciliabule tenu par les missionnaires anglais, les ministres hovas et les sikydis (prêtres), que l'intérêt commun avait coalisés, en vue de recueillir seuls les bénéfices de leur coup d'État, la veuve de Radama II, Raboude, fut proclamée reine de Madagascar, sous le nom de Rasohérina (de *sao*, beau ; et de *heri*, fort).

Ellis avait fort habilement démontré au premier ministre que le meilleur moyen pour eux tous de conserver le pouvoir usurpé et d'arracher Madagascar à l'influence française, que la charte Lambert était sur le point d'y implanter, était de faire tomber le sceptre en quenouille, en le confiant aux mains d'une faible femme. Ils tiendraient facilement en tutelle une pauvre reine timorée par le souvenir de l'assassinat du roi son époux, en évoquant continuellement à ses yeux les lugubres visions du crime auquel elle devait sa couronne, et l'éventualité d'un nouvel attentat qui pourrait la lui enlever de la même façon, au cas où elle voudrait faire acte d'autorité personnelle.

Comme la princesse Raboude hésitait à accepter la néfaste succession qui lui était offerte, craignant une fin semblable à celle de Radama : — « Si vous repoussez la couronne, lui fut-il répondu, il en est plus d'un qui sera très heureux d'en porter le fardeau. » — Comprenant, dès lors, que le parti le plus sage était de se résigner, que les instances dont on la pressait n'étaient, en réalité, que des menaces déguisées, et qu'un refus de sa part la conduirait certainement à sa perte, elle n'osa résister plus longtemps.

Alors eut lieu la proclamation de l'avènement au trône de Rasohérina. En présence de la nouvelle souveraine, devant le peuple assemblé, on lut la liste des rois et reines ses prédécesseurs, en ayant soin de passer sous silence le nom de Radama II, désormais condamné à l'oubli. De sorte que, dans cette nomenclature, on faisait directement succéder Rasohérina à Ranavalona Ire.

Puis, afin de ne pas perdre de temps, on fixa au soir du même jour les cérémonies populaires du serment de fidélité. Ce serment consistait d'abord à boire de l'eau mélangée avec un peu de la terre des tombeaux des anciens rois, ensuite, à percer de coups de sagaie un veau immolé pour la circonstance, auquel on avait préalablement coupé la tête, les pattes et la queue, en plaçant la tête à la place de la queue, et *vice versa*, et, enfin, à prononcer le serment sacramentel accompagné des imprécations d'usage.

Le lendemain, les grands dignitaires venaient présenter leurs hommages à la nouvelle souveraine. Mais, cette réception se ressentait de l'effet produit par la nouvelle de l'assassinat du roi. Entourée par les auteurs du coup d'État, qui la gardaient à vue, Rasohérina, la tête ceinte d'une couronne d'or, accueillait ces hommages avec un air mélancolique et distrait. Elle ne se dissimulait pas la lourde tâche qui lui incombait, la pauvre reine ; elle songeait, avec effroi, que cette royauté imposée ne serait pour elle que l'apparence brillante d'un intolérable esclavage.

Elle ne se trompait pas! Craignant qu'elle ne vînt à suivre les idées libérales de son mari défunt, en se montrant trop sympathique envers la France, il fut décidé, par ses terribles conseillers, qu'on ne lui laisserait qu'une autorité nominale, et que le pouvoir serait confié à celui qui en avait endossé la responsabilité, au premier ministre. Bon gré, mal gré, en dépit de l'horreur invincible qu'il inspirait à la reine, il s'imposa comme époux et devint une manière de prince consort omnipotent, véritable maire du palais, administrant au nom d'une royauté forcément fainéante.

Tout aussitôt, une série de décrets fut promulguée, au nom de la reine, rapportant tous ceux qui émanaient de Radama II, et rétablissant toutes choses en l'état où elles étaient avant son règne, désormais rayé de l'histoire.

Cependant, dès que la nouvelle de l'assassinat de Radama s'était propagée dans la population, qui longtemps avait cru à une simple disparition, une telle exaltation s'était emparée des esprits, que les villages voisins de la capitale s'étaient soulevés en masse et avaient marché contre Tananarive. Il s'en fallut de peu que la contre-révolution, d'abord victorieuse, ne renversât le nouveau régime. Mais les rebelles, à cause du désordre qui régnait dans leurs rangs, ne purent soutenir un combat régulier contre les troupes de la reine, mieux exercées et surtout plus disciplinées; ils ne tardèrent pas à essuyer une défaite qui fut pour eux le signal d'une débandade générale. On en égorgea un grand nombre; leurs femmes et leurs enfants furent réduits en esclavage.

La reine, dont le cœur compatissant saignait à l'idée

qu'une partie de son peuple serait ainsi esclave de l'autre moitié, voulait inaugurer son règne par un acte de clémence. Mais le premier ministre s'opposa à cette mesure. Alors, la malheureuse souveraine, courbée sous un joug de fer, ne pouvant user de la plus noble des prérogatives royales, le droit de grâce, eut recours à un moyen terme : elle tira 2,000 piastres de son trésor particulier, pour racheter de la servitude les personnes libres qui s'y trouvaient réduites.

Pendant que ces événements bouleversaient Madagascar, la mission Dupré Lambert, revenant de France, débarquait à l'île de la Réunion, avec tout son personnel, vers la fin de juillet. Là elle apprit le drame qui s'était accompli à Tananarive. Laissant le reste de la mission à Saint-Denis, MM. Dupré et Lambert partirent, seuls, pour Madagascar où ils arrivèrent le 1er août. Ils répondirent aux fonctionnaires hovas qui se présentèrent à bord, quand ils entrèrent dans le port de Tamatave, par cet ultimatum : « De deux choses l'une : ou le traité conclu avec le gouvernement français serait maintenu dans son intégralité, ou le gouvernement hova subirait les conséquences du refus d'en exécuter les clauses. » Dans ce dernier cas, M. Laborde avait ordre d'amener immédiatement le pavillon consulaire et de quitter la capitale avec tous les nationaux qui y résidaient.

Après avoir échangé bien des pourparlers, au cours desquels la reine, d'accord avec ses ministres, s'était montrée disposée à exécuter les clauses du traité, tandis que le premier ministre, guidé par les conseils d'Ellis qui avait su lui persuader qu'il n'avait rien à redouter du commandant de la division navale, s'y était opposé formellement, il fut décidé que le ministre

Raharolahy et un officier, Rainivao, accompagneraient M. Laborde, pour traiter, de la part de la reine, avec le commandant Dupré.

Pendant que duraient ces négociations, le couronnement de la reine Rasohérina eut lieu, le 30 août 1863. Quelle différence avec celui de Radama II! Cette cérémonie ne fut précédée d'aucun préparatif, et saluée par aucun cri d'allégresse. Elle s'accomplit presque mystérieusement, sans pompe et sans éclat, comme s'il s'agissait de remplir une formalité légale. Au silence glacial qui accueillit, sur son passage, le cortège officiel, on sentait que si le deuil public avait été interdit, il ne régnait pas moins dans les cœurs, avec une intensité d'autant plus vive qu'on était contraint d'en dissimuler le témoignage. Quelques discours furent prononcés; celui du premier ministre était particulièrement agressif : « Il n'y a qu'un seul souverain à Madagascar, y déclarait ce personnage. Dussions-nous détruire les deux tiers de la population, pour faire respecter ce principe de notre intégrité, nous ne faillirons pas à notre devoir, quelque pénible qu'il soit à accomplir! »

Le 4 septembre, M. Laborde, accompagné du personnel du consulat, arrivait à Tamatave. En sa présence, le ministre hova Roharolahy, après qu'on lui eut rendu les honneurs dus à son rang, informait le commandant Dupré que son gouvernement se refusait à appliquer le traité signé par Radama II, et lui soumettait un contre-projet en sept articles. Le commandant, devinant que ce factum dérisoire était dû à l'inspiration d'Ellis, le repoussa dédaigneusement et consentit encore à attendre jusqu'au 20 septembre la réponse de la reine.

Comme on l'avait prévu, cette réponse fut négative;

elle parvint, le 18, à bord de l'*Hermione*, en même temps que la nouvelle que le consul anglais à Tananarive avait écrit à la reine pour désavouer, au nom de son gouvernement, les agissements d'Ellis, et qu'en dépit des insinuations mensongères de ce dernier, l'Angleterre n'était pas disposée à lui prêter son concours, dans le cas où un conflit avec la France serait la conséquence du présent état de choses.

Dès le lendemain du jour où la réponse de la reine avait été signifiée au commandant Dupré, le gouvernement hova commençait les hostilités par une première dérogation aux clauses du traité. Les canons du fort de Tamatave annonçaient le rétablissement des droits de douane, tels qu'ils existaient avant le règne de Radama II, à la grande joie des fonctionnaires oligarchiques qui, par là, voyaient refleurir pour eux l'ère des abus et des concussions.

En présence de cette violation flagrante du traité, l'agent consulaire français amena son pavillon.

De son côté, le gouverneur hova réunissait le peuple au fort pour l'exhorter à la résistance, si la France prétendait employer la force pour le maintien de ses prétendus droits.

Cependant, cette affaire n'eut pas de suite. Les choses en restèrent à l'état latent.

Quand Ellis et les siens constatèrent qu'au lieu de répondre par un ultimatum à la démonstration hostile du gouvernement hova, nous nous étions bornés à rompre avec lui nos rapports de bonne amitié, que le conflit soulevé était tombé de lui-même, que M. Laborde était rentré, le 26 septembre, à Tananarive, sans caractère officiel, et que, le 1er octobre suivant, notre dernier bâtiment avait quitté Tamatave : « Ne vous avions-nous pas affirmé, dirent-ils à la population, que vous n'aviez rien à redouter de ces misérables Français ? »

Ainsi donc, Ellis triomphait; ses combinaisons avaient réussi au gré de ses désirs. Tour à tour, d'après son instigation, il avait vu le premier ministre épouser la reine, le traité passé avec la France rompu avec éclat, la charte Lambert devenue lettre morte. Il est vrai que le désaveu officiel infligé à ses manœuvres par le consul anglais, au nom du cabinet britannique, avait un instant ébranlé la confiance de la cour hova en ses paroles. Mais, qu'importait à cet intrigant ce désaveu? La logique des faits ne venait-elle pas, d'une manière évidente, corroborer la justesse de ses assertions?

Auparavant, il avait été écouté favorablement comme un habile conseiller ; à partir de cette heure, il serait obéi aveuglément comme un oracle infaillible.

La rupture du traité avait naturellement causé un préjudice énorme à la Compagnie de Madagascar, morte avant d'avoir vécu, et fondée sur la foi de la signature de Napoléon III et de Radama II. Du moment que l'une des deux parties contractantes n'exécutait pas les clauses du traité, elle devait nécessairement une indemnité à l'autre.

M. Drouyn de Lhuis fut chargé par l'empereur de réclamer au gouvernement hova cette légitime indemnité, fixée à la somme de neuf cent mille francs. Elle était destinée à couvrir les pertes et à compenser les débours de la Compagnie.

Vers le milieu de 1864, le gouvernement hova envoya à Paris une ambassade, à la tête de laquelle il avait placé un missionnaire anglais. Cet habile comédien avait pour mission de lasser la patience des intéressés.

Quand cette ambassade fut de retour à Tananarive, sans avoir conclu aucun arrangement, comme il fallait bien s'y attendre, elle trouva dans l'État un grand bouleversement. Le premier ministre, qui à chaque instant se portait à des menaces violentes contre sa souveraine, avait été renversé, à la suite d'une révolution de palais, en juillet 1864, et remplacé dans ses fonctions par son frère cadet Rainilaïarivony.

Les ambassadeurs déclarèrent que le gouvernement français avait été inexorable, et que l'empereur n'avait pas voulu les recevoir, exigeant préalablement, avant de reprendre les négociations engagées, le payement de l'indemnité fixée par lui.

Ce que voyant, Rasohérina écrivit à Napoléon III, pour lui demander une diminution sur l'indemnité. Pour toute réponse, l'empereur, excédé de tant de duplicité, signifia à la reine qu'il était formellement décidé à ne rien entendre sur ce chapitre, et à s'en tenir au règlement de la situation, dans les conditions qu'il avait indiquées, à moins qu'elle ne préférât remettre en vigueur les clauses du traité, telles qu'elles avaient été stipulées.

Alors, M. Laborde, au risque de se faire assassiner par les farouches sectaires du vieux parti, essaya d'intervenir : il fit envisager à la reine, mal conseillée, les funestes conséquences dans lesquelles une plus longue hésitation pouvait entraîner son gouvernement.

De leur côté, les missionnaires anglais, comprenant que de pareils atermoiements amèneraient une expédition française à Madagascar, et que cette expédition aurait pour résultat direct de porter un coup fatal à leur influence, adressèrent, par la voie des journaux, des représentations pressantes au gouvernement hova, afin de le décider à payer cette indemnité, dont dépendait maintenant leur propre situation. Celui-ci s'exécuta. La reine, sur sa cassette particulière, fournit, à elle seule, plus de la moitié de la somme; les chefs indigènes ajoutèrent la différence, aidés par l'appoint de l'or anglais. Ellis, suivant son habitude, ne manqua pas de tirer profit de la circonstance. Par ce moyen, en apparence désintéressé, il sut prouver à ce peuple cupide que les Anglais étaient ses vrais, ses seuls amis, des amis dévoués, toujours prêts à lui rendre service, dans les moments difficiles; et celui-ci, touché par un tel acte de générosité, dont il était trop naïf pour soupçonner le véritable mobile, abandonna notre cause, à laquelle quelques-uns étaient encore attachés.

Battant le fer tandis qu'il était chaud, le consul britannique, Packenham, menait à bonne fin la conclusion d'un traité qui fut signé le 27 juin 1865.

Enfin, on expédia les fonds à Tamatave, où les attendait la *Junon*. Mais là, surgit une nouvelle difficulté. Le gouverneur hova, d'après les ordres reçus de son gouvernement, exigea le texte original de la charte Lambert, pour le brûler en place publique. Le commandant de la *Junon*, qui ne le possédait pas, eut beau objecter que sa signature suffisait comme quittance et garantie, le gouverneur ne voulut pas l'entendre de cette oreille. Et la question, encore une fois, demeura pendante. C'était là tout ce que désirait le gouvernement de la reine Rasohérina.

Il espérait, par une circonstance quelconque, imprévue, de retard en retard, ne jamais payer cette indemnité, qui lui tenait à cœur. Il lui fallut, néanmoins, là verser, le 2 janvier 1866, entre les mains du commandant du *Loiret*, qui rapportait de Paris au gouverneur de Tamatave l'original réclamé.

Il est ici de la plus grande importance d'ouvrir une parenthèse, pour relater que, peu de temps après la mort de Radama II, le cabinet de Londres avait tenté de corrompre M. Lambert. Il lui avait proposé la somme ronde de un million de livres sterling (25,000,000 de francs), s'il voulait faire bénéficier l'Angleterre de la fameuse charte à laquelle il avait donné son nom. C'était mal le juger, que de le supposer capable de vendre sa conscience. M. Lambert refusa de se prêter à cette trahison. L'empereur sut reconnaître cet acte de patriotisme et de désintéressement, en le gratifiant de l'entière propriété de mille hectares, à Nossi-Bé.

On lit, dans les journaux anglais de l'époque, publiés à l'île Maurice, que l'indemnité exigée par la France fut de 6 millions de francs; c'est un mensonge ajouté à bien d'autres. Nette de change, elle se monta à 870,246fr,12 et fut partagée entre les souscripteurs de la Compagnie de Madagascar, qui se trouva ainsi liquidée.

Pour en revenir aux événements dont nous suivons la filière, il va sans dire que le traité passé avec l'Angleterre, le 27 juin 1865, par les soins de M. Packenham, était tout au profit de cette puissance. C'était la revanche du traité conclu avec la France, en 1862. On y avait fait insérer cet article secret : que le protestantisme était appelé à devenir la religion d'État, à Madagascar. Ellis avait accompli son œuvre ! Il venait, par ce traité, qui était le couronnement de sa triste carrière, d'imposer la prépondérance de sa patrie à cette grande terre malgache que, pour arriver à son but, il avait arrosée du sang d'un roi innocent et d'un grand nombre de ses sujets. Il n'avait plus rien à faire dans ce pays conquis par ses menées hypocrites. Aussi, fier de ses succès, ne tarda-t-il pas à quitter Madagascar, pour aller fomenter ailleurs ses sinistres intrigues.

Malgré tout, le gouvernement français n'avait pas abandonné l'espoir de renouer les relations interrompues par la rupture du traité de 1862. Laissant aux esprits le temps de calmer leur effervescence, il chargeait, vers la fin de l'année 1866, M. le comte de Louvières, de la besogne ingrate de négocier un nouveau traité.

Bien que soutenu par le crédit de M. Laborde, ce vaillant plénipotentiaire eut à subir toutes les vexations et toutes les insolences, de la part du gouvernement hova. A son entrée dans le port de Tamatave, le navire sur lequel il avait fait la traversée tira, sur son ordre, vingt et un coups de canon en l'honneur de la reine des Hovas. La batterie du fort ne répondit pas à son salut. A Tananarive, ce ne fut que quelques jours après son arrivée qu'il obtint une audience de la souveraine. Il mourut à son poste, le 1er janvier 1867 ; le bruit courut qu'il avait été empoisonné. Son corps repose dans le cimetière catholique d'Ambohipo, près de Tananarive.

La mort de M. de Louvières coupa court aux négociations entamées.

Sur ces entrefaites, Rasohérina, dont la santé était très ébranlée, voulut, imitant l'exemple de sa tante Ranavalona, faire une excursion dans l'intérieur de son royaume et aller prendre les eaux thermales de Rano-Mafana, situées sur la côte est. Elle se mit en campagne, au mois de juin 1867, avec une suite de plus de 40,000 personnes. Un seul blanc l'accompagnait dans ce voyage : c'était M. Laborde, qui avait repris auprès d'elle les fonctions de consul intérimaire de France, aussitôt après la mort de M. de Louvières. M. Laborde l'avait soignée dans plusieurs maladies de sa jeunesse ; elle avait une telle confiance en lui qu'elle l'appelait habituellement son père. De Tananarive à Andevourante, le trajet s'effectua en 30 jours. Là, Rasohérina séjourna un mois environ. Durant cette halte, ce ne furent que parties de chasse, de pêche et de bain, promenades, réceptions, réjouissances de toute espèce. Des députations de Tamatave et des villes avoisinantes vinrent saluer leur souveraine et lui offrir des présents, la comblant de souhaits et de félicitations pour la prospérité de son règne.

Ce fut à cette époque que débarqua le nouvel envoyé français, M. Garnier. La reine le reçut avec de telles marques d'estime et d'affection que les autres consuls, présents à l'entrevue, s'en montrèrent jaloux. Rasohérina voulait sans doute, par cet accueil bienveillant, réparer les torts si graves qu'elle avait eus envers son prédécesseur.

Après plus de trois mois d'absence, Rasohérina était rentrée dans sa capitale. Mais elle n'y ramenait que 30,000 personnes sur les 40,000 qu'elle avait emmenées au départ.

Pendant ce voyage, une conspiration de palais, ourdie par l'ancien premier ministre, l'époux répudié de la reine, qui s'était livré entièrement à l'ivrognerie, fut déjouée par le commandant de la place. L'ex-premier ministre lui avait donné l'ordre d'arrêter la souveraine et son propre frère qui l'avait remplacé auprès d'elle, en qualité de prince consort. Celui-ci, feignant d'obéir à cette injonction, manœuvra si habilement avec ses officiers, qu'au lieu de porter la main sur la reine et son époux, ce fut le ministre disgracié lui-même qu'il jeta dans les fers, avec tous les autres conspirateurs.

De retour à Tananarive, la reine, déjà très fatiguée du long voyage qu'elle avait entrepris, tomba gravement malade et s'alita. Son état alarmant fut soigneusement caché au peuple. En effet, c'est une coutume à Madagascar de ne jamais parler de l'indisposition du souverain et, fût-il à toute extrémité, fût-il dans la bière, de toujours laisser apparaître au peuple, sous les varangues supérieures du palais, le grand parasol rouge, surmonté d'une boule d'or, qui l'abrite, en temps ordinaire.

Rasohérina rendit le dernier soupir, le 1er avril 1868, âgée d'un peu plus de cinquante ans.

Avant de mourir, la veille de sa mort, elle pria M. Laborde, qui ne quittait plus son chevet, d'envoyer chercher le Père Jouen, supérieur de la mission catholique, pour recevoir de ses mains l'onction du baptême. Étrange illumination de la dernière heure, chez une femme qui avait toujours été passionnée pour le culte des idoles !

Raboude-Rasohérina possédait, à un certain degré, les nobles instincts de son époux Radama II ; ce qui nous avait permis, un moment, de fonder sur elle quelques espérances, malheureusement déçues dans la suite. S'il n'eût dépendu que d'elle seule, elle eût certainement tenu les engagements contractés envers la France ; mais, faible femme, elle eut à subir l'ascendant despotique de ses deux premiers ministres et époux successifs, gagnés à la cause anglaise par l'or des Indépendants.

D'un libéralisme intelligent, elle eût voulu que chacun de ses sujets fût libre d'embrasser la religion qui lui convînt, fût-ce le culte des idoles. Bonne et humanitaire, nous l'avons vue racheter de ses deniers des hommes qui allaient être vendus comme esclaves, et prélever également sur sa cassette privée la moitié de l'indemnité due à la France.

Si, durant le cours de son règne, elle s'était laissée dominer par les Ellis et consorts, c'est parce que, dans ses nuits d'insomnie, elle revoyait, comme dans un hideux cauchemar, la fin tragique de son époux bien-aimé, et qu'elle redoutait une mort semblable à la sienne, si elle tentait de gouverner par elle-même.

Ses funérailles eurent lieu, en grande pompe, selon l'étiquette de la tradition malgache. Une grande partie des richesses personnelles de la défunte précéda son corps au caveau royal tendu de pourpre, où elles étaient destinées à être ensevelies avec elle. On remarquait dans ce défilé d'objets précieux, qui dura plus d'une heure, deux cents robes de soie, de satin et de velours, des étoffes, des couronnes, des meubles, des bijoux, des parfums et, entre autres choses dignes d'attirer l'attention, un surtout en or et argent, d'un admirable travail, la selle de cheval de Rasohérina, des chaises d'or et un coffret contenant environ 11,000 piastres. A leur suite, parut le cercueil renfermant la dépouille de la reine, préalablement enveloppée dans de nombreux *lambas* de soie. Ce cercueil, en argent massif, avait été fondu par les orfèvres royaux, avec les pièces de 5 fr. fournies par le peuple. Il fut déposé, au soleil couché, avec les trésors qui l'accompagnaient, dans un magnifique mausolée de pierre, à côté du tombeau de Radama Ier.

Le lendemain, eut lieu la fameuse cérémonie, appelée modestement l'*obscurcissement du soleil*.

Toute la troupe et une foule immense se réunirent au bord du lac Tsimbazoza, situé au pied de la ville. Là, après des harangues interminables, on immola deux bœufs, l'un noir, l'autre rouge, et la troupe fit entendre une fusillade prolongée, dont la fumée fut censée obscurcir l'éclat du soleil. Après cette cérémonie, princes et princesses du sang se dirigèrent en toute hâte vers le lac, afin de purifier dans le bain toutes les souillures légales contractées durant le grand deuil, qui finissait ce jour-là.

Pendant le petit deuil, qui dura quinze jours encore, on pleura au palais, mais à certains jours seulement, et le canon ne cessa de tonner à intervalles réguliers. La population dut se soumettre aux ridicules exigences du deuil royal, auxquelles n'échappèrent pas, non plus, les Européens résidant à Tananarive.

Ranavalona II (1868-1883). — D'une nature faible et superstitieuse, les femmes sont généralement plus faciles à diriger que les hommes. Pour peu que l'homme sache les prendre, et au besoin s'imposer, il acquiert sur leur esprit un tel ascendant, qu'elles se courbent d'elles-mêmes sous la domination du maître. En raison de ce principe, le vieux parti, conseillé une fois de plus par les missionnaires anglais, porta son choix sur la princesse Ramona, cousine de Rasohérina, et la proclama reine, sous le nom de Ranavalona II.

Cette princesse, élevée par un pasteur protestant anglais, avait non seulement embrassé sa religion, mais encore avait appris sa langue. Ce détail explique la raison qui détermina les dignes missionnaires à mettre en avant leur élève, pour recueillir la succession vacante.

Pendant toute la durée du deuil royal, il n'avait

pas été permis à M. Garnier d'entrer en pourparlers avec le premier ministre. Débarqué à Tamatave, on s'en souvient, lors du voyage de Rasohérina, voyage pendant lequel, comme dans tous les voyages de souverains à Madagascar, il n'avait été question que de parties de plaisir, il n'avait pas pu aborder les affaires sérieuses. A peine arrivé à Tananarive, tous les événements dont nous avons parlé avaient empêché les ministres hovas de traiter avec notre plénipotentiaire. Enfin, dès que les délais de rigueur, consacrés à pleurer Rasohérina, furent officiellement expirés, il put entrer en relations avec Rainilaiarivony, qui avait conservé, auprès de la nouvelle souveraine, sa double qualité de premier ministre-époux.

Un mois plus tard, le 8 août 1868, après avoir enduré toutes sortes d'humiliations, de la part de ce ministre inféodé à l'Angleterre et livré corps et âme aux factions protestantes, M. Garnier réussissait dans sa mission, et la France possédait enfin un traité. Encore, ce traité venait-il trois ans après celui de l'Angleterre, deux ans après celui des États-Unis, et avait-il été auparavant soigneusement revisé par les Anglais. N'était-ce pas un triomphe pour eux de voir la France plier l'échine, pour passer sur les fourches caudines de leur politique?

Le traité français comprenait vingt-quatre articles. Si notre liberté commerciale et religieuse s'y trouvait stipulée dans l'article III, ce n'était qu'à grand renfort de clauses restrictives et ambiguës.

En revanche, quant au droit de propriété, c'est à peine si l'article IV nous le concédait, prenant, pour le reconnaître, mille détours et l'insérant dans une clause équivoque, empruntée au traité anglais.

La France, de son côté, reconnaissait la souveraineté de la reine des Hovas sur toute l'île de Madagascar. Ce titre, du moins, lui était décerné dans le texte, sans qu'aucune mention expresse de nos anciens droits sur l'île, toujours réservés, fût spécifiée dans le corps même du traité.

A peine ce traité venait-il d'être signé, que le premier ministre le viola de plusieurs façons : entre autres, au moyen d'une prétendue loi, défendant à tout indigène la vente des terres à un étranger, sous peine d'être condamné à dix ans de fers. Et cependant, l'article IV autorisait les Français à acquérir des immeubles !

Différentes raisons, notamment l'époque de la végétation des plantes, qui n'était pas encore venue (on tient compte de cette circonstance pour consacrer une reine à Madagascar), retardèrent la cérémonie du couronnement. Cette solennité n'eut lieu que le 3 septembre 1868, avec le plus grand apparat, mais aussi avec des détails inaccoutumés et caractéristiques, se ressentant de l'influence anglaise.

Dès la veille, des réjouissances de toute espèce en avaient été le prélude. La plus comique de ces manifestations d'allégresse est assurément la fête de la réimplantation des cheveux. En signe de joie, les cheveux coupés au moment du deuil royal et soigneusement conservés sont rendus à leurs propriétaires, à l'avènement de la nouvelle Majesté.

La place d'Andohalo est le théâtre traditionnel de la cérémonie du couronnement. C'est sur cette place que Ranavalona II fut proclamée reine et couronnée. Descendant de son palanquin, escortée de 15,000 à 20,000 personnes, en présence d'une foule compacte d'au moins 100,000 Malgaches, la souveraine se montra à son peuple enthousiaste, dans le prestige éblouissant de la pompe royale, et se plaça sur la pierre légendaire. Elle en reçut aussitôt la vertu consacrante et fut, par ce fait, sacrée reine. Alors, les vivats éclatèrent de toutes parts, les têtes se découvrirent et s'inclinèrent respectueusement, et la nouvelle reine fut acclamée, aux sons de l'hymne national. Puis, conduite par deux grands dignitaires du royaume, elle monta solennellement sur le trône dressé à cet effet. La place d'honneur, à la droite de la souveraine, avait été réservée à M. Garnier.

Ranavalona II avait environ quarante ans. Elle était de petite taille; son visage était plutôt blanc que noir; ses traits sympathiques reflétaient la douceur. Elle était vêtue à l'européenne, avec le manteau royal blanc, parsemé de fleurs et de couronnes d'or; elle avait sur la tête la couronne royale, et tenait à la main un sceptre d'or; assise sur le trône de ses ancêtres, elle paraissait très émue de tous ces hommages, dont elle était l'objet idolâtre, de tous les regards de cette foule, fixés sur elle et la contemplant avec adoration.

Pendant le défilé, les chanteuses de la reine entonnaient ses louanges : « Notre reine est une bonne reine! Elle est notre soleil! notre Dieu! » Puis, Ranavalona, se levant, harangua les *Ambonilanitras* (ceux qui sont sous le ciel). Elle remercia d'abord ses ancêtres de lui avoir légué leur royaume et, après eux, son peuple d'être accouru pour la proclamer, en le qualifiant des noms *de père et de mère*. Mais elle eut soin de rappeler, dans ce discours du trône, qu'elle seule était la propriétaire unique de toute la terre de Madagascar, formule consacrée par l'usage de ses ancêtres.

S'adressant ensuite à ses ministres, aux magistrats, aux grands du royaume, aux officiers, elle leur enjoignit de veiller sur le bien-être de ses sujets et fit des vœux pour que ceux-ci dormissent en paix et jouissent d'un repos complet.

Elle termina sa harangue par des recommanda-

M. de Mahy, ancien ministre de la marine, député de l'île de la Réunion, défenseur de la question de Madagascar.

tions, au sujet de l'observance des traités. Quiconque les violerait serait réputé coupable et puni de la peine de mort. *Ry izay Ambonilanitra?* (n'est-ce pas?

habitants de dessous le ciel)? — *Izay!* (c'est cela)!

Alors, les fanfares entonnèrent des morceaux d'allégresse que couvrirent, comme un roulement de tonnerre, le chœur de plus de 100,000 voix.

A la droite de la reine, se trouvaient, à portée de sa main, une bible en langue hova, richement reliée, et un exemplaire des lois de Madagascar. Cette partie du programme introduisait une légère modification dans le cérémonial. Il était d'usage, jusqu'à ce couronnement, de présenter au peuple un « *Sampy* » (talisman) connu sous le nom de « *Manjaka tsy roa* » (il ne peut y avoir deux monarques). A celui de Ranavalona II, il n'en parut aucun. Le « *Sampy* » traditionnel malgache était remplacé par la Bible, dont il fut donné lecture de quelques versets. Cette lecture fut suivie de celle du Code pénal hova, dont on ne soupçonnait même pas l'existence; il tombait du ciel, à point nommé, en compagnie de la Bible, au moment le plus pathétique de la cérémonie. On eut bientôt l'explication de ce mystère, en apprenant qu'il était arrivé à Tananarive, *viâ London*, et qu'il avait patiemment attendu dans la retraite le moment opportun de faire son apparition.

Dans ce code, parfait modèle d'hypocrisie, dont il serait trop long d'énumérer ici les nombreux articles, le tanguin demeure aboli, l'esclavage extérieur prohibé, la peine de mort est maintenue, et s'applique à douze cas. L'auteur, afin de faire croire que son œuvre émane d'une inspiration en rapport avec le caractère hova, y a introduit une législation tyrannique et mensongère. La soif de l'argent y domine; à tout propos, dans ses dispositions, il n'est question que d'amendes au profit du trésor de la reine.

Un article du chapitre XXIV est surtout fort curieux

et, par son étrangeté, mérite d'être relevé. Il interdit formellement la culture du pavot, à Madagascar, où cette plante n'a jamais existé. Sous cette prescription, en apparence absurde, se cache la plus profonde malice. Les Anglais, par cette prohibition, qu'on pourrait qualifier de préventive, redoutant les hasards de l'avenir, réservaient à leurs possessions de l'Inde cette culture féconde en bénéfices.

Puis, ce fut au peuple de faire son solo dans le concert. Chacun des assistants offrit à la reine le *hasina*, lequel consiste en l'offrande d'une piastre, ou d'un simple morceau d'argent et exécuta le *Toky*, pantomime figurée par des gestes de défi et de victoire, où l'on pare avec un bras les coups d'un ennemi supposé, tandis que, de l'autre, on invite Sa Majesté à la confiance, en l'assurant de son zèle à la défendre et de sa soumission.

Enfin, le premier ministre prit, le dernier, la parole. Il protesta contre les imputations calomnieuses dont il était l'objet, contre l'accusation, entre autres, d'avoir voulu rétablir la cruelle épreuve du tanguin et de s'être laissé soudoyer par les Anglais. Il jura qu'il ne désirait rien tant que le bonheur du peuple malgache, et qu'il serait inexorable envers ceux qui oseraient violer ses lois et porter atteinte à son indépendance. « Aie confiance, Ranavalona! conclut-il, ne crains pas de régner! ne crains pas de commander! »

Rainilaiarivony, le premier ministre, était l'adversaire le plus acharné de notre politique. Déjà nous l'avons vu à l'œuvre, sous le règne de Rasohérina, quinze mois après la mort de Radama II. Nous le verrons encore dans la suite, dirigeant, sous Ranavalona II et Ranavalona III, avec le même titre de premier ministre et d'époux, les affaires du royaume.

Fils de Rainiharo, l'un des plus puissants favoris de la farouche Ranavalona Ire, il s'unit à son frère aîné pour faire périr Radama II, sous prétexte de sauver le peuple hova. Ce meurtre accompli, Rainivoninahitriniony, qui était le principal auteur du complot, commença par se conférer, avec le titre de premier ministre d'État, celui de prince-consort de la veuve du monarque assassiné. Le cadet ne songea pas d'abord à contester à son aîné une dignité qui lui revenait, de par la logique des circonstances, et si, le 14 juillet 1864, il renversa du pouvoir son frère aîné et se déclara, en même temps que premier ministre, époux officiel de Rasohérina, ce fut uniquement, dit la chronique hova, dans un louable sentiment de patriotisme, et pour maintenir la puissante famille des Rainiharo en possession de la suprématie, que les brutales violences de son frère aîné menaçaient de faire passer à une famille rivale.

Politique consommé, Rainilaiarivony posséda, de tout temps, au suprême degré, le don très rare de savoir cacher ses véritables sentiments. Lorsque sa main emmêlait habilement tous les fils d'une intrigue politique, on aurait juré, à en juger par sa modestie et son apparente bonhomie, qu'il était complètement étranger à la tournure que prenaient les événements.

En réalité, il les dirigeait seul, avec un instinct diplomatique supérieur, et s'il consentait à en assumer la responsabilité quelque part, c'était toujours la plus infime de toutes, celle qui convenait à un très humble serviteur des volontés royales.

Par cet adroit système, il était arrivé à se concilier la sympathie universelle. On le croyait sincèrement dévoué au bien général; on en faisait un modèle de désintéressement et d'équité; enfin on lui prêtait volontiers toutes les vertus, lorsque la conspiration qui éclata contre lui, pendant la maladie de Rasohérina, et faillit le renverser du pouvoir, vint modifier, du tout au tout, l'excellente réputation qu'il avait acquise. Subitement, à partir de cette date, il mit bas le masque et dépouilla, du jour au lendemain, le manteau d'hypocrisie qui voilait toutes ses actions. Toutes les passions contenues qui gonflaient son cœur éclatèrent, et il ne prit plus la peine de dissimuler ce qu'il était au naturel : c'est-à-dire un vulgaire ambitieux, jaloux de conserver son autorité, et usant, dans ce but, de tous les moyens bons ou mauvais, propres à le maintenir au pouvoir. Dès lors, on le vit, comme son frère aîné, se jeter ouvertement du côté de l'Angleterre et, grâce à une politique de faux-fuyants, se maintenir au pouvoir jusqu'à l'heure actuelle. Profitant de ce que la France, occupée à des expéditions lointaines, était obligée de différer le moment de marcher sur Tananarive, pour lui demander compte des innombrables injustices commises par son gouvernement à l'égard de ses nationaux, il nous a occasionné, au mépris des traités, les plus grands embarras.

Mais n'anticipons pas sur les événements et reprenons-en la filière au point où nous l'avons interrompue.

Le lendemain du couronnement de Ranavalona II, de nouvelles réjouissances eurent lieu, au champ de Mars, en présence de S. M. malgache, devant un concours de 300,000 spectateurs. Après une visite de la reine aux tombeaux de Radama Ier et de Rasohérina, après une autre visite à Ambohimanga, la ville sainte, la Saint-Denis hova, sur les tombeaux de ses ancêtres, qu'elle remercia de l'avoir élevée au trône, en leur faisant le *hasina*, et dont elle invoqua les lumières, pour gouverner sagement leur héritage, tout fut terminé et les affaires reprirent leur cours.

Six mois à peine s'étaient écoulés depuis ce nouveau règne, lorsqu'au mois de février 1869, Rainilaiarivony répudiait publiquement sa première femme, dont il avait cependant seize enfants, pour devenir prince-consort. En vrais moralisateurs, les missionnaires anglais n'eussent-ils pas dû le détourner de cette union qui en brisait une autre, déjà fort ancienne et consacrée par une nombreuse descendance. C'était évidemment leur rôle et leur devoir; mais ils se seraient bien gardés d'élever un obstacle quelconque contre ce mariage odieux, au point de vue évangélique, car il assurait le triomphe de leur doctrine et de leurs menées accaparantes. En effet, le 21, la reine et le ministre époux se déclaraient ouvertement protestants et recevaient le baptême des mains des RR. anglais, dont le culte, désormais assis sur le trône hova, devenait religion d'État.

Déjà, au mois de décembre 1868, les Indépendants londoniens avaient fondé une église d'État malgache, conçue d'après le modèle de l'église officielle anglicane, avec une hiérarchie conçue dans une réunion appelée *congregational union meeting*. Cette hiérarchie se divisait en trois degrés distincts, ayant au sommet, comme chef suprême, l'imposante figure de S. M. Ranavalona II.

Là ne se borna pas le zèle évangélique de la nouvelle église. C'était peu qu'elle possédât un temple royal dans la capitale et quelques autres dans le pays. Il lui fallait asservir tout le royaume à sa dépendance. En juin 1869, elle entrait en campagne et lançait, au sud, dans la province des Betsiléos, et, au nord, dans celle des Antscianacs, des prédicants choisis parmi les dignitaires du second degré. Puis, peu après, pour assurer la vitalité de cette machine protestante malgache, profitant des bonnes dispositions de la reine et du premier ministre en sa faveur, elle obtenait un édit royal, prescrivant à chaque localité de l'Imérina d'avoir à ouvrir une école et un temple, où tous les enfants seraient tenus de venir, obligatoirement, apprendre, sous le nom de *Prière de la reine*, la haine de la France et la crainte de l'Angleterre.

Ce n'était pas encore suffisant. Le nouveau dieu pouvait être offusqué par la présence des anciens. Un nouvel édit, paru le 8 septembre 1869, ordonnait la destruction des *Sampys* (idoles) qui furent livrés aux flammes. On n'osa pas interdire directement le culte catholique et la langue française, voués irrévocablement, comme de vulgaires *sampys* malgaches, à une prochaine disparition, mais les instructions, données à leur égard étaient de nature à les saper sourdement et sans relâche.

Ces édits successifs, et surtout celui proscrivant le culte des idoles, provoquèrent dans le peuple hova une douloureuse émotion. C'était, en effet, une entreprise grave que de le forcer ainsi à renoncer, sans transition, à ses croyances, à ses *sampys*. Ces *sampys!* c'étaient ses dieux Lares et Pénates! les dieux de ses ancêtres! les dieux tutélaires de la patrie! les gardiens du foyer! Et l'on venait maintenant les bafouer! les traiter d'imposteurs! On voulait les livrer aux flammes! ces dieux sacrés, que ses pères lui avaient appris à vénérer, de génération en génération, comme des êtres d'une essence supérieure qui, dans leur toute-puissance éternelle, régnaient en maîtres absolus sur la souveraine elle-même! On prétendait lui arracher du cœur des croyances séculaires! des légendes qui avaient été la joie de son enfance, le respect de son âge mûr, sa consolation ou sa crainte dans la mort!

Le gouvernement hova comprit qu'une religion ne pouvait s'imposer à la masse, par mesure administrative ; aussi employa-t-il la force et procéda-t-il *manu militari*. Singulière façon de faire pénétrer la foi dans les cœurs! N'importe, tout moyen était bon aux RR., pourvu qu'ils arrivassent à leurs fins. Des soldats commencèrent leur œuvre de destruction, en brûlant l'idole la plus vénérée, qui se trouvait non loin de Tananarive, au village sacré d'Ambohimanambola, ainsi que le sanctuaire où elle était déposée. Puis ce fut, dans tout le royaume, un autodafé général.

Il est à remarquer que partout où s'introduit la religion protestante, elle ne tarde pas à se diviser et à se subdiviser en une infinité de sectes. Cette désagrégation continuelle de son dogme nuira toujours au développement de son prosélytisme, et la placera dans une condition inférieure de succès, toutes les fois que sa propagande se heurtera à la propagande catholique, qui émane, elle, d'une doctrine unique et immuable. Bientôt en effet, quatre ou cinq sectes dissidentes essayèrent de se disputer le gâteau. Finalement, celle qui l'emporta fut la secte des Indépendants : la *London missionary society*, à laquelle était affiliée la reine, qui en était la plus fervente adepte.

Vinrent nos désastres de 1870. Leurs tristes conséquences fournirent une arme de plus à nos ennemis ; ils en profitèrent pour décrier la France. A les entendre, nous ne comptions plus au nombre des nations, toutes nos forces avaient été détruites par la Prusse victorieuse. Maintenant, sans prestige et désarmés, nous étions une puissance finie. On pouvait tout oser contre nous. On osa tout. Les leçons des Farquhar, des Hastie, des Ellis, des Packenham portaient leurs fruits.

Peu de temps après l'apaisement général qui suivit

Razœlino, un des fils du premier ministre, 13e honneur.

les deux sièges de Paris, la France envoyait, comme

auparavant, ses navires sillonner toutes les mers. Il fut donné ordre au capitaine de vaisseau Lagougine d'aller, en qualité de commandant de la division navale de la mer des Indes, représenter la France à Madagascar, où les relations diplomatiques avaient été un moment suspendues. D'un courage à toute épreuve, d'un patriotisme ardent, d'un mérite supérieur, le commandant Lagougine était homme à prouver aux Hovas abusés que, si la France avait été vaincue, c'était encore une puissance avec laquelle il fallait compter, qu'elle possédait, malgré ses revers, une armée, des vaisseaux, des canons. Il se chargeait de redresser les insinuations mensongères dont nous avions été l'objet auprès des indigènes, de la part des RR. anglais, empressés à nous desservir, il était décidé à faire respecter le traité conclu avec sa nation.

Sur ces entrefaites, une occasion se présenta qui lui permit d'en faire rabattre à l'insolence hova. La demeure d'un de nos compatriotes établi à Fénérive fut audacieusement pillée, lui-même fut victime d'inqualifiables voies de fait. Le commandant Lagougine se transporta aussitôt sur ce point. Après avoir essayé d'arranger l'affaire à l'amiable, n'y ayant pas réussi, il parla si haut et si ferme, se montra si résolu à ne pas tolérer qu'on insultât impunément le pavillon français, que, Indépendants et Hovas, convaincus qu'il était prêt à agir dans toute l'étendue de ses moyens d'action, prévoyant les suites fâcheuses que pourrait entraîner une démonstration navale, battirent en retraite et lui accordèrent aussitôt toutes les satisfactions qu'il réclamait.

Ce fait nous démontra clairement que, depuis longtemps, nous aurions été les maîtres à Madagascar, si nous avions eu l'énergie d'inspirer aux Hovas la crainte salutaire du nom français, au lieu de nous laisser prendre naïvement aux filets de leur politique inextricable, et nous dicta, pour l'avenir, la conduite que nous avions à tenir vis-à-vis d'eux.

Le 31 juillet 1873, la reine entreprit dans la province des Betsiléos, un grand voyage, qui devait durer trois mois; elle fit prier M. Laborde de vouloir bien l'accompagner, ainsi qu'un des pères de la mission catholique.

Le jour du départ, vers trois heures du matin, un roulement de tambour annonçait à ceux qui étaient désignés pour faire partie de l'expédition qu'il était temps de plier leurs tentes, et aux auxiliaires de prendre les devants, avec les bagages. Car, dès la veille, tous, répondant à l'appel et ne connaissant que la consigne étaient venus dresser leurs tentes sur la place de Mahamasina, où le rendez-vous était fixé, prêts à lever le camp, dès qu'ils en recevraient l'ordre.

Les fourgons à bagages étant inconnus et leur usage impraticable dans ce pays sans chemins, ce sont les esclaves qui les remplacent, faisant l'office de bêtes de somme. Ces pauvres diables, fléchissant sous le poids énorme de leurs fardeaux, sont chargés de tout un matériel de poteaux, de tentes, de canons, de munitions, et de l'approvisionnement des provisions de bouche pour plusieurs mois. Ceux qui sont réquisitionnés pour le service particulier de la reine transportent les différentes pièces du palais royal ambulant (*rova*), avec son ameublement de campagne. Tous doivent, à l'avance, chemin faisant, se pourvoir de leurs aliments; ce qui fait que beaucoup d'entre eux succombent en route, de fatigue et d'inanition.

La reine, portée dans un gigantesque palanquin, à la suite duquel s'avançaient quinze cents autres litières, de dimension moins grandiose et de décoration plus modeste, était accompagnée de sa petite escorte, composée seulement de ses ministres et de ses favoris. Tout le long du parcours, le tambour, la grosse caisse, toute la musique royale, faisaient entendre une cacophonie assourdissante.

Malgré les précautions prises pour frayer passage au cortège, il arrive souvent qu'à la suite des pluies torrentielles, toute la caravane se trouve prise et arrêtée dans un immense bourbier, contre-temps fâcheux, auquel les porteurs du palanquin royal n'échappent pas plus que le commun des gens de la suite. Quand l'ordre est un peu rétabli, et que la route est déblayée, un coup de canon donne le signal du départ. Il en est ainsi, chaque fois que la souveraine se remet en marche.

Arrivé à l'étape indiquée d'après l'itinéraire, on dresse le camp, au milieu duquel s'élève, à vue d'œil, le palais ambulant. Tout autour, suivant un tracé quadrangulaire, s'alignent d'abord les tentes royales, puis celles des grands officiers, ensuite celles des simples officiers, et enfin celles des soldats : ces dernières en toile grise. Partant des quatre coins du palais ambulant, quatre rues, tirées au cordeau, conduisent hors du camp.

Dans les endroits où coulent des rivières importantes, on jette un pont. Rapidement, on construit, de distance en distance, des piles de pierres sèches, que l'on relie entre elles par des arbres non équarris. Sur le tout, on étend une épaisse couche de terre mouillée. Le pont ainsi établi, grâce au nombre considérable d'esclaves affectés à ce travail, la troupe le garde, et il est rigoureusement interdit à quiconque d'y passer, avant que la reine l'ait traversé, la première. Alors, la souveraine descend de son grand palanquin et adresse à

Dieu une prière; ensuite, remontant en litière, elle franchit le pont, aux sons de sa musique, qui joue l'hymne royal. Parvenue à l'extrémité opposée, elle fait stationner ses porteurs, et regarde défiler sous ses yeux son peuple bien-aimé. Dans le cours du voyage auquel nous faisons allusion, un défilé de cette sorte dura six heures.

Les chefs et les habitants des villages, situés sur l'itinéraire suivi par la reine, accourent en foule à sa rencontre et dansent devant elle, pour lui témoigner leur joie de la voir en bonne santé. Ils lui offrent des cadeaux de toute nature : quelques milliers de mesures de riz, des bœufs, des moutons, des volailles. Si le désir de S. M. est de les contraindre à se joindre au cortège, ils obéissent à son bon plaisir.

Quand elle arrive dans un centre important, la première formalité à remplir par les heureux sujets honorés de son passage est la soumission et l'offrande du *hasina*, la piastre obligatoire. Elle y répond gracieusement par un discours rempli de bonnes paroles, qu'elle termine en agitant son sceptre, qui ne la quitte pas plus que son ombre, par cette formule invariable : « O vous tous, qui vivez sous les cieux ! n'est-ce pas que je suis *Andriantsimanistaka?* — la reine qui ne trompe pas ». — Et tout le monde, dont la bourse vient d'être rançonnée, de s'écrier en chœur : « *Izay! Izay!* C'est cela ! c'est cela. »

Dans ces occasions solennelles, le premier ministre, de son côté, ne reste pas muet. Sa langue le démange. Il parle beaucoup, à son tour, et ses discours, calqués sur le même modèle officiel, se terminent aussi par cette autre formule invariable : « O vous ! sujets de la reine, n'est-ce pas que Ranavalona est *manjaka tompo nytany* (maîtresse de la terre) ? — *Izay! Izay!* »

Il est curieux de remarquer, ici, qu'il n'y a pas que les monarques européens qui aient, en voyage, la délicate attention d'adopter l'uniforme du monarque qu'ils visitent : le prince-consort, Rainilaiarivony, lui aussi, en fin politique qu'il a toujours été, ne manqua jamais de revêtir le costume national de chaque province où passa le cortège royal.

Des marchands précèdent la caravane, et, sur les lieux où elle doit faire halte, installent des bazars en plein vent. Ils y débitent, à des prix exorbitants, de la viande de bœuf, de porc, de mouton, des volailles et autres produits. La plupart du temps, ce sont des aides de camp ou des esclaves qui font ce commerce, pour le compte des grands officiers à la personne desquels ils sont attachés. Il arrive, parfois, que ces cupides marchands rationnent tellement les clients forcés par la nécessité de s'adresser à eux, que les malheureux, n'en ayant pas pour leur argent, victimes d'une spéculation éhontée, meurent littéralement de faim, après les avoir enrichis. Le nombre de ceux qui succombent à la peine, de fatigue ou de privations, est fabuleux. Il atteint la proportion de 20 à 25 p. 100. On les laisse en arrière, là où ils tombent, et on les oublie. Leurs ossements blanchis marquent sur les routes, comme de sinistres jalons, les étapes parcourues.

Ce voyage de la reine Ranavalona, dont nous venons de donner un aperçu général, s'était accompli en trois mois, du 31 juillet au 30 octobre 1873.

Le retour de la reine fut célébré, avec autant d'apparat que son départ, par des salves d'artillerie, des discours et le *hasina*.

L'éclat de ces fêtes fut encore rehaussé par la rentrée d'un petit corps de troupes qui revenait victorieux d'une expédition chez les Sakalaves, après avoir, sur son chemin, obtenu la soumission de plusieurs autres peuplades rebelles.

L'année 1874 ne fut marquée par aucun événement qui mérite d'être signalé.

Mentionnons, cependant, un édit de la reine, du 2 novembre, ordonnant l'affranchissement de tous les esclaves importés dans son royaume, depuis le 5 juin 1865. Cet édit menaçait de dix ans de fers tous les sujets qui auraient à leur service les Mozambiques amenés en esclavage à Madagascar, et ne leur rendraient pas la liberté. Mais il ne reçut véritablement son effet que le 21 juin 1877.

Le 10 août 1875, la *Rance* entrait à Tamatave, ayant à bord M. Soumagne, Mgr Delannoy et le jeune Radilofera, fils du premier ministre, avec un secrétaire attaché à sa personne. Ce jeune Hova revenait de France, où il avait été envoyé par son père pour étudier sa législation, ses mœurs et sa civilisation. Accueilli avec bienveillance par le maréchal de Mac-Mahon, alors Président de la République, il revenait dans son pays, emportant un souvenir reconnaissant de son séjour parmi nous.

C'était le moment pour nous de profiter des bonnes dispositions que Rainilaiarivony montrait en faveur de la France ; il ne demandait, pour se rallier ouvertement à notre cause, qu'à être soutenu par le concours certain de notre gouvernement. Malheureusement, à cette époque (1876), la France, trop préoccupée de ses dissentiments intérieurs pour se jeter dans les entreprises coloniales, ne songeait pas à Madagascar.

Prévoyant nettement qu'il fondait sur nous de vaines espérances, et que ce serait se compromettre irrémédiablement que de s'attarder à de plus longues hésitations, notre rusé premier ministre, faute de mieux, jugea plus politique de se retourner du côté de ses anciens alliés, qu'il avait été sur le point d'abandonner.

Ceux-ci, gens pratiques avant tout, lui firent payer son retour en grâces, au prix d'une nouvelle réforme. Ils exigèrent et obtinrent de lui l'observance pharisaïque du repos dominical, comportant défense absolue, ce jour-là, de voyager, de pêcher, de passer certaines grandes rivières, de vendre ou d'acheter, sous peine d'amende ou de coups de bâton.

L'année 1877 fut marquée par une visite de l'évêque anglican, Kestel-Kornisch, à nos possessions de Nossi-Bé, de Nossi-Faly, de Nossi-Mitsiou. Il poussa jusqu'à la baie d'Antongil, et partout essaya de corrompre les chefs sakalaves pensionnés par la France, en vertu de la cession qu'ils lui avaient faite de leur territoire, en 1841. Mais cette tentative échoua piteusement.

Le 21 juin de la même année, il fut fait publiquement lecture, avec la plus grande solennité, de l'édit du 28 octobre 1874, proclamant libres les esclaves mozambiques.

Peu de temps après, l'organisation de l'armée subit un remaniement complet. On décida la formation de bataillons à l'européenne. Le sergent français Noyal fut chargé de l'instruction d'une partie des troupes, et un sergent anglais, de l'autre partie. On nous ménageait encore assez pour ne pas oser nous exclure de cette réforme.

Cependant, Rainilaiarivony, se faisant de plus en plus un instrument docile entre les mains des Indépendants, continuait à ne promulguer que des édits à leur convenance. C'est ainsi qu'il décrétait l'enseignement protestant obligatoire pour tous, contrairement au dernier traité conclu avec la France, qui stipulait la liberté de l'enseignement catholique.

Le 14 juillet 1878, parut toute une série de nouvelles ordonnances, sanctionnant les édits précédents, dans lesquels la reine accentuait encore la note protestante.

Au mois de décembre, la France faisait une perte douloureuse : M. Laborde mourait à Tananarive. Pendant plus de vingt-cinq ans, avec un admirable désintéressement, il avait mis au service de la cause française son intelligence, sa fortune et son influence personnelle.

Cet homme de cœur, ce grand patriote, emportait dans la tombe l'estime et les regrets universels, même de ses ennemis.

La reine, qui l'honorait d'une profonde affection, lui fit faire des obsèques presque royales. Elle le pleura, comme on pleure un père, disant à tous ceux qui l'entouraient qu'en le perdant, elle devenait orpheline. — « Vous aussi, fit-elle dire aux deux neveux du défunt, vous êtes maintenant orphelins, mais consolez-vous, Ranavalona sera désormais votre mère. » — Ces quelques mots de consolation ne furent, hélas ! que de belles paroles, comme elle savait en prononcer dans les grandes circonstances, car, suivant son habitude, elle ne tint pas sa promesse, comme on le verra un peu plus loin.

La dépouille mortelle de notre ancien consul fut transportée à Mantasoa, à 8 lieues de la capitale.

M. Laborde mort, c'en était fait du peu d'influence que nous possédions encore à Madagascar. La déférence respectueuse qu'il avait su inspirer à tous n'était plus là pour nous couvrir comme d'une égide tutélaire, et nous préserver de bien des injustices par trop flagrantes qu'on n'aurait pas osé commettre, par égard pour lui seul. Maintenant qu'il n'était plus, nous devions nous attendre à toutes les humiliations, à toutes les iniquités, au déchaînement, à bref délai, de toutes les rancunes amassées et contenues.

En effet, nous n'attendîmes pas longtemps l'explosion des hostilités dont nous avions le pressentiment.

Elles débutèrent par le refus opposé à M. Cassas, notre nouveau consul qui, en 1879, avait succédé à M. Laborde, de laisser les deux neveux de notre regretté consul entrer en possession de leur héritage. C'était ainsi que la bonne Ranavalona entendait leur tenir lieu de mère! Convoitant cette succession pour son trésor, elle se retrancha, pour motiver un refus, derrière la fameuse loi 85 du Code hova, laquelle déclarait que nul terrain du royaume ne pouvait être ni vendu, ni mis en gage, ni aliéné, entre les mains de qui que ce fût, sujet ou non de la reine de Madagascar.

Après d'interminables pourparlers, qui durèrent près de deux ans et n'aboutirent qu'à des fins de non-recevoir, découragé, M. Cassas abandonna son poste et se retira provisoirement à Tamatave. Il y reçut bientôt l'avis qu'il était remplacé dans ses fonctions par M. Meyer (avril 1881).

M. Meyer joignait au titre de consul celui de commissaire de la république française. D'un tempérament plus énergique que son prédécesseur, il sut se créer à Tananarive une situation supérieure à celle de ce dernier; malheureusement, son séjour dans la capitale hova fut de très courte durée. Quelques mois après son installation, il était appelé au consulat de France à Singapour.

A peine M. Meyer eût-il quitté Madagascar, que le R. Parrett, résident secret de l'Angleterre, qui, depuis des années, s'était établi imprimeur à Tananarive, cumulant ainsi les profits du culte, du commerce et de l'espionnage, se mettait en campagne avec le R. Pickgersil, pour aller explorer la côte N.-O. et les petites îles avoisinantes, et, tous deux essayaient, comme l'avait fait, en 1877, leur évêque Kestellkornisch, de soulever à prix d'or, contre notre autorité, les chefs sakalaves, nos protégés. Bien plus, l'amiral anglais Gore Jones venait offrir ses bons services à la reine et au premier ministre.

Nous en étions, là-bas, à cet état de crise aiguë, lorsque M. Baudais, remplaçant M. Meyer, jeta un cri d'alarme vers le ministère des affaires étrangères, à Paris. La situation était devenue intolérable. On ne pouvait différer plus longtemps d'y porter remède. De deux choses l'une : ou il fallait protester énergiquement et agir avec vigueur pour maintenir nos droits sur la côte N.-O. de l'île, où flottait déjà, soi-disant à titre gracieux, le pavillon hova, et obtenir, bon gré mal gré, le règlement de la succession Laborde ; ou consentir à voir les derniers vestiges de notre influence et de nos anciens droits sur Madagascar disparaître sans retour, sous la poussée de plus en plus menaçante des usurpations anglaises. M. Gambetta, alors au pouvoir, le quitta avant d'avoir fait une réponse positive ; il avait été remplacé par M. de Freycinet, lequel envoya, le 28 mars 1882, au commissaire général de la république à Tananarive, l'ordre de ne laisser porter, ni directement ni indirectement, atteinte aux prérogatives de la France à Madagascar.

A ce moment même, une reconnaissance dirigée sur la côte N.-O. par M. le lieutenant de vaisseau Ch. Bayle fut reçue à coups de fusil et dut faire usage des armes pour accomplir sa mission.

M. de Freycinet avait quitté le ministère des affaires

étrangères; il avait cédé la place à M. Duclerc. Celui-ci entendit le cri patriotique de M. Baudais. Justement ému des plaintes de notre agent, fidèlement renseigné par lui sur les manœuvres des Indépendants, il résolut de travailler, de tout son pouvoir, à opposer une digue au torrent envahisseur.

Il fut puissamment aidé, dans cette noble entreprise, par MM. de Mahy et Dureau de Vaulcomte, députés de la Réunion, auxquels s'adjoignit plus tard M. Milhet Fontarabie, sénateur de la même colonie. Ces Messieurs mirent tout en œuvre pour éclairer non seulement le Président du conseil, mais encore tous leurs collègues de la Chambre et du Sénat, sur les affaires de Madagascar. Assuré, grâce à leurs actives démarches, du concours indispensable des représentants de la nation, M. Duclerc fit avertir officiellement le gouvernement de la reine Ranavalona II, que la France avait de sérieux griefs à lui reprocher, concernant, principalement, le droit de propriété à Madagascar et l'empiètement progressif des Hovas sur la côte N.-O. dépendant de notre protectorat. Il déclarait, dans la note qui fut remise au premier ministre, Rainilaiarivony, qu'il entendait soutenir nos droits sur la grande île et faire appliquer, dans toute leur intégrité, nos anciens traités conclus avec les Sakalaves.

Des chefs sakalaves s'étaient déjà rendus à Tananarive, de leur propre mouvement, non pas, comme l'affirmaient les Hovas et les agents anglais, pour faire leur soumission, mais simplement pour prier la reine de relever de leur côte les postes qu'elle y avait établis.

Au reçu de cette note, qui lui signifiait nettement les intentions du gouvernement français, le premier ministre hova joua l'étonnement; avec sa finesse diplomatique, digne d'une meilleure cause, il feignit d'abord de ne pas comprendre de quoi il s'agissait, et, finalement, ne tenant aucun compte de cette première sommation, il se refusa formellement à enlever le pavillon hova des divers points où il flottait, dans le pays des Sakalaves.

Les Indépendants, sentant que l'heure était décisive, ne cessaient de répéter au peuple, en qualifiant le nom français d'épithètes injurieuses que nous ne saurions traduire ici sans manquer aux convenances, que nos réclamations n'étaient qu'un prétexte pour nous emparer de la terre de la reine, seule et unique souveraine de toute l'étendue de l'île, sans restriction. Chauffés par eux, les esprits étaient si montés, l'attitude de la population était si menaçante, que notre consul dut prévenir le premier ministre que, dans ces conditions, les négociations étant devenues impossibles, la dignité de la grande nation dont il était le représentant l'obligeait à s'éloigner de Tananarive.

Et il quitta, en effet, la capitale, se retirant à Tamatave, où il arriva le 29 mai 1882.

A peine M. Baudais fut-il parti, que son chancelier, M. Campan, un des neveux de M. Laborde, auquel, en son absence, il avait confié l'intérim du consulat, fut menacé de mort, le 6 juin, par une affiche placardée sur la porte même du consulat. Cet infâme libelle lui donnait le sinistre avertissement que son cadavre serait jeté en pâture aux chiens. M. Campan porta plainte au premier ministre. Rainilaiarivony lui fit des excuses, que la reine ratifia, en protestant du parfait accord de son gouvernement avec tous les cabinets européens.

Malgré les dénégations hypocrites du premier ministre, cet avis comminatoire n'était que le prélude de toute une suite ininterrompue d'hostilités.

Le 11 juin, un Hova que l'on fit passer pour fou menaça de mort les Français résidant à Tananarive et maltraita un P. jésuite.

Impuissant, désormais, à protéger nos nationaux contre de semblables violences, pour ne pas exposer le pavillon français à de plus graves insultes, M. Campan, lui aussi, abandonna son poste et vint rejoindre à Tamatave, M. Baudais.

Ce départ significatif de notre agent consulaire et de son chancelier aurait dû donner à réfléchir aux Hovas sur la portée de leurs actes. Tout au contraire, il ne fit que les encourager dans la voie des excès.

A quelque temps de là, le directeur de la maison Roux et Frayssinet de Marseille fut assassiné, sa maison fut pillée et saccagée, et, hideux trophée de ce sauvage exploit, la tête coupée de la victime fut promenée à travers la ville, plantée au bout d'une sagaie.

Enfin, la surexcitation de la populace était à son comble, et les quelques Français établis dans la province d'Emyrne étaient sérieusement en danger.

Dès que les premières difficultés avaient commencé à s'élever entre notre représentant et le gouvernement hova, le lieutenant de vaisseau Campistro, commandant la *Pique*, informait son commandant en chef, M. Le Timbre, en ce moment à Zanzibar, des faits qui s'étaient accomplis sur la côte N.-O. et des menaces proférées contre les Français. Celui-ci en référait immédiatement, par le télégraphe, au ministre de la marine, et se rendait en toute hâte à Nossi-Bé, où devaient le rallier le *Forfait*, l'*Adonis* et la *Pique*. En attendant les ordres du ministre, il se portait au secours du roi Tsimiharo, notre protégé, qui, ayant rejeté les propositions des Hovas, était aux prises avec eux.

M. Seignac-Lesseps, gouverneur de Nossi-Bé, avait joint ses rapports à ceux du commandant en chef de la station navale.

A ces appels pressants, l'amiral Jauréguiberry répondit en prescrivant au commandant Le Timbre de gagner Mazangaye, territoire complètement et itérativement cédé à la France, pour en chasser les Hovas, qui avaient eu l'audace d'y établir un poste, et de s'y tenir prêt à agir, selon la tournure que prendraient les événements.

Arrivé à destination, celui-ci apprit que l'*Antananarivo*, le seul navire composant les forces navales de S. M. hova, se disposait à transporter des troupes sur tout le littoral N.-O., dans le but d'achever de le soumettre. Aussitôt, le commandant Le Timbre appareilla pour Tamatave, où il mouilla, le 5 mai 1882. Là, il trouva les lettres de M. Baudais le mettant au courant de la situation (Notre consul n'était pas encore arrivé à Tamatave; il n'y arriva que le 29 mai 1882).

Décidé à remplir sa mission jusqu'au bout, le commandant Le Timbre se rendit au fort hova et protesta contre toute tentative d'envahissement, déclarant au gouverneur que la France traiterait en usurpateurs les drapeaux arborés sur ses concessions et s'opposerait par les armes à tout débarquement de troupes, à Mazangaye, ou sur tout autre point du littoral.

Puis il se rendit à l'île de la Réunion, pour se ravitailler, et fut de retour, le 11 juin, à Tamatave, où il trouva M. Baudais.

Cependant, comme si de rien n'était, l'*Antananarivo* embarquait, sous nos yeux, tout le matériel nécessaire à des troupes en campagne, et les RR. *Indépendants* répandaient le bruit que le commandant français n'était nullement à craindre, défense lui ayant été faite d'avoir recours à aucun moyen coërcitif.

Alors, le commandant Le Timbre, d'accord avec M. Baudais, fit prévenir les autorités hovas qu'il n'hésiterait pas un seul instant à s'emparer de leur navire, s'il débarquait, sur un point quelconque du littoral, de la troupe et du matériel de campagne. Après cette deuxième sommation, il se rendit, à bord du *Forfait*, à Nossi-Bé, où il prit le commandant Seignac-Lesseps ; et tous deux, ensuite, gagnèrent la baie de Passandava, où ils mouillèrent devant Ampassimène, village sous la domination de la reine Binao.

Le lendemain, dès l'aube, ils se dirigèrent, sans armes, en veste de coutil blanc, la canne à la main, accompagnés seulement de deux hommes, vers la case où flottait le pavillon hova, et, sans rencontrer de résistance, l'arrachèrent. Puis une baleinière du *Forfait* amena quelques charpentiers, qui, en présence de la population malgache, abattirent le mât de pavillon et le coupèrent en morceaux, à la grande joie des Sakalaves réunis.

Cette exécution accomplie, les deux commandants, retournés à bord du *Forfait*, atteignirent l'embouchure de la rivière de Sambirano, qu'ils remontèrent en canot jusqu'à 5 milles dans l'intérieur des terres, pour procéder de la même façon au village de Béhamaranga.

Non content d'avoir arraché le pavillon hova de ces deux endroits où il flottait indûment, de retour à Tamatave, le brave commandant Le Timbre fit plus : il mit l'embargo sur le navire royal.

Alors, le premier ministre hova commença seulement à réfléchir. Il pensa qu'il serait peut-être prudent, pour éviter de plus graves complications, de céder aux exigences légitimes de notre commandant en chef, qui se permettait de faire suivre ses sommations infructueuses de voies de fait aussi cavalières. Ses conseillers ne l'entendirent point de cette oreille : « Nous vous avons procuré de bons remingtons, lui soufflèrent-ils, ce n'est pas pour les laisser rouiller. »

Effectivement, par leurs soins, la garde royale venait d'être pourvue de 2,500 de ces fusils.

Néanmoins, le gouvernement hova n'avait pas remis en place les pavillons abattus par nos officiers. N'osant pas, lui-même, en résistant ouvertement, engager une lutte dont il prévoyait les conséquences désastreuses, il essaya de faire endosser à nos protégés la responsabilité de ses prétentions. C'est ainsi qu'il envoya à la reine Binao, par un officier supérieur, des *lambas* d'investiture et des bagues, emblèmes du commandement. Binao, sincèrement attachée à la France, refusa de recevoir cet envoyé et avisa le commandant de Nossi-Bé des propositions dont il était porteur.

Comprenant, dès lors, qu'ils ne parviendraient pas à détacher nos protégés de notre alliance, les Hovas estimèrent que le meilleur moyen de nous tenir tête, sans se compromettre, était de nous opposer la force d'inertie. L'essentiel était de gagner du temps ; il fallait imaginer un expédient suprême qui leur permît de traîner les choses en longueur, avec une apparence de raison. Cet expédient, ils le trouvèrent, avec l'astuce profonde qui est la marque de fabrique de leur caractère. C'était l'envoi d'une ambassade en Europe ! Pendant que cette ambassade visiterait les grandes puissances occidentales et chercherait à se créer des alliances, parmi les gouvernements d'outremer, les hostilités en resteraient là.

Avant de se résoudre à mettre ce projet à exécution, le premier ministre avait consulté un Français, M. Suberbie. D'où : grande colère des *missionnaires Indépendants*, qui jugeaient l'idée trop habile pour la laisser échapper. Enfin, après quelques tergiversations inhérentes à l'esprit hova, l'envoi de l'ambassade malgache fut chose décidée. Elle se composait de quatre personnages, qu'accompagnait, pour les piloter, en qualité de cornac et d'interprète, le R. Tacchi. Partie de Tamatave, le 1er août 1882, elle arriva à Paris, vers la fin d'octobre. Nous passerons sous silence les interminables et subtiles conférences qu'elle provoqua, au quai d'Orsay, pour constater le résultat négatif de ces négociations, vouées d'avance à l'insuccès.

Acculés par des arguments qui n'admettaient pas de réplique, les ambassadeurs hovas se montrèrent intraitables : « La force seule, déclarèrent-ils en se retirant, fera capituler les Hovas. »

C'était une rupture. Toute discussion sur ce terrain devenait maintenant impossible. Au lieu de s'égarer, à leur suite, dans le labyrinthe d'une diplomatie de mauvaise foi, sa conscience répugnant à paraître dupe de procédés qui ne tendaient qu'à éterniser la question par des pourparlers stériles, M. Duclerc, impatienté et indigné, avec une franchise qui lui fait honneur, leur avait carrément posé son ultimatum.

Jugeant leur mission terminée, les ambassadeurs malgaches quittèrent Paris, et allèrent demander à l'Angleterre la protection qu'ils étaient certains d'y trouver, d'après l'assurance que leur en avaient donnée tant de fois les clergymen.

A Londres, ils reçurent un accueil très flatteur, il est vrai, mais qui ne laissa pas de les surprendre.

Des banquets, des fêtes, des réceptions officielles, des représentations de gala, des cadeaux, tout cela leur fut prodigué. Quant au concours dévoué de la perfide Albion, il se borna à ces seules démonstrations d'amitié. Nos ambassadeurs, un peu penauds de leur déconvenue, reconnurent, mais un peu tard, que les belles promesses ne coûtent rien, et que mieux vaut tenir que courir.

Craignant de s'exposer à de nouveaux pas de clerc, ils rentrèrent dans leurs foyers, où on les accusa, en guise de remerciements, d'avoir témoigné trop de sympathie au gouvernement français.

Que faisaient, pendant ce temps-là, les Hovas? Utilisant les loisirs que leur laissaient les démarches de leurs mandataires, ils travaillaient activement à fabriquer de la poudre et des engins de guerre, sous la direction des Anglais, et ils continuaient tranquillement à envoyer des troupes sur la côte N.-O., affirmant ainsi l'intention annoncée par leurs ambassadeurs de ne céder en rien, et de se tenir prêts à se mesurer avec nous, le cas échéant.

Le 15 février 1883, le contre-amiral Pierre quittait Toulon, à bord de la *Flore*, se rendant à Zanzibar, où l'attendait M. Baudais, muni d'instructions du ministre des affaires étrangères, qui était alors M. Jules Ferry, lequel venait de succéder à M. Duclerc.

Cependant, dans l'intervalle, Rainilaiarivony était revenu à de meilleurs sentiments, ou plutôt à une plus juste appréciation des difficultés pendantes. Résistant aux conseils d'un nommé Comeron, reporter du *Standard*, qui essayait de le berner par de nouvelles promesses, subissant l'influence de M. Suberbie, qui représentait l'élément français à Tananarive, depuis l'abandon du consulat, il était disposé à concilier et voulait écrire dans ce sens au Président de la république, lorsque lui parvint la nouvelle du bombardement de la côte ouest.

En effet, le 16 mai 1883, l'amiral Pierre s'emparait de Mazamgaye, et en chassait deux mille Hovas, qui s'y étaient fortifiés.

Cette nouvelle arriva à Tananarive, le 24 mai. Aussitôt, le missionnaire imprimeur Parrett courut au palais et demanda que le parlement fût convoqué, pour ordonner le massacre de tous les Français résidant dans la capitale. Mais le premier ministre, enfin convaincu du rang important qu'occupait la France parmi les nations, craignant d'aggraver les représailles, en augmentant la mesure déjà comble de nos griefs, répondit que quiconque toucherait aux Français serait tué de sa main. Et, après en avoir référé à la reine et à son conseil, il déclara que le bombardement de Mazangaye déchirait les traités conclus avec la France et que tous les Français établis dans l'Emyrne eussent à quitter le territoire hova. L'ordre d'expulsion fut signifié, le soir même, à 6 heures, à M. Suberbie.

Après s'être consolidé à Mazangaye, l'amiral Pierre cingla vers Tamatave. Là, de son bord, il adressa à la reine Ranavalona un ultimatum lui enjoignant de reconnaître nos droits sur l'île et d'accorder pleine et entière satisfaction aux héritiers de M. Laborde. Faute par elle d'accéder à ces légitimes réclamations, il bombarderait Tamatave et l'occuperait militairement. Le gouvernement hova accueillit cet ultimatum par une réponse négative, qui parvint à l'amiral, le 9 juin 1883. Dès le lendemain matin, la *Flore*, la *Creuse*, la *Nièvre*, le *Beautemps-Beaupré*, le *Boursaint* et le *Forfait* ouvraient le feu sur le fort et les batteries de Tamatave. Au premier coup de canon, les

Hovas prenaient la fuite et se réfugiaient dans leur camp retranché, situé à 5 kilomètres dans l'intérieur. Le lendemain, le fort, où il ne restait plus, en fait de garnison, qu'une poule et ses poussins et un chat, était occupé par quatre cents de nos marins et quatre cents soldats d'infanterie de marine.

A cette heure, si Rainilaiarivony eût été libre de suivre ses propres inspirations, il eût capitulé, se rendant nettement compte que, dans la partie engagée, les chances étaient trop inégales. Bien que tout-puissant dans l'exercice de son autorité, il n'était plus maître de remonter le courant des passions qui grondaient. Entraîné, malgré lui, dans le mouvement général, dominé par l'influence anglaise, qui avait fanatisé les esprits, il avait été contraint, sous peine de tomber du pouvoir dans un soulèvement populaire, de répondre à nos mesures de vigueur par l'expulsion de tous les Français, de Madagascar; c'était rendre impossible toute transaction honorable entre les deux gouvernements.

Le délai accordé à nos nationaux pour quitter la capitale avait été fixé à quatre jours seulement. La difficulté, pour les expulsés, était de se procurer des porteurs, défense ayant été faite aux esclaves de remplir auprès d'eux cet office. Une première bande de quelques personnes partit à pied, poursuivie par les huées des enfants, élèves des RR. Indépendants. Cependant, le premier ministre envoya des ordres pour qu'ils n'eussent pas à faire à pied ce long trajet de Tananarive à Tamatave, leur promettant une escorte de soldats et de porteurs à gages. Mais, comme les exilés étaient au nombre de quatre-vingt-douze, il leur fallait au moins neuf cents porteurs; or, c'est à peine s'il s'en présenta une centaine, et encore n'en était-on pas sûr.

A peine eurent-ils franchi l'enceinte de la capitale, que les soldats de leur escorte, excités par leurs chefs, les insultèrent, les frappèrent et pillèrent en partie leurs bagages.

Le voyage, comme bien on pense, fut des plus pénibles. Les porteurs ne marchaient qu'à force d'argent, les soldats, sachant qu'ils n'allaient à Tamatave que pour se battre, s'ingéniaient à rendre la route interminable. Il fallut aux pauvres fugitifs un courage surhumain, pour surmonter toutes les épreuves de ce voyage, qui ne s'accomplit pas en moins de vingt-cinq jours, au lieu de douze qu'il dure habituellement, quand il s'effectue dans les conditions normales.

Sur ces entrefaites, dans la nuit du 12 au 13 juillet, mourait Ranavalona II. Depuis longtemps, elle était goutteuse et hydropique. Elle succombait, terrassée par ses cruelles infirmités.

Malgré la crise que traversait le royaume hova, Rainilaiarivony fit faire à son auguste épouse des funérailles dignes des monarques ses ancêtres. La dépouille mortelle de la reine fut transportée, avec la pompe traditionnelle, à Ambohimanga.

Nullement libre de ses actes, tenue par la constitution sous la tutelle de son ministre-époux, la reine Ranavalona II n'était, entre les mains du prince-consort, que l'instrument docile des missionnaires protestants anglais. On l'a entendue plus d'une fois les traiter de fourbes et de menteurs, et envier tout haut les dames de sa cour qui avaient rejeté les propositions de ces tartufes. Ambitieuse avant tout, elle n'ignorait pas que sa couronne et sa vie dépendaient de sa soumission. Aussi, pour conserver l'une et l'autre, subissait-elle un joug qu'elle n'avait pas le pouvoir de secouer.

Ranavalona III (1883-18...). — Le premier ministre n'attendit pas que les funérailles de Ranavalona II fussent terminées, pour lui donner une remplaçante. Dès que le décès de la reine fut constaté, Rainilaiarivony présenta au suffrage du peuple la jeune princesse Razatindrahety, petite-nièce de Radama Ier, veuve, depuis un mois seulement, du prince Ratrimo. Le grand *kabary* populaire auquel fut soumise cette candidature en ratifia le choix, et Razatindrahety monta sur le trône vacant, sous le nom de Ranavalona III.

Elle était âgée de vingt ans. C'était, et c'est encore d'ailleurs, une assez jolie personne, d'une belle couleur chocolat, mais n'ayant pas cependant le type de la négresse. Les yeux sont très beaux, et surtout expressifs, le nez est effilé; les cheveux sont lisses et très longs. Les extrémités sont remarquablement petites. Elle le sait et se gante et se chausse dans la perfection. Elle s'habille à l'européenne, avec beaucoup de goût, et paraît généralement, dans les cérémonies, en robe de velours noir, à longue traîne. Elle sait le français et l'anglais, mais, par dignité nationale, ne parle que le hova.

Bien entendu, Rainilaiarivony s'empressa d'épouser cette princesse, en même temps qu'il faisait proclamer son avènement. Inamovible à son poste de prince-consort et de premier ministre, ce *faiseur de reines* disposait du trône à sa convenance, comme d'une propriété personnelle.

En réalité, c'était lui qui élevait la souveraine jusqu'à lui, mais s'il lui laissait l'illusion du rang suprême, il en conservait les attributions. S'il ne régnait pas nominalement, il gouvernait de fait. Ranavalona III, sous son autorité, ne devait pas être plus maîtresse de ses actions que ne l'avaient été, avant elle, ses devancières : Rasohérina et Ranavalona II.

Par un hasard singulier il n'a jamais eu d'enfant avec ses royales épouses, tandis qu'il en avait eu dix-huit légitimes, alors qu'avant d'arriver au pouvoir il n'était marié qu'avec une noble hova.

Ce fut le 22 novembre 1883, en présence de plus de 200,000 Hovas, dans le cadre d'un luxe resplendissant, qu'eut lieu le couronnement de la nouvelle reine.

Nous ne reviendrons pas sur les détails de cette cérémonie : offrande du *hasina* et de l'*omby valavita* (bœuf sacré), discours, banquets, etc., etc.

Observatrice scrupuleuse de sa religion, Ranavalona III inaugura son règne en faisant jeter dans les fers les habitants du village d'Ambohinambolo, qui avaient manifesté l'intention de revenir au culte des idoles. Sa piété fervente et austère n'admettait pas, pour les autres, la liberté de conscience.

Avec le trône, elle hérita de la guerre engagée avec la France. Cette guerre, inique autant qu'onéreuse, était aux yeux de ses sujets une guerre sainte, une guerre à outrance. Elle était nécessaire à Rainilaiarivony, pour se maintenir au pouvoir. Du moins, les RR. l'avaient suggéré au premier ministre, et celui-ci, dont l'ambition était en jeu, n'aurait pas osé éluder des conseils gros de menaces. Il était pris dans le même dilemme à deux tranchants que, chez nous, un de nos derniers chefs d'État : *ou se soumettre, ou se démettre.*

L'amiral Pierre, nous l'avons vu, avait bombarbé Tamatave, le 10 juin 1883, et chassé les Hovas du fort qu'ils occupaient. Il avait, après cela, adressé au gouvernement de la reine un ultimatum resté sans réponse. L'amiral avait l'ordre de ne pas aller plus loin ; il attendit.

Sur ces entrefaites, un incident fâcheux vint encore compliquer la situation, déjà fort tendue. Un des adversaires les plus acharnés de notre influence, le prédicant *Schaw*, fut accusé de tentative d'empoisonnement, de complicité avec les Hovas, sur quelques-uns de nos soldats. L'amiral Pierre le fit appréhender et le détint prisonnier, à bord de la *Nièvre*, pour le traduire, ensuite, en conseil de guerre. Le R. Schaw ne faisait pas partie pour rien de la secte des Indépendants. Il jeta les hauts cris et en appela à son gouvernement. Le cabinet de Londres, par l'intermédiaire de son ambassadeur, réclama auprès du cabinet de Paris; et, par ordre supérieur, l'amiral dut relaxer Schaw. Bien plus, lord Granville, alors chef du *foreign office*, exigea et obtint du gouvernement français une indemnité de 25,000 francs, en faveur de la victime de cette soi-disant erreur. L'affaire Schaw et son misérable dénouement était le digne pendant de l'affaire Pritchard, à Tahiti, quarante ans auparavant. Il était dit qu'en pareille circonstance, lorsqu'un sujet de S. T. G. M. l'Impératrice des Indes, violant la foi des traités, commettait notoirement un délit de droit commun, de connivence avec nos ennemis, ces grotesques aventures devaient toujours tourner à l'humiliation de la France. Cette triste solution d'une cause qui criait vengeance était un désaveu officiel infligé à la conduite de l'amiral Pierre. Esclave du devoir, l'amiral exécuta sa consigne, mais, atteint en plein cœur par cette compromission, qui blessait en lui la droiture du marin et la fierté du patriote, il tomba gravement malade. Bientôt, dans l'impossibilité de continuer son commandement, il fut autorisé à rentrer en France. Il était, d'ailleurs, tellement affligé de la tournure que prenaient les événements auxquels il était condamné à ne plus assister que comme témoin impassible, qu'il préférait ne pas voir de près le douloureux spectacle de l'abaissement de sa patrie, devant des sauvages sans parole, guidés par une poignée d'intrigants. Hélas! comme peu de temps après, l'amiral Courbet, son ami, son compagnon d'armes, le pauvre amiral ne devait revoir, que de loin, les côtes de cette terre de France, où il espérait panser dans l'oubli la blessure faite à ses sentiments les plus chers. Il mourut en vue de Marseille, attendant, pour entrer dans le port, l'expiration du délai de quarantaine.

Ainsi finit un homme, en tous points supérieur, qui, si on l'eût laissé agir, suivant son expérience et ses hautes capacités, nous eût épargné la déception finale d'un traité dérisoire.

Plutôt que de mourir dans son lit, impuissant et désavoué, ce brave marin eût cent fois préféré tomber à son poste de combat, sur la passerelle de commandement, au plus fort de l'action, frappé d'une balle ennemie. La destinée n'a pas voulu lui réserver cette fin glorieuse, digne couronnement de sa carrière sans tache.

Au regretté amiral Pierre succéda l'amiral Galiber. Après avoir occupé Vohemar, Fort-Dauphin, Foulpointe et autres points du littoral, croyant naïvement à la bonne foi des Hovas (nous étions cependant payés pour ne plus nous y laisser prendre), le nouveau commandant essaya d'entamer des négociations avec eux, en vue d'arranger à l'amiable les différends provoqués par le blocus de la côte de Madagascar. M. Baudais, de son côté, avait reçu de M. Jules Ferry, alors Président du Conseil et ministre des affaires étrangères, des instructions pour suspendre les hostilités, jusqu'à ce que l'expédition du Tonkin fût terminée.

La mission de l'amiral Galiber ne fut pas de longue durée. Il ne tarda pas à être remplacé par le contre-amiral Miot, qui s'embarqua, le 2 avril 1884, pour aller prendre possession de son poste.

Afin, sans doute, de tâter le terrain et d'étudier le caractère du nouveau commandant français, les Hovas reprirent les pourparlers et convoquèrent l'amiral Miot à une réunion de plénipotentiaires. L'amiral y arriva en bourgeois. Jugeant clairement, dès le début de l'entretien, qu'on ne parviendrait pas à s'entendre sur les bases d'un accord honorable, ne voulant pas s'embarquer dans les subtilités oiseuses d'une discussion sans résultat, il rompit net la conférence, disant aux ambassadeurs malgaches qu'il était inutile de poursuivre les négociations, s'ils n'apportaient pas une réponse à l'ultimatum dénoncé par les amiraux ses prédécesseurs et le commissaire de la république, ainsi que toutes les pièces à l'appui, revêtues du sceau de l'État, et offrant toutes les garanties exigées par la France.

Décontenancés par cette attitude catégorique, les envoyés hovas comprirent qu'ils n'avaient plus qu'à se retirer ; ce qu'ils firent avec quelque dépit.

Le 3 juillet, dans un immense *kabary*, auquel assistaient deux cent cinquante mille de ses sujets, la reine s'était montrée à cheval à son peuple. Après avoir exposé l'ultimatum de l'amiral Miot, elle avait déclaré qu'elle avait refusé de céder *un pouce de la terre de Madagascar* et que ses soldats, conduits par le célèbre général Willoughby, que nous présenterons plus loin à nos lecteurs, avaient, le 28 juin, dans une sortie, battu les Français à plates coutures.

La Chambre des députés, fatiguée de ces lenteurs, désireuse d'en finir, une fois pour toutes, avec cette énervante question de Madagascar, avait nommé à cet effet, au mois de mars, une commission parlementaire, présidée par M. de Mahy, et dont M. de Lanessan était le rapporteur. Cette commission conclut à une demande de crédit de 5,196,000 francs, que l'Assemblée accorda, le 21 juillet 1884, par 360 voix contre 81.

Déjà, les troupes du Tonkin rentraient dans leurs foyers.

Au commencement de septembre, l'amiral, qui ne restait pas inactif, prenait, sans rencontrer de résistance, possession de la baie de Passandava, l'une des plus importantes et des plus vastes de la côte nord-ouest de Madagascar. Le 22, il bombardait Mahonoro, village situé sur la côte est, à 50 lieues de Tamatave. C'était par cette place qu'entrait presque toute la contrebande de guerre. Elle est le point initial d'un des meilleurs sentiers qui conduisent de la côte à Tananarive.

Malheureusement, la saison des pluies avançait et allait paralyser les opérations de l'amiral. Il faudrait donc, pendant cette période, rester tranquille jusqu'à la belle saison, tout en maintenant sévèrement le blocus, et attendre patiemment le moment propice d'attaquer Farafate, village situé à 6,000 mètres seulement, en ligne droite, de Tamatave, mais que l'on ne pouvait atteindre qu'en faisant un long détour, à cause des marais insalubres qui en défendent les abords, et où les Hovas avaient établi de solides retranchements.

L'amiral Miot, soucieux de protéger les populations indigènes, nos alliées, molestées par les Hovas depuis la destruction de leurs postes, avait chargé un capitaine d'artillerie de relever, sur un des points de la côte ouest, un emplacement favorable à la construction d'un blockhaus, afin que nos protégés pussent se grouper à l'abri de cet ouvrage fortifié, sous le feu même de notre garnison.

Après avoir mûrement étudié la question, il fut décidé que l'endroit le plus propre à l'édification de ce blockhaus se trouvait au fond de la baie de Passandava, à Ambohemadiro, ancien retranchement hova, brûlé, en mai 1883, par l'amiral Pierre. Aussitôt, le commandant de Nossi-Bé avisa les chefs sakalaves de cette décision. Ceux-ci promirent de nous aider dans l'exécution de ce projet, et nous fournirent leur contingent d'hommes et de matériaux, enfin tout ce dont ils disposaient. Grâce à leur concours dévoué, grâce aussi au zèle de nos marins et de nos soldats, tout cela fut promptement exécuté, et, quelques jours après, à 8 heures du matin, le commandant de Nossi-Bé avait la glorieuse satisfaction de voir, au bout d'un bambou de 12 mètres de haut, le drapeau de notre patrie, salué par 24 coups de canon, ombrager majestueusement de ses plis, non pas une nouvelle possession, mais un coin de territoire qui nous appartenait, en vertu d'une cession légitime, et que des usurpateurs nous avaient volé.

Les travaux avaient été menés de main de maître, avec une telle discrétion, une telle célérité, que les Hovas, qui n'étaient qu'à 12 ou 15 kilomètres de là, n'en connurent l'accomplissement qu'après leur achèvement.

En octobre 1884, afin de couper à l'ennemi toute communication avec l'intérieur, l'amiral Miot faisait bloquer Foulepointe, Mahambo, Fénérive et occupait ensuite la baie de Passandava.

Le 5 décembre, il s'emparait de Vohémar. Il fut puissamment secondé, en cette circonstance, par les Sakalaves, ayant à leur tête le roi de Nossi-Mitsiou, qui enlevèrent d'assaut le poste hova d'Amboonio, situé à une faible distance de Vohémar. Dans cet engagement, 250 Hovas furent tués, 2 canons furent capturés et 2,000 employés des douanes tombèrent prisonniers entre nos mains. Le gros de l'ennemi s'enfuit en désordre, vers le sud, et alla chercher refuge dans un autre retranchement, à 25 kilomètres plus loin.

Ce succès nous livrait entièrement la partie nord de Madagascar, qui s'étend depuis le cap d'Ambre jusqu'au 14°, et avait pour effet immédiat la soumission des chefs du district. De plus, la province de Vohémar, si fertile en pâturages, si riche en bestiaux, devenait le centre de nos approvisionnements. Elle fournissait 1,200 bœufs par mois à la division navale et au corps expéditionnaire, et aurait pu produire davantage.

Peu de temps après, en janvier 1885, nos troupes poursuivant le cours de leurs heureux faits d'armes occupaient la magnifique baie de Diégo Suarez, à 70 milles environ, dans le nord, de Vohémar, où les Hovas, bien qu'entourés de populations hostiles, entretenaient, au mépris des traités, une forte garnison, composée de leurs meilleures recrues.

Ici, nous avons à déplorer un sinistre qui émut péniblement l'amiral et vint jeter la consternation parmi nos troupes. Le 24 février, notre transport *l'Oise*, surpris par une effrayante tempête, se perdait avec douze hommes d'équipage, au moment où il était sur le point d'atterrir, après une traversée des plus mauvaises. Et ce n'était là que le prélude de toute une série de catastrophes : le même cyclone coulait également le steamer français *l'Orgo* affecté au service de l'île de la Réunion et le voilier américain *Sarah-Burk;* il jetait à la côte, où elles se brisaient complètement, la *Clémence* de Saint-Denis et l'*Armide* de Port-Louis.

Le 6 avril 1885, M. Jules Ferry, contraint par les événements d'abandonner le pouvoir, était remplacé par M. de Freycinet.

Par suite de cette crise gouvernementale, l'amiral Peyron cédait le ministère de la marine et des colonies au contre-amiral Galiber.

Le nouveau Président du Conseil, en prenant en mains les rênes du gouvernement, avait manifesté la volonté bien arrêtée de liquider, à bref délai, notre passif à Madagascar.

Justement, le traité de Tien-Tsin (9 juin 1885) venait de mettre fin à l'expédition du Tonkin. Il était donc permis d'espérer que, dégagés de notre campagne en Extrême-Orient, nous allions pouvoir donner une vigoureuse impulsion à celle de Madagascar. Il était temps, enfin, d'en finir avec ce peuple hova, dont l'esprit temporisateur s'ingéniait à éterniser les difficultés. Ses sournois conseillers, ne négligeant aucune occasion de l'éclairer sur tout ce qui pouvait être nuisible à nos efforts, lui avaient appris que le climat meurtrier de ses côtes tue plus infailliblement nos soldats que les coups de ses sagaies et les balles de ses remingtons. Et lui, trouvant commode ce moyen de se débarrasser de nous, sans trop s'exposer, mettait à profit cet enseignement de Radama Ier : « J'ai pour moi un général invincible, dont mes ennemis n'auront jamais raison, c'est le général la Fièvre ! »

En juillet 1885, M. de Lanessan dépose sur le bureau de la Chambre des députés un rapport sur une demande de crédit de 12,190,000 francs. Dans la séance du 28 du même mois, M. de Mahy, patriote ardent, apôtre convaincu de l'idée coloniale, homme d'une réputation sans tache et jouissant d'une estime universelle, monte à la tribune et prononce un éloquent discours, où il retrace, aux applaudissements de l'Assemblée, l'histoire de nos légitimes revendications à Madagascar. Dans la séance du 30 suivant, grâce à ce généreux appel, dont l'effet fut saisissant, après une déclaration de M. Brisson, Président du conseil, le vote du crédit de 12,190,000 francs était enlevé par 291 voix contre 142.

Aussitôt, M. de Freycinet télégraphie à nos plénipotentiaires l'ordre de faire une dernière tentative de conciliation auprès des Hovas, ou, faute de s'entendre, de reprendre les hostilités jusqu'à complète satisfaction.

Comme toujours, les négociations n'ayant pas abouti, le 10 septembre, l'amiral Miot se décide à attaquer les camps retranchés de Farafate. Sa colonne principale est composée de fusiliers marins de la frégate amirale, d'un bataillon d'infanterie de marine, d'artilleurs et de volontaires bourbonnais, la plupart revenant de Formose ou des îles Pescadores, et de huit pièces d'artillerie, dont deux de 4, et six de 80 millimètres. Quelques gendarmes à cheval servent d'éclaireurs. L'opération est conduite par l'amiral en personne. Quoique la nature du sol, formé de sables spongieux entrecoupés de marais, où serpentent d'étroits sentiers qu'il faut parfois passer à gué, se prête peu au mouvement d'un corps d'armée, nos soldats, impatients de rompre cette longue faction, qui, pour quelques-uns d'entre eux, dure depuis trois années, font preuve d'un si admirable entrain, que cette étape est bien vite franchie.

Ils se sont mis en marche, vers 4 heures du matin, protégés par les batteries des navires et du fort de Tamatave, qui occupent l'ennemi et lancent continuellement des obus, à plus de 6,000 mètres,

Le général Digby Willoughby et son état-major.

sur les ouvrages de Farafate.

A 8 heures, nous commençons l'attaque. A peine l'artillerie de la colonne a-t-elle donné, qu'en un clin d'œil, plusieurs villages sont en flammes. L'ennemi ne riposte pas; il prend la fuite. Au premier abord, on croit à une déroute, mais on reconnaît bientôt que ce n'est qu'une prudente retraite, car il s'est retiré précipitamment derrière des retranchements où il est approvisionné d'artillerie et de fusils à longue portée, et ne tarde pas à ouvrir le feu sur nos éclaireurs.

Ainsi à l'abri, il est dans une position très avantageuse, pour nous faire essuyer de grosses pertes.

Notre artillerie, la première, est cruellement éprouvée. L'amiral, qui, du haut d'un arbre, observe le combat, se voit entouré de projectiles; une branche est coupée à ses côtés. Se trouvant en présence de forces trop supérieures pour continuer la lutte, au bout de deux heures et demie, il est obligé de donner l'ordre de cesser le feu. C'est presque un échec.

Il n'y avait pas à en douter, nous récoltions les fruits de notre inaction. Elle avait permis à nos ennemis de s'organiser, de se discipliner, de s'instruire, de se fortifier, sous la direction intéressée de plusieurs officiers anglais, qui leur avaient procuré des remingtons, des snyders et des munitions. Et pendant que nous attendions l'issue de négociations illusoires, ils s'aguerrissaient. Maintenant, nous venions de constater, à nos dépens, qu'il faudrait désormais compter avec eux.

Encouragés par ce premier succès, dans la nuit du 12 au 13 septembre, vers 11 heures, des Hovas se glissent le long des dunes, au sud de Tamatave, et mettent le feu à des paillottes.

Le lendemain, on amène à l'amiral Miot deux espions, qui ont été surpris rôdant aux avant-postes.

L'un d'eux, Jos.-Paul Rakobidgi Anjouan, d'origine anglaise, est un commis de la maison Proctor frères de Tamatave. Il est fusillé sur l'heure.

Étant donnés les éléments de défense dont l'Angleterre alimentait continuellement les Hovas, et les progrès accomplis si rapidement par ceux-ci, grâce à leurs instructeurs, il était urgent de couper court, avant toutes choses, à l'importation des produits étrangers. Dans ce but, le 5 octobre, l'amiral Miot ordonne le blocus de Vatomandry. Cette mesure serait-elle suffisante? empêcherait-elle les Anglais de trouver une autre rade, par où ils pussent entretenir l'ennemi de munitions, la grande île malgache offrant une superficie trop étendue pour qu'il fût possible de la circonscrire dans un blocus général?

A quoi servait d'ailleurs ce blocus partiel? Le dernier des caboteurs le bravait. Un matelot anglais de la *Normandy*, pris en flagrant délit de contrebande, n'a-t-il pas témoigné que son capitaine débarquait impunément des armes et des munitions de guerre, sur tel ou tel point de la côte, notamment à Mouroundava, à quelques milles du *Forfait*, mouillé devant Majunga? Singulier blocus que celui qui était impuissant à empêcher les caboteurs de Maurice d'importer du rhum falsifié, et n'avait d'autres résultats que celui d'enrichir les étrangers!

Dans la nuit du 13 au 14 octobre, les Hovas attaquent les fortins de Majunga, à 800 mètres de la ville; mais ils sont repoussés avec perte.

Sur ces entrefaites, le consul de France à Beyrouth, M. Patrimonio, arrive à Tamatave, chargé par le gouvernement français de rouvrir les négociations. MM. de Mahy et Dureau de Vaulcomte l'accompagnent pour se rendre compte, par eux-mêmes, de la situation. M. Baudais se trouvait, en ce moment, à Paris, où il avait été appelé, en toute hâte, par dépêche, pour fournir des renseignements au ministre des affaires étrangères.

Les négociations ayant été reprises, le 21 novembre 1885, deux fonctionnaires malgaches ont une entrevue préliminaire avec l'amiral Miot. M. Patrimonio était absent; il était allé négocier le protectorat des Comores. Peu de jours après, *le Limier* ramène notre plénipotentiaire, qui communique à l'amiral les instructions reçues à Zanzibar.

Enfin, le 22 décembre, M. de Freycinet fait part à la Chambre des députés de la nouvelle que les négociations avec les Hovas ont abouti à un traité de paix, dont il fait connaître les bases.

Avant d'apprécier les conditions de ce traité, dont nous reproduisons plus loin le texte en son entier, réjouissons-nous d'abord de la cessation des hostilités.

Tout était donc terminé, mais à quel prix? Les complications de notre politique intérieure et extérieure avaient trop ralenti nos opérations militaires si brillamment commencées. Que de pertes, que d'angoisses, que de tracas, nous avaient valu toutes ces hésitations?

Le 23 janvier 1886, l'amiral Miot et M. Patrimonio, ainsi que le général Digby Willoughby, escortés d'une garde d'honneur hova, quittaient Tamatave pour se rendre à Tananarive, afin de remplir les dernières formalités. Car, si les conditions de la paix étaient établies en principe, sur les bases d'un traité revêtu de la signature des plénipotentiaires français et hovas, pour rendre ce traité valable et définitif, il restait encore à obtenir l'agrément de la reine et le contreseing du premier ministre.

De Tananarive, l'amiral Miot écrivait à l'amiral

Aube, récemment appelé au ministère de la Marine, que le gouvernement hova lui avait fait une réception brillante et cordiale, que les plus grands honneurs lui avaient été rendus, et qu'il avait été acclamé partout sur son passage.

De son côté, M. Patrimonio télégraphiait de Zanzibar à M. de Freycinet, pour lui faire part de l'excellente impression que les plénipotentiaires français avaient gardée de leur séjour dans la capitale.

Le 23 février 1886, M. de Lanessan, rapporteur de la Commission chargée d'examiner le traité conclu avec les Hovas, lisait son rapport à la tribune de la Chambre. « Ce traité est défecteux, faisait-il remarquer dans ses conclusions, mais, le repousser, ce serait reprendre immédiatement les hostilités, et ni le gouvernement, ni la chambre ne veulent s'exposer à de nouvelles complications; proclamer l'abandon de nos droits sur Madagascar? le pays ne l'accepterait pas. »

Enfin, le 27 février, par 436 voix contre 28, la Chambre des députés adoptait le traité, dont la teneur suit :

Traité conclu, le 17 décembre 1885, entre le gouvernement de la République française et le gouvernement de Sa Majesté la reine de Madagascar.

Le gouvernement de la république française et celui de Sa Majesté la reine de Madagascar, voulant empêcher à jamais le renouvellement des difficultés qui se sont produites récemment, et désireux de resserrer leurs anciennes relations d'amitié, ont résolu de conclure une convention à cet effet, et ont nommé plénipotentiaires, savoir :

Pour la république française :

M. Paul-Emile Miot, contre-amiral, commandant en chef la division navale de la mer des Indes.

Et, pour le gouvernement de Sa Majesté la reine de Madagascar :

M. le général Digby Willoughby, officier général, commandant les troupes malgaches et ministre plénipotentiaire ;

Lesquels, après avoir échangé leurs pleins pouvoirs, trouvés en bonne et due forme, sont convenus des articles qui suivent, sous réserve de ratification :

ARTICLE PREMIER. — Le gouvernement de la république représentera Madagascar dans toutes ses relations extérieures. Les Malgaches, à l'étranger, seront placés sous la protection de la France.

ART. 2. — Un résident, représentant le gouvernement de la république, présidera aux relations extérieures de Madagascar, sans s'immiscer dans l'administration intérieure des États de Sa Majesté la reine.

ART. 3. — Il résidera à Tananarive, avec une escorte militaire. Le résident aura droit d'audience privée et personnelle auprès de Sa Majesté la reine.

ART. 4. — Les autorités dépendant de la reine n'interviendront pas dans les contestations entre Français, ou entre Français et étrangers. Les litiges, entre Français et Malgaches, seront jugés par le résident, assisté d'un juge malgache.

ART. 5. — Les Français seront régis par la loi française, pour la répression de tous les crimes et délits commis par eux, à Madagascar.

ART. 6. — Les citoyens français pourront résider, circuler et faire le commerce librement, dans toute l'étendue des États de la reine.

Ils auront la faculté de louer, pour une durée indéterminée, par bail emphytéotique renouvelable au seul gré des parties, les terres, maisons, magasins et toute propriété immobilière. Ils pourront choisir librement et prendre à leur service, à quelque titre que ce soit, tout Malgache libre de tout engagement antérieur. Les baux et contrats d'engagement de travailleurs seront passés, par acte authentique, devant le résident français et les magistrats du pays, et leur stricte exécution sera garantie par le gouvernement.

Dans le cas où un Français, devenu locataire d'une propriété immobilière, viendrait à mourir, ses héritiers entreraient en jouissance du bail conclu par lui pour le temps qui resterait à courir, avec faculté de renouvellement. Les Français ne seront soumis qu'aux taxes foncières acquittées par les Malgaches.

Nul ne pourra pénétrer dans les propriétés, établissements et maisons occupés par les Français, ou par les personnes au service des Francais, que sur le consentement et avec l'agrément du résident.

ART. 7. — Sa Majesté la reine de Madagascar confirme expressément les garanties stipulées par le traité du 7 août 1868, en faveur de la liberté de conscience et de la tolérance religieuse.

ART. 8. — Le gouvernement de la reine s'engage à payer la somme de 10 millions de francs, applicable tant au règlement des réclamations françaises liquidées antérieurement au conflit survenu entre les deux parties, qu'à la réparation de tous les dommages causés aux particuliers étrangers, par le fait de ce conflit. L'examen et le règlement de ces indemnités est dévolu au gouvernement français.

ART. 9. — Jusqu'au parfait payement de ladite somme de 10 millions de francs, Tamatave sera occupé par les troupes françaises.

ART. 10. — Aucune réclamation ne sera admise au sujet des mesures qui ont dû être prises jusqu'à ce jour par les autorités militaires françaises.

ART. 11. — Le gouvernement de la république s'engage à prêter assistance à la reine de Madagascar, pour la défense de ses États.

ART. 12. — Sa Majesté la reine de Madagascar continuera, comme par le passé, de présider à l'administration intérieure de toute l'île.

ART. 13. — En considération des engagements pris par Sa Majesté la reine, le gouvernement de la république consent à se désister de toute répétition, à titre d'indemnité de guerre.

ART. 14. — Le gouvernement de la république, afin de seconder la marche du gouvernement et du peuple malgache dans la voie de la civilisation et du progrès, s'engage à mettre à la disposition de la reine les instructeurs militaires, ingénieurs, professeurs et chefs d'atelier qui lui seront demandés.

Art. 15. — Le gouvernement de la reine s'engage expressément à traiter avec bienveillance les Sakalaves et les Antakares, et à tenir compte des indications qui lui seront fournies, à cet égard, par le gouvernement de la république. Toutefois, le gouvernement de la république se réserve le droit d'occuper la baie de Diégo-Suarez et d'y faire des installations à sa convenance.

Art. 16. — Le président de la république et Sa Majesté la reine de Madagascar accordent une amnistie générale pleine et entière, avec levée de tous les séquestres mis sur leurs biens, à ceux de leurs sujets respectifs qui, jusqu'à conclusion du traité et auparavant, se sont compromis pour le service de l'autre partie contractante.

Art. 17. — Les traités et conventions existant actuellement entre le gouvernement de la république et celui de Sa Majesté la reine de Madagascar sont expréssement confirmés dans celles de leurs dispositions qui ne sont point contraires aux présentes stipulations.

Art. 18. — Le présent traité ayant été rédigé en français et en malgache, et les deux versions ayant exactement le même sens, le texte français sera officiel et fera foi sous tous les rapports, aussi bien que le texte malgache.

Art. 19. — Le présent traité sera ratifié dans le délai de trois mois, ou plus tôt, si faire se pourra. Fait en double expédition, à bord de *la Naïade*, en rade de Tamatave, le 17 décembre 1885.

Le ministre plénipotentiaire de la république française,

Signé : S. Patrimonio.

Le contre-amiral, commandant en chef de la division navale de la mer des Indes,

Signé : E. Miot.

Le ministre plénipotentiaire de Sa Majesté la reine de Madagascar, officier général, commandant les troupes malgaches,

Signé : Digby Willoughby.

Nous ne commenterons pas ce traité, article par article, cela nous entraînerait trop loin ; nous préférons laisser aux événements le soin de relever, au fur et à mesure, tous ses points défectueux.

Pour le moment, nous nous bornerons à toucher quelques mots de ceux qui, du côté des Hovas, en furent les négociateurs.

Ce sont deux Anglais qui jetèrent les bases d'un accord préalable : le négociant Proctor, de Tamatave, et l'évêque Parret, tous deux notoirement connus pour avoir conspiré contre notre influence, les mêmes qui, en 1881, avec un autre *indépendant*, le R. Pickersguil, avaient essayé de soudoyer les chefs sakalaves placés sous notre protectorat, en leur offrant, au nom de la reine Ranavalona III, des *lambas* d'investiture, s'ils consentaient à abandonner notre cause. Ces messieurs étaient venus à Paris en 1885, six mois avant la conclusion du traité, soumettre officieusement au gouvernement français un projet d'arrangement.

Quant à ce général Digby Willoughby, qui nous apparait comme le négociateur de la dernière heure et le signataire du traité, c'est encore un sujet britannique, sorte de condottiere vagabond, que les hasards d'une vie nomade avaient bombardé général hova. Mercenaire à la solde du premier gouvernement disposé à mettre le prix à ses services, n'ayant d'ailleurs aucun scrupule, il s'était effrontément targué du prétendu grade d'ancien colonel du régiment des *Willoughby's horses*, au Zoulouland et au Basulouland, pour se faire admettre à la cour d'Imérina, bien que son nom ne figurât sur aucun annuaire du Royaume-Uni. Or, tous les officiers qui, à un titre quelconque, font partie des cadres de l'armée anglaise, ou bien touchent un traitement de réforme ou de retraite, ont leur nom et leurs états de services inscrits dans un annuaire spécial.

Voilà l'aventurier auquel nos braves soldats ont dû

présenter les armes! que *la Naïade* a dû saluer de vingt et un coups de canon! Et nos plénipotentiaires, l'amiral Miot, M. Patrimonio, ont dû apposer leur signature à côté de celle de cet homme dont les frères d'armes, au Soudan, n'ont pas hésité à mettre à prix, sans raison, la tête d'un de nos malheureux compatriotes?

Ce traité avait été conclu dans un moment défavorable. Il venait après la malheureuse affaire de Farafate, où nous avions eu manifestement le dessous. Dans ces conditions, vis-à-vis des Hovas, nous avions plutôt l'air d'implorer la paix que de l'imposer. Aussi, ceux-ci, qui recherchaient toutes les occasions de nous nuire, demandèrent-ils à nos plénipotentiaires une note explicative, devant élucider certains articles du traité qu'ils ne trouvaient pas à leur avantage. Ils espéraient, par cet expédient, les amener à en fausser l'esprit, par des appréciations toutes personnelles, dont ils se prévaudraient comme d'un paragraphe additionnel, émanant des signataires français eux-mêmes, et, par conséquent, faisant foi, en matière d'interprétation.

Nos plénipotentiaires s'empressèrent de déférer à ce désir. Ils rédigèrent cette note, qui fut désapprouvée, quelques mois après, par M. de Freycinet. Elle était adressée, sous forme de lettre, au général Digby Willoughby, lequel agissant en qualité d'envoyé extraordinaire et de ministre plénipotentiaire de Sa Majesté Malgache, avait, au nom de la reine, provoqué cette explication.

En échange de cette note explicative, le général Digby Willoughby remit à nos plénipotentiaires une contre-lettre, qu'il présenta à MM. Miot et Patrimonio comme l'équivalent de la leur, en ayant soin de faire ressortir que ces deux documents, se complétant l'un par l'autre, constituaient ensemble une sorte de convention secrète devant servir de corollaire à l'interprétation du traité.

Le piège était habilement tendu. Nous nous y étions laissé prendre, avec une naïveté qui, si elle ne prouve pas en faveur de notre perspicacité, fait du moins honneur à notre bonne foi.

Que de difficultés nous ont déjà valu, et nous vaudront encore, croyons-nous, dans la suite, ces échanges de notes explicatives !

Rainilaiarivony n'ignore pas que les écrits restent, tandis que les mots s'envolent (*verba volant, scripta manent*).

Armé de cette lettre, il s'en tint à son esprit et persista à la déclarer valable, en la qualifiant d'annexe au traité. « Vos plénipotentiaires ont-ils, oui ou non, apposé leur signature au bas de la note explicative que leur a fait demander ma souveraine, comme au bas du traité lui-même? dit-il dans une de ses dépêches à M. de Freycinet, que nous mettons plus loin sous les yeux de nos lecteurs. Oui ! Donc, cette note fait foi tout aussi bien que le traité dont elle est le complément. Croyez-vous que ma souveraine eût consenti à apposer sa signature au bas d'un traité, sans être exactement renseignée sur sa portée réciproque, par une pièce justificative? Non, jamais; nous premier ministre, nous vous le déclarons, au nom de Sa Majesté, nous aurions continué la guerre, plutôt que de nous engager sans connaissance de cause. »

La nouvelle de la ratification du traité du 17 décembre avait été annoncée au peuple malgache dans un grand *kabary* tenu par la reine et le premier ministre. Le discours de la reine, lu par Rainilaiarivony, fut des plus corrects. Il ne laissait transparaître aucune arrière-pensée belliqueuse; celui du premier ministre, dicté par les mêmes sentiments de modération, était un appel à la concorde, à la soumission, mais il était empreint d'un certain malaise. Il dissimulait imparfaitement de graves préoccupations d'avenir, sous les dehors d'une bonhomie confiante. Les esprits clairvoyants y devinaient, entre les lignes, que le premier ministre sentait chanceler son inamovibilité, qu'il craignait d'avoir compromis sa popularité et redoutait surtout les manœuvres séditieuses de ses adversaires politiques. Ceux-ci, et ils étaient nombreux, pour le discréditer aux yeux de la masse, mettaient en avant l'entremise d'un étranger, le général Digby Willoughby, dans les préliminaires et la conclusion du traité de paix, l'indemnité de guerre de 10 millions de francs à payer à la France, augmentant les charges écrasantes du peuple, déjà tant éprouvé par trois années d'hostilités, l'ingérence de notre gouvernement dans les relations extérieures du royaume, la prochaine arrivée à Tananarive d'une escorte d'infanterie de marine devant servir de garde d'honneur au futur résident général français. Tous ces griefs, habilement exploités, sapaient sourdement l'autorité du premier ministre. Rainilaiarivony, flairant la fâcheuse impression produite dans l'opinion publique par ces insinuations malveillantes, trop adroit pour se disculper directement, parait le coup et le détournait par une réforme qu'il savait agréable au peuple hova. Il décrétait, dans son discours, que la durée du service militaire, jusque-là fixée à cinq ans, était, dorénavant, réduite à quatre ans, qu'il devenait obligatoire pour tous sans distinction, et que nul ne pourrait s'y soustraire, moyennant des cadeaux, suivant l'usage. Il terminait par quelques bonnes paroles : « Que chacun aime la patrie, que chacun, par ses efforts, contribue à la fortifier, afin que le royaume hova devienne bientôt un royaume puissant et indépendant, et que tout l'univers célèbre sa gloire et sa prospérité! »

Comme on a pu en juger, le traité franco-malgache définissait très vaguement les droits respectifs des deux gouvernements. Il stipulait, il est vrai, la main-mise de la France sur les relations extérieures du royaume malgache, c'est-à-dire sa tutelle exclusive et souveraine, mais en des termes si peu précis, qu'il nous attribuait un protectorat plutôt platonique qu'effectif. Certes, le nouveau régime qu'il instituait pouvait donner de bons résultats, s'il était placé sous le vigilant contrôle d'un représentant habile et respecté, mais aussi, et c'était là le revers de la médaille, il devenait pour nous une source de graves embarras, voire même de dangers sérieux, si ce représentant n'avait pas la dose nécessaire de tact et de fermeté pour se maintenir, sans défaillance, à la hauteur de ses difficiles fonctions. Il y a un proverbe qui dit : *Tant vaut l'homme, tant vaut la chose.* Ce proverbe s'applique exactement au traité franco-malgache. Un tel traité n'aurait de valeur qu'en raison directe de la valeur propre de l'homme auquel incomberait la mission de le faire exécuter, car il n'a désarmé aucune des intrigues des Anglais contre cette suzeraineté de la France, imposée, il y a deux cent quarante-quatre ans, à la grande île africaine, par Richelieu.

M. de Freycinet l'a implicitement reconnu, quand il a déclaré à la commission chargée d'examiner le traité, qu'il comptait beaucoup, pour faire triompher sa politique à Madagascar, sur « l'influence morale » de son représentant auprès de la cour d'Imérina.

La tâche était donc rude et délicate. Il fallait un administrateur qui eût le tempérament d'un soldat; qui unît à l'expérience consommée du négociateur familier avec les procédés diplomatiques des races orientales, la sûreté de vues, le sang-froid, la prudence, l'autorité du commandement, qualités inséparables du désintéressement et du mépris de la vie.

En un mot, pour donner un corps à cette ombre de traité, pour en tirer le meilleur parti possible, pour lui prêter une réalité agissante, il fallait quelqu'un qui eût fait ses preuves, qui se recommandât de lui-même par des états de services exceptionnels, qui, sûr de lui, marcherait droit au but, dans un sentier semé d'embûches et de chausses-trappes, comme un équilibriste sur la corde raide, sans se laisser distraire en chemin par les chinoiseries d'un gouvernement retors, astucieux et menteur.

Un homme se présentait, peut-être en ce moment unique en son genre, qui réunissait, au plus haut degré, cet ensemble de qualités indispensables. C'était M. Le Myre de Vilers.

Ancien gouverneur de la Cochinchine, il avait fourni dans la marine, avant d'entrer dans l'administration, une carrière des plus brillantes. Il avait autant d'ambition que de patriotisme, mettant toujours l'une au service de l'autre, une intelligence d'élite, un esprit aventureux. C'était un de ces hommes à vues larges et hardies, qui peuvent beaucoup pour le gouvernement qui les emploie, qui, susceptibles de se laisser entraîner très loin par les écarts de leur tempérament, savent néanmoins, à force de volonté, réfrigérer l'exubérance de leurs ardeurs généreuses. Depuis longtemps, il avait mis un mors aux fougues du marin qu'il fut jadis. Ses preuves, comme administrateur, il les avait faites, lors de son gouvernement en Cochinchine, en réprimant l'insurrection de Bac-Lien.

Un tel homme était tout désigné, par ses antécédents, pour les nouvelles fonctions que venait de créer le traité conclu avec Madagascar. M. de Freycinet n'hésita pas. Il vint à lui, parce qu'il ne pouvait aller à un autre, impérieusement attiré par la puissance d'une capacité vraie, indiscutable, qui s'impose, en dépit des préférences politiques.

M. Le Myre de Vilers accepta la mission qu'on attendait de son dévouement. Elle était de celles qu'il ne pouvait décliner, étant, plus que tout autre, apte à l'accomplir. Il l'accepta simplement, sans récrimination contre le passé, estimant à honneur de servir utilement son pays. Et, de sa part, c'était une grande marque de courage, de confiance en son étoile, car il savait qu'avec les vingt-cinq ou trente soldats d'infanterie de marine composant sa garde d'honneur, il serait à la discrétion, pour ne pas dire à la merci des Hovas. Dans ces conditions, il n'aurait qu'à compter sur la loyauté de ce peuple, si sujette à caution, et sur cette précaire « *influence morale* », que M. de Freycinet espérait lui voir acquérir, à bref délai. C'était peu ; mais encore, pour acclimater cette influence morale qui devait lui donner les moyens d'asseoir sur des bases solides le régime du protectorat, aurait-il affaire à des diplomates très fins, très rusés, rompus à toutes les roueries d'une politique sans scrupules, assez mal disposés à notre égard, qui ne manqueraient pas de lui tendre des pièges, dès qu'il entrerait en relations avec eux. Non seulement il aurait à lutter pied à pied contre le mauvais vouloir du premier ministre, mais encore à se tenir sur la défensive contre les intrigues des missionnaires anglais.

Nous avons dit, plus haut, que le résident général à Madagascar devait être un administrateur doublé d'un soldat. Soldat, M. Le Myre de Vilers l'est resté, malgré tout, bien que des considérations de famille l'aient obligé à renoncer à la marine. De sa carrière de prédilection, où, n'étant que simple enseigne, il a débuté par une action d'éclat qui lui valut la croix de la Légion d'honneur, il a conservé les goûts et les habitudes.

Avant de gagner son poste, le résident général eut une longue entrevue avec M. de Freycinet, dans laquelle notre ministre des affaires étrangères lui traça nettement la ligne de conduite qu'il aurait à suivre, et appela particulièrement son attention sur divers points du traité qui restaient à élucider, tout en laissant le champ libre à son initiative.

Muni des instructions de son supérieur hiérarchique, M. le Myre de Vilers s'embarqua à Marseille, et, le 29 avril 1886, après dix-huit jours de traversée, il débarquait à Tamatave.

En chemin, il s'était arrêté à Diégo-Suarez, pour étudier la question de la délimitation de nos territoires.

A Tamatave, notre marine, nos colons et même les indigènes lui firent un accueil très cordial.

Le 4 mai suivant, il quittait Tamatave, en compagnie du personnel de sa résidence, et, le 13, arrivait en vue de Tananarive, fatigué par un voyage des plus pénibles. La montée de la côte à la capitale, déjà très dure par elle-même, s'était effectuée dans les plus mauvaises conditions climatériques. Une pluie torrentielle n'avait cessé de tomber, noyant la pauvre mission sous un véritable déluge, l'embourbant dans des marais sans issue. En revanche, pour racheter cette inclémence des éléments, le résident général avait été l'objet des démonstrations les plus sympathiques, de la part des peuplades accourues sur son

M. Le Myre de Vilers.

passage. Dès que le gouvernement hova eut connaissance de l'approche de la légation française, il s'empressa d'envoyer à sa rencontre une députation d'officiers du palais, pour lui souhaiter la bienvenue. La légation se reposa, une journée, à Andreivoro, village situé à quelques kilomètres de Tananarive, où s'arrêtent les étrangers de distinction, avant d'entrer dans la capitale. Le lendemain, 14 mai, une députation plus nombreuse, ayant à sa tête le prince Radiaky, fils du premier ministre, et composée de grands dignitaires revêtus d'uniformes éclatants, tous plus chamarrés les uns que les autres, rappelant, mélangés dans une singulière macédoine, les uniformes adoptés par les diverses nations européennes : habits rouges des généraux anglais, tuniques vertes de l'armée russe, dolmans blancs de la cavalerie autrichienne, redingotes noires, brodées d'or, de la marine française, venait la chercher pour l'introduire solennellement dans la capitale. Elle y fit son entrée, précédée d'un cortège imposant. Une compagnie de cent soldats hovas, armés de remingtons, ouvrait la marche. A leur suite, venaient les vingt-cinq instrumentistes de la musique royale; puis une deuxième compagnie de soldats; puis le porte-étendard de la reine, bizarrement accoutré d'un justaucorps vert, d'un pantalon de même nuance, à bande rouge, et d'un shako monumental. Derrière lui, constellés de broderies et coiffés de chapeaux à plumes de toutes couleurs, s'avançaient vingt-cinq *honneurs*, montés sur de superbes coursiers venus d'Afrique à grands frais. Le quinzième *honneur* Radiaky fermait la marche, suivi de deux pages de Sa Majesté, habillés l'un en Mameluck, l'autre en Persan; puis, à distance respectueuse, d'un peloton de soldats, alignés sur deux rangs, des officiers hovas qui avaient accompagné le résident général dans son voyage, portés sur des fitacons, et du personnel de la mission. M. Le Myre de Vilers venait le dernier. C'est à Madagascar, en matière de préséance, la place d'honneur, réservée au personnage le plus important. L'étiquette l'assigne à la reine, à la suite de sa cour, quand elle daigne, de son auguste présence, honorer une cérémonie publique.

Ce cortège baroque, mais néanmoins pittoresque, faisait plutôt l'effet, par la variété extravagante de ses costumes et le clinquant exagéré qui les rehaussait, d'un grotesque défilé d'opéra-bouffe, que d'une députation officielle, en grande tenue.

Il s'arrêta sur une éminence, d'où l'on aperçoit la ville. Là, tout le monde mit pied à terre, et se tourna vers le palais de la reine, comme les musulmans, pour faire leurs prières, se tournent vers le soleil levant. Les troupes présentèrent les armes, les officiers saluèrent avec leur sabre, et la musique joua, successivement, l'air de la reine, la Marseillaise et l'air du premier ministre. Et l'on repartit, dans le même ordre, pour ne s'arrêter, définitivement, que sur la place du palais, d'où le résident général fut conduit à sa demeure.

Le 17 mai, M. Le Myre de Vilers, reçu en audience solennelle, dans la grande salle des fêtes du palais royal, remettait à Sa Majesté ses lettres de créance, en présence de tous les dignitaires de la cour. Ranavalona III était assise sur son trône, ayant à sa droite le premier ministre, son époux, qui, pour la circonstance, avait endossé son plus bel uniforme. M. Le Myre de Vilers fit un discours rempli des meilleurs sentiments, auquel Rainilaiarivony répondit en excellents termes, au nom de sa souveraine.

Le 18 mai, le résident général fit sa visite officielle au premier ministre. Celui-ci la lui rendit, le lendemain, non pas en uniforme resplendissant de broderies d'or, mais en habit noir. Il avait remarqué que ce vêtement était la tenue du résident général, et, supposant, d'après cet exemple donné par un homme d'une aussi haute distinction que M. Le Myre de Villers, que le frac, dans son élégante simplicité, est la toilette de cérémonie la plus en faveur chez les peuples occidentaux, il n'avait pas voulu rester en arrière de bon ton vis-à-vis de notre représentant; il avait cru faire à la fois preuve de tact et de goût, en conformant sa mise à la sienne. Avouons que, pour un premier pas fait dans la civilisation raffinée, il avait été bien inspiré.

Le soir du même jour, un grand banquet, présidé par le ministre des affaires étrangères, clôturait la cérémonie des fêtes de circonstance. Pendant ce repas, on but à l'union éternelle de Madagascar à la France, à la santé du président de la République, de la reine Ranavalona III et du premier ministre, son époux, du ministre des affaires étrangères, des dames de la cour, etc., etc.

Dès son entrée en fonctions, M. Le Myre de Vilers avait adopté une ligne de conduite prudente, s'attachant surtout à entretenir des relations amicales avec les Européens de toutes nationalités, et à rester étranger aux compétitions des diverses sectes chrétiennes, tout en témoignant une bienveillance particulière à la mission catholique qui représentait l'élément français.

Le 23 juin, le *Nielly*, ayant à son bord Rainizanamanga, un des fils du premier ministre, qui était allé visiter tous les points occupés par nos troupes, tant sur la côte est que sur la côte ouest, rentrait prendre son mouillage, à Tamatave.

Le 29, la *Seudre* ramenait dans ce port les quelques hommes que nous avions laissés à Vohémar, de sorte que l'évacuation stipulée par le traité du 17 décembre 1885 se trouvait, maintenant, un fait accompli.

Vers la fin du même mois, notre consul à Maurice, M. Drouin, arrivait à Tananarive. Il était chargé par le gouvernement français de préparer les travaux de la commission de répartition des indemnités, et venait s'entendre, à ce sujet, avec M. Le Myre de Vilers.

Ici, se place un incident qui eût pu tourner mal, mais qui, fort heureusement, n'eut pas de suites.

A l'occasion de la prise de possession de son poste, notre résident général, comme c'est l'usage chez les ambassadeurs nouvellement accrédités auprès d'une puissance, avait donné un grand dîner suivi de soirée, auquel étaient conviées les notabilités les plus marquantes. Le banquet terminé, la foule des invités s'était répandue dans les jardins de la résidence, illuminés *a giorno*. La fête de nuit s'annonçait très brillante et très animée. Tout à coup, une bande de soldats hovas en goguette, conduite par Mariavelo, ministre de la guerre, fils préféré de Rainilaiarivony, fit irruption dans les jardins et enleva les musiciens engagés, pour la fête, par M. Le Myre de Villers.

Le fait, comique en lui-même, eût pu être considéré comme une farce anodine, s'il ne se fût passé chez le ministre résident de France. Mais, s'accomplissant chez M. Le Myre de Vilers, au beau milieu d'une réception officielle, il prenait un caractère plus grave. Sous une apparence inoffensive, il devenait une atteinte à la dignité de la France, en la personne de son représentant.

Le lendemain, le résident général porta plainte au premier ministre et exigea réparation. Rainilaiarivony, retenu chez lui, la veille, n'avait pu assister à la fête. Il se montra très surpris et visiblement contrarié de ce fâcheux incident, auquel il était complètement étranger, et s'empressa, séance tenante, de présenter toutes ses excuses à M. Le Myre de Vilers, en y joignant l'expression de ses regrets. De plus, faisant droit à ses légitimes exigences, il promit de sévir contre les auteurs de cette mauvaise plaisanterie. Et il tint parole. Par son ordre, les soldats reconnus coupables furent sévèrement punis, et Mariavelo, leur instigateur, fut mis aux arrêts.

Rainilaiarivony n'a vraiment pas de chance avec sa nombreuse famille. Ses fils, ses petits-fils, ses gendres, ses neveux, ses parents et alliés à tous les titres, qu'il a pourvus des plus hautes fonctions dans l'État, qu'il a dotés des plus grasses sinécures, non seulement ne lui savent aucun gré des faveurs dont il les a comblés, mais encore s'ingénient à le discréditer.

Il a, dit-on, dans son neveu, Ravoninahitriniarivo, le ministre des affaires étrangères, le même qui, en 1882, a été envoyé à Paris, à la tête de l'ambassade malgache, pour traiter avec M. Duclerc, un rival affamé du pouvoir, friand de popularité. Celui-là, contrairement au reste de la famille, a su mettre une partie du peuple de son côté. Par ce fait, c'est le plus redoutable adversaire du premier ministre, celui qui, un jour, pourrait bien le supplanter. Mais, Ravoninahitriniarivo a beau être acclamé sur son passage, lorsqu'il parcourt les rues de Tananarive, il a beau recruter ses partisans jusque dans le camp des Vazaha (blancs), il a beau faire de la propagande sous le « lamba », jamais il ne vaudra son oncle Rainilaiarivony. Il y a entre eux deux la différence d'un homme d'État à un mauvais sous-chef de bureau (1).

(1) Ravoninahitriniarivo a, depuis, été condamné à vingt années de fers, peine commuée en bannissement perpétuel (v. p. 168).

La période d'observation réciproque, entre le résident général et le gouvernement hova, menaçait de se prolonger indéfiniment, si une première dérogation aux clauses du traité n'eût fourni à M. Le Myre de Vilers l'occasion de la rompre.

Un certain M. Abraham Kingdon était arrivé à Tananarive, au commencement de juin, chargé d'une mission importante auprès du premier ministre, par un syndicat de capitalistes londoniens. Aux termes d'un contrat qu'il soumettait à l'approbation de Rainilaiarivony, il lui offrait une vingtaine de millions, dont celui-ci avait besoin pour faire face à l'indemnité de guerre réclamée par la France. En échange de cette somme, Rainilaiarivony s'engageait, de son côté, à concéder à la Société dont M. Kingdon était le mandataire la perception des droits de douane, le monopole de l'exploitation des mines et de la frappe de la monnaie, et la création d'une banque d'État.

Rainilaiarivony souscrivit à ces conditions. En vertu de ce contrat, il accorda, sur-le-champ, à MM. Ross et Mac Lean, l'autorisation de fonder une banque d'État malgache, au capital de 30 millions de francs. Cette banque émettrait des billets au cours forcé, revêtus du timbre de l'État; elle aurait son siège central à Tananarive, et des succursales sur divers points de la côte.

Quand on saura que M. Ab. Kingdon est un des principaux agents de la *London missionnary Society*, et que M. Mac Lean en est un des directeurs, on se rendra compte, en se rappelant les efforts constants de cette association britannique pour faire échec à notre influence à Madagascar, du préjudice énorme qu'un pareil contrat était capable de porter aux intérêts français.

Pendant que l'emprunt Kingdon se négociait à Tananarive, Willoughby, ce Hova d'occasion, était en Angleterre, où il essayait, lui aussi, marchant sur les brisées de la *London missionary Society*, de contracter un emprunt pour sa nouvelle patrie.

Dans ce but, il faisait conférences sur conférences, au *Royal United service institution*, assisté des évêques méthodistes de Madagascar et de Maurice; il exhibait, afin d'amorcer les souscripteurs, des échantillons d'or malgache, extraits des mines du premier ministre.

Tout cela eût été très normal, si le gouvernement hova eût été libre d'engager ses revenus, pour garantir un emprunt. Mais il oubliait, avec la désinvolture qui lui est coutumière, qu'en vertu du traité du 17 décembre 1885, qui plaçait Madagascar sous notre protectorat, les relations extérieures du royaume étaient soumises au contrôle de notre ministre-résident, et que, par ce fait, toute concession ou aliénation, au profit d'étrangers, ne pouvait être valablement consentie, sans l'assentiment de ce dernier. Or, cette opération était du ressort des relations extérieures; et si le gouvernement hova se figurait qu'il pouvait impunément faire un accroc au traité, sans éveiller la vigilance de M. Le Myre de Vilers, il se trompait. Notre résident général n'était pas homme à se laisser berner; il était trop à cheval sur sa consigne, pour tolérer la moindre dérogation à des conventions qu'il était de son rôle et de son devoir de faire respecter, dans toute leur intégrité. Du moment qu'on touchait au traité, il entrait dans ses attributions d'intervenir et de protester. Aussi, désirant obtenir une explication du premier ministre, il lui demanda une entrevue, que celui-ci fixa au 31 août.

Nous n'avons pas besoin de relater les détails de cette

conférence. Rainilaiarivony nous évite cette peine, en se chargeant, lui-même, de reproduire, mot pour

Ravoninahitriniarivo, ancien ministre des affaires étrangères hova, banni pour vingt années.

mot, son entretien avec M. Le Myre de Vilers, dans

la lettre suivante, adressée, peu après, à M. de Freycinet.

« ANTANANARIVO.

« A Son Excellence M. de Freycinet, ministre des affaires étrangères, Président du Conseil, à Paris.

« Votre Excellence,

« J'ai l'honneur de porter à votre connaissance les faits authentiques suivants, concernant les relations qui existent entre nous et M. le Myre de Vilers, votre envoyé. Le 31 août dernier, Son Excellence M. Le Myre de Vilers a eu une entrevue avec moi, et voici en résumé ce qu'il m'a dit :

« *Premièrement.* — La publicité donnée à la lettre explicative concernant le traité du 17 décembre 1885, écrite par les plénipotentiaires, l'amiral Miot et M. Patrimonio, n'a plus actuellement aucune valeur; elle est, en conséquence, considérée par le gouvernement français comme nulle et non avenue.

« *Secondement.* — L'emprunt contracté par nous avec une maison de banque, afin de payer l'indemnité, n'est pas accepté par la France, et même dans le cas où quelqu'un serait assez mal avisé pour vouloir bien avancer de l'argent, dans le cas aussi où nous serions disposés à employer cet argent pour payer l'indemnité, son gouvernement ne l'accepterait pas. Tamatave ne sera pas, par suite, évacuée, et les Français recevront l'ordre de ne pas payer les droits de douane aux agents d'une banque anglaise.

« *Troisièmement.* — En ce qui regarde le territoire entourant la baie de Diégo-Suarez, il dit que la limite maxima qu'il pourrait demander est la chaîne de montagnes qui enferme la baie, et, comme argument, il fit usage des termes mêmes du traité « d'installations qui pussent lui convenir dans la baie », et qu'il ne voulait pas consentir à accepter le mille et demi proposé, alors que ce qu'il réclame, c'est une étendue d'environ huit milles, au sud.

« *Quatrièmement.* — Quant à la mission du général Digby Willoughby en Europe, il dit qu'il n'y avait pas de raison pour motiver une pareille mission, et cela, en vertu de l'article premier du traité. Il me dit, ensuite, que le général

Willoughby devrait être rappelé, ou bien qu'on devrait lui retirer ses pouvoirs.

« Je répondis alors :

« *Premièrement.* — Que les négociations du traité, qui avaient été déclarées sujettes à ratification, avaient eu lieu à Tamatave et que, à l'occasion du voyage que fit notre ministre plénipotentiaire à la capitale pour me soumettre ce traité, je lui avais fait observer que certaines clauses dudit traité étaient trop complexes, qu'il était nécessaire de les expliquer, sans quoi elles ne sauraient être acceptées. Je rédigeai alors une note explicative, que j'envoyai à notre plénipotentiaire, à Tamatave, en lui recommandant formellement que s'il n'obtenait pas une lettre explicative de cette nature, nous n'accepterions jamais le traité. Les plénipotentiaires français acceptèrent et firent parvenir une lettre au général Willoughby, lettre que nous appelons « annexe au traité ». Le seul fait de l'envoi de cette lettre décida mon gouvernement à accepter le traité et à le faire ratifier par Sa Majesté la reine de Madagascar.

« Je lui déclarai, en outre, que, à notre sens, le traité et la lettre avaient une valeur égale.

« En conséquence, je lui dis que s'il désapprouvait ce que le plénipotentiaire avait fait, nous devrions savoir à qui recourir, au sujet des questions que nous traitions avec lui.

« *Secondement.* — Au sujet de l'opposition qu'il fait à l'emprunt et à l'établissement d'une banque anglaise, je lui fis observer que nous avions le droit de nous livrer à des entreprises commerciales de ce genre, et que rien dans le traité ne nous en empêchait.

« Pour preuve, je lui citai votre dépêche du 27 décembre 1885, adressée aux ambassadeurs français, près les différentes cours de l'Europe, par laquelle vous les informiez que le traité n'avait rien à voir dans les intérêts particuliers.

« *Troisièmement.* — Au sujet de la délimination de la baie Diégo-Suarez, je lui dis que la limite revendiquée par lui dépassait de beaucoup celle dont il était question dans la lettre explicative, et que vos plénipotentiaires reconnaissent comme plus que suffisante, pour les établissements à faire dans la baie.

« Il reprit alors ses arguments tendant à annuler « l'annexe », à quoi je répondis que, si son intention, en demandant une limite plus grande que celle indiquée, était d'annuler l'annexe au traité, jamais je ne consentirais, et j'ajoutai que, dans le cas contraire, quand bien même la limite serait un peu plus grande que celle indiquée, si c'était une erreur de rédaction, je consentirais.

« *Quatrièmement.* — Au sujet de la demande faite par lui du rappel du général Willoughby, ou du retrait des pouvoirs de ce général, je lui exposai clairement comme quoi la mission du général avait un caractère non pas politique, mais principalement amical, en même temps qu'elle avait pour but de prouver au gouvernement français notre sincère désir de maintenir les relations amicales qui existent actuellement entre les deux nations.

« Il me notifia aussi son intention de prendre lui-même en main la direction des affaires étrangères et de relever de leurs fonctions nos consuls à Londres et à Maurice, parce que c'était lui qui devait avoir la haute main sur toutes nos affaires étrangères.

« Je lui répondis que, en ce qui regardait les questions politiques, c'était la France qui représenterait Madagascar à l'étranger; quant au reste, nous nous réservions le droit de traiter avec les puissances étrangères. Quant à nos consuls, je ne vois pas pourquoi ils devraient être relevés de leurs fonctions. S'ils rencontrent quelques questions politiques, il est de leur devoir de vous en référer.

« Je lui fis aussi remarquer que le traité récemment conclu entre Madagascar et la France n'apportait aucun changement dans les traités conclus par nous avec les autres puissances. A l'appui de ce fait, je citai la dépêche adressée par vous, le 27 décembre 1885, aux ambassadeurs de France en Europe et en Amérique.

« Tels sont, Votre Excellence, les mots prononcés par le ministre plénipotentiaire résident général, nommé par vous à notre cour, pour être le gage d'une solide amitié. Ses mots nous ont grandement surpris, et je suis convaincu qu'ils causeront la même surprise à tout le monde, si on les compare aux paroles prononcées par les deux plénipotentiaires précédents, M. Patrimonio et l'amiral Miot, qui ont négocié le traité de paix à Madagascar, vers la fin de l'année 1885.

« Vous n'êtes pas sans savoir, Votre Excellence, que ce traité a été négocié, à Tamatave, par vos deux envoyés et le général Willoughby, l'envoyé de ma souveraine.

« Notre plénipotentiaire est ensuite retourné à la capitale, pour me soumettre le traité, et je lui fis alors remarquer que les privilèges accordés à la France, aux termes du traité, étaient trop complexes.

« Je rédigeai alors un autre traité, auquel j'apportai bien des restrictions, et que j'envoyai à Tamatave. Vos plénipotentiaires ont donné leur adhésion à ce nouveau traité, et nous envoyèrent une lettre que nous appelons « annexe au traité ».

« C'est cette lettre que S. M. la reine de Madagascar et son gouvernement ont considérée comme l'explication et la réduction du traité.

« Cette lettre n'a pas été donnée, et j'insiste sur ce fait auprès de Votre Excellence, dans le but, ni de tromper, ni d'être tenue secrète; elle a été écrite de bonne foi et pour être publiée.

« — A leur arrivée à la capitale pour recevoir la ratification du traité par la reine de Madagascar, M. Patrimonio et l'amiral Miot ont été interrogés par moi, deux ou trois fois en ces termes :

« Admettez-vous que cette annexe soit l'explication du traité? Car, sans cela, ajoutais-je, Sa Majesté la reine ne consentirait pas et n'accorderait certainement pas satisfaction.

« Leur réponse affirmative vint corroborer ce que notre plénipotentiaire avait précédemment dit, à ce sujet.

« Néanmoins, pour détruire toute ombre de doute, je leur demandai une nouvelle déclaration formelle, dans un post-scriptum ajouté au traité, qui nous permît de conclure tel traité de commerce qu'il nous semblerait bon.

« En fait, votre Excellence, la lettre définissant le traité qu'ils nous ont délivré portait bien leur signature, aussi bien que le traité lui-même.

« En réalité, ce fut le reçu de cette annexe au traité qui a décidé la reine de Madagascar à ratifier le traité et, sans lui, Sa Majeté n'aurait certainement pas donné sa signature.

« De plus, Votre Excellence, je dois mentionner un autre traité, portant ma signature et celle de notre plénipotentiaire, que nous leur avons donné, à titre de satisfaction et pour chasser leurs doutes.

« J'ai l'honneur de vous adresser ci-inclus une traduction de ce traité.

« Ce traité secret montrera clairement à Votre Excellence et au monde de quelles dispositions nous étions animés, lorsque avons élaboré le traité en question, tandis que l'un de vos envoyés nous écrit en ces termes :

« Le gouvernement français n'approuve pas l'annexe au traité, » et même il ajoute des mots calomniateurs, me traitant de fourbe. Si jamais quelqu'un a usé de fourberie envers la France, on le trouvera plutôt de votre côté que du nôtre.

« Nous, Malgaches, nous ne nous considérons pas comme faisant partie des grandes nations de l'Europe, qui se vantent de propager la civilisation par tout l'univers, mais nous savons, néanmoins, qu'il est infamant de désavouer sciemment des engagements contractés de bonne foi. Car, s'il en était autrement, aucune confiance mutuelle ne serait possible; et comment pourrions-nous avancer dans la voie du progrès et de la civilisation, si nous avions constamment à nous méfier de la conduite de vos envoyés, à notre égard?

« Tel est, Votre Excellence, l'exposé exact de la question. J'espère que vous le prendrez en considération, car ce sera avec un profond regret que mon gouvernement verrait la rupture des relations dont nous souhaitons ardemment la continuation, afin que nous puissions librement avancer dans la voie du progrès et de la civilisation, pour le plus grand bonheur des deux pays, le jour où le manque d'informations véridiques ferait cesser ces relations.

« Confiant dans l'espoir que Dieu vous maintiendra sous sa garde,

« J'ai l'honneur d'être l'ami de Votre Excellence,

« RAINILAIARIVONY,

« Premier ministre. »

Tout commentaire, au sujet de cette lettre, serait superflu. Un tel échantillon dépeint l'homme par lui-même, mieux qu'une étude approfondie du personnage, et nous démontre, par la prodigieuse élasticité de son argumentation, à quel profond diplomate, à quel esprit supérieur nous avons affaire.

Mais, quelque subtiles, quelque spécieuses que fussent les réponses de Rainilaiarivony à M. Le Myre de Vilers, elles étaient faites pour engluer tout autre que notre résident général.

Celui-ci, refusant de suivre le premier ministre sur le terrain d'une discussion sans issue, lui déclara nettement que s'il ne résiliait pas le contrat passé indûment avec M. Ab. Kingdon, il était fermement résolu à agir dans toute l'étendue de ses moyens.

Ce que voyant, Rainilaiarivony changea d'attitude, et, par une volte-face instantanée, M. Le Myre de Vilers devint aussitôt l'objet des prévenances de toute la cour, qui ne lui ménageait ni les honneurs ni les légumes. Car il est d'usage, à Madagascar, qu'au lieu de s'offrir des fleurs, dans certaines occasions, on se comble de patates, de choux, de carottes, de navets et autres produits alimentaires. Quand la reine se montre prodigue de ces denrées envers un de ses favoris, c'est la marque non équivoque de la plus haute faveur.

M. Le Myre de Vilers, croyant de sa dignité de ne pas s'amoindrir par de nouvelles représentations, voulant donner au gouvernement hova le temps de la réflexion, avait jugé opportun de s'absenter pour quelques jours. Il était parti à la chasse, dans l'intérieur, en compagnie de son secrétaire. Dès qu'à Tananarive on apprit la nouvelle de ce départ précipité, ce fut une panique. On s'imagina que le résident général avait abandonné son poste; on craignit une rupture avec la France. Aussi, quand il rentra dans la capitale, l'accueillit-on avec la plus vive satisfaction, presque avec soulagement. Dans l'intervalle, convaincue qu'il ne céderait pas, la cour d'Emyrne s'était ravisée. Le premier ministre, sous le prétexte de le saluer, à son retour, fit auprès de lui une démarche personnelle et lui proposa de trancher le différend, en concédant l'emprunt à une maison de banque française. Il fit plus, il le pria de demander, d'urgence, à son gouvernement, le personnel et le matériel nécessaires à la construction d'une ligne télégraphique, de Tamatave à Tananarive.

Naturellement, M. Le Myre de Vilers accepta ces deux propositions et promit d'y donner suite. Elles étaient conformes à l'esprit du traité du 17 décembre.

Nous verrons, plus loin, dans quelles conditions fut contracté l'emprunt. Quant au personnel et au matériel de la ligne télégraphique, ils furent expédiés de Marseille, le 20 octobre 1886, par le *Yarra* (1).

Enfin, Rainilaiarivony, désireux de donner à la France des gages de sa bonne volonté, d'en finir avec toutes les questions pendantes, envoya un de ses nombreux fils, Rainizanamanga, à Diégo-Suarez, en compagnie de M. le lieutenant de vaisseau Buchard, afin de tracer, contradictoirement avec lui, les lignes de la future délimitation.

En même temps, d'accord avec M. Le Myre de Vilers, il cédait à M. Maigrot, consul d'Italie, une large bande de terrain, tout le long de la côte est, à l'effet de relier par un chemin de fer les points importants du littoral, situés entre Fénérive au nord et Matinanana au sud, à la condition expresse et *sine qua non* que la construction et l'exploitation de cette ligne fussent entreprises et dirigées par une compagnie française.

(1) Le télégraphe de Tamatave à Tananarive a été inauguré, le 15 septembre 1887, v. Postes et télégraphe, ch. VI.

Ce monopole sera-t-il suivi de réalisation? Nous croyons que cette condition *sine qua non* retardera tout au moins l'exécution des travaux, car elle n'entre pas dans les vues de M. Maigrot. M. Maigrot, dont il est difficile de préciser la nationalité, a le titre du consul général d'Italie à Madagascar, bien qu'il n'y ait qu'un Italien dans ce pays; il a manqué de la déférence la plus élémentaire envers M. Le Myre de Vilers, en voulant se dispenser de lui demander l'exéquatur, imitant en cela l'exemple du consul Haggard. De plus, M. Maigrot, après avoir vanté les bienfaits de la France à Madagascar, dans une brochure, s'est tout à coup tourné contre elle, oubliant que son père appartenait à cette puissance.

Rainilaiarivony, suivant, à cette heure, un autre courant de sentiments, était en veine de concessions vis-à-vis de nous. Subissant toujours l'heureuse influence de M. Le Myre de Vilers, devenu pour lui l'homme du moment, il accorda encore à M. Suberbie, commerçant français, établi depuis longtemps à Madagascar, le privilège exclusif d'installer des quais à Tamatave, à Fénérive et à Majunga et d'établir des phares sur toute la côte est. Cette concession lui est faite pour cinquante années ; à l'expiration de ce délai, les travaux opérés par M. Suberbie resteront la propriété du gouvernement hova. Mais, le concessionnaire, pour s'indemniser de ses débours, jouira, pendant cette période, de la faculté de prélever certains droits de péage sur les navires qui profiteront de l'accès des ports concédés.

Ces travaux, menés à bonne fin, seront l'aube d'une ère nouvelle pour Madagascar. Ils introduiront au cœur de la grande île la vraie civilisation, dont elle ne connait encore que les petits côtés.

Par suite de ces diverses combinaisons, intervenues entre le premier ministre et le résident général, M. A. Kingdon se trouvait donc évincé. De son emprunt, il ne subsistait plus que le souvenir d'une opération mort-née. Mais, M. A. Kingdon est un homme d'expédients. Pour battu qu'il était, il n'a pas abandonné la place, comptant peut-être, un jour, utiliser des circonstances plus propices aux intérêts dont il est le mandataire. Pour le moment, il se raccroche aux bénéfices qu'il espère tirer d'un important comptoir qu'il vient de fonder là-bas, avec le concours du même syndicat londonien qui faisait les fonds de l'emprunt. C'est là sa fiche de consolation ! Si nous sommes bien avisés, nous ne perdrons pas de vue la menace latente qui couve sous cette apparente résignation.

Les difficultés étant aplanies, du moins jusqu'à nouveau conflit, — on ne peut répondre de rien avec des êtres aussi versatiles que les Hovas — les relations entre le premier ministre et le résident général avaient repris leur caractère amical. Nous autres, toujours trop prompts à oublier le passé, pour ne considérer que l'heure présente, sans jamais nous méfier de l'avenir, nous poussions l'extrême bienveillance, à l'égard du gouvernement d'Emyrne, jusqu'à transporter sur nos navires de guerre les troupes de la reine dans leurs garnisons de Vohémar et d'Ambohimanga (Diégo-Suarez).

Si nous nous fussions contentés de faire servir nos vaisseaux au transport des troupes hovas, ce n'eût été qu'un pas de clerc, dont n'eût pas souffert notre patriotisme, mais où cette condescendance se complique d'une faiblesse coupable, c'est en ce fait révoltant que « le Nielly », en embarquant ces troupes, avait pris à son bord le colonel anglais Shervington, pour le conduire avec elles à Diégo-Suarez. Or, ce colonel, le lieutenant de Willoughby, au service, lui aussi, du gouvernement d'Emyrne, a fait couper la tête, pendant la dernière guerre, à deux de nos soldats tués dans un combat, et a envoyé ces têtes en triomphe à Tananarive, faisant passer l'une d'elles pour celle du commandant Pennequin. Et maintenant, il prenait effrontément passage sur un de nos vaisseaux, pour prendre livraison, à Diégo-Suarez, d'une cargaison de fusils, destinés à l'armement des troupes hovas que nous transportions avec lui!

De notre part, cet étrange procédé est tellement naïf, qu'il cesse d'être odieux.

En dépit de cet accord apparent, la situation à Tananarive s'était un peu tendue de nouveau, et était vite redevenue inextricable. Les concessions accordées, la veille, étaient retirées, le lendemain. Notre résident, qui avait droit à une escorte de trente-cinq soldats d'infanterie de marine, avait vu, peu à peu, par des procédés inqualifiables, cette escorte réduite des deux tiers. Il en était arrivé à n'avoir plus que dix ou douze hommes pour le protéger.

Quoi qu'il en fût, M. Le Myre de Vilers poursuivait, sans se laisser déconcerter par ces mesquines tracasseries, l'aride exécution du programme qu'il s'était tracé.

Cependant, aucune clause du traité n'était encore positivement observée. Les choses restaient à l'état latent, et les relations semblaient de nouveau suspendues entre le premier ministre et le résident général. Que s'était-il donc passé? Un incident était survenu, qui avait provoqué un revirement dans la ligne de conduite de Rainilaiarivony, au moment même où, subjugué par l'attitude à la fois énergique, ferme et modérée de M. Le Myre de Vilers, il s'était engagé à céder sur les principaux points qui nous divisaient. La *London missionnary society* lui avait fait parvenir la nouvelle stupéfiante que Willoughby avait été reçu par M. Waddington, notre ambassadeur à Londres, puis au quai d'Orsay, avec les plus grands egards, par M. de Freycinet. A dessein, elle omettait d'ajouter que le général hova n'avait obtenu cette audience, qu'à titre de simple particulier. Une semblable faiblesse, surtout de la part de notre ministre des affaires étrangères, envers un personnage qui, dépourvu de tout caractère officiel, n'avait, dès lors, aucun droit à un accueil sympathique, et, pour bien des raisons, méritait plutôt d'être éconduit, était de nature à éveiller les commentaires et à retourner contre nous l'impression produite par les lettres de Willoughby, qui interprétait tout à son avantage l'entrevue que lui avait si maladroitement accordée M. de Freycinet. Voilà pourquoi Rainilaiarivony avait fait encore une fois volte-face, et nous opposait des *non volumus* et des *non possumus*, plus absolus que jamais.

Ce qui est plus grave, c'est qu'à Tananarive l'opinion publique qui nous semblait favorable, à la suite des derniers événements, avait subi le contre-coup de ce revirement. Il avait suffi, pour opérer ce changement à vue, d'un article publié par les R. R. Indépendants dans le *Madagascar Times :*

« Refusez tout et patientez, disaient-ils, voyez, la France lâche pied. Demain, au ministère actuel en succédera un autre, qui renoncera à Madagascar. »

Cet incident avait paralysé, annihilé les efforts de M. Le Myre de Vilers. Tout était à recommencer.

Convaincus qu'ils n'avaient plus à nous ménager,

les Hovas ne gardaient plus aucune mesure. L'ère de la persécution était rouverte, nos nationaux ne pouvaient obtenir de rentrer dans leurs propriétés, qu'en signant un acte par lequel ils reconnaissaient qu'elles appartenaient à la reine, et qu'ils étaient prêts à les abandonner sur son ordre. Lorsqu'un traitant, expulsé lors de la dernière guerre, se présentait pour reprendre possession de ses biens, il voyait surgir devant lui un officier hova, qui, tranquillement, lui déclarait, en ces termes, qu'il n'avait plus rien à lui : « N'aurez-vous pas votre part des 10 millions exigés de nous par la France ? Au moyen de cette somme, nous rachetons vos prétendus droits généraux et vos propriétés particulières. Ne pensez donc plus à recouvrer celle-ci, ni à exercer ceux-là. La terre malgache est à la reine, rien qu'à la reine. Personne n'a le droit d'en revendiquer une parcelle, pas même la surface que recouvrirait un grain de riz. Mais, cependant, si vous voulez rentrer dans votre ancienne demeure, la reine, dans son infinie bonté, veut bien vous en laisser la jouissance temporaire et relative, si vous consentez à lui en payer le loyer, et si vous vous engagez, par un « *taratry* » (lettre), à la quitter, dès qu'elle jugera à propos de vous en adresser l'invitation. » Nos commerçants, dans l'exercice de leurs opérations, étaient l'objet de continuelles vexations, nos ingénieurs étaient exclus de toutes les concessions, que l'on n'accordait qu'aux Anglais seuls. Quant à l'exécution du *protectorat diplomatique* sur Madagascar, elle était devenue lettre morte. C'est à peine si notre résident général pouvait obtenir une audience du premier ministre, quand le consul d'Angleterre était reçu par lui, à toute heure. Enfin, les Sakalaves, nos protégés, nos alliés, que les Hovas s'étaient engagés à respecter, étaient, sous nos yeux, emmenés en esclavage. Parmi eux, se trouvait un ex-sous-officier malgache, qui avait servi sous les ordres du commandant Pennequin et, pour sa belle conduite devant l'ennemi, avait été décoré de la médaille militaire. Les officiers hovas par dérision, le forçaient à porter cet insigne de l'honneur et du courage et, journellement, le faisaient passer sous les fenêtres de notre vice-résident à Majunga, en le frappant de coups de rotin, insultant ainsi, en sa personne, la décoration française que nous avions attachée sur sa poitrine, en reconnaissance des services rendus.

Tout cela était intolérable et réclamait notre intervention immédiate, mais le parlement français, trop occupé de nos dissentiments intérieurs, laissait dormir dans les commissions parlementaires la question de Madagascar. M. Le Myre de Vilers, complètement abandonné à lui-même, se débattait impuissant, malgré son prestige personnel, contre des difficultés sans cesse renaissantes, qui se compliquaient, de jour en jour, en se multipliant, et en se greffant de nouveaux abus.

Sur ces entrefaites, Willoughby, toujours à Londres, prenant notre insouciance pour une renonciation, pensa porter le dernier coup à nos légitimes prétentions, en adressant à M. de Freycinet, au nom du premier ministre hova, une lettre comminatoire, qui, bien entendu, ne fut l'objet d'aucune réponse, la qualité d'ambassadeur de Sa Majesté la reine de Madagascar, que se donnait gratuitement ce général, n'étant reconnue ni par la France, ni par aucune autre puissance.

Dans la lettre qu'il adressa au *Times*, en lui communiquant ce document, Willoughby niait formellement les droits de la France d'exercer son protectorat sur Madagascar, en vertu du traité du 17 décembre 1885.

Mais, où cet *Anglo-hova* pousse l'impudence à son comble, c'est en se disant l'ami de la France, quand tout son passé proteste contre cette allégation mensongère ! Il est, du reste, de notre dignité de repousser hautement le témoignage d'une pareille amitié.

Cette lettre insolente était la goutte d'eau qui fait déborder la coupe trop pleine.

La Chambre des députés, décemment, ne pouvait temporiser davantage. Grâce à un nouvel et éloquent appel de M. de Mahy, qui n'a jamais perdu de vue nos intérêts dans ces parages, dans la séance du 29 octobre 1886, soulevée d'indignation par tant de duplicité, elle votait les crédits des résidences, s'élevant à 349,000 francs, en enjoignant au gouvernement de contraindre les Hovas à exécuter strictement le traité, et d'imposer au besoin par les armes ce que l'on ne saurait obtenir par la douceur.

Le ministère de Freycinet venait d'être renversé; et M. Flourens entrait comme ministre des affaires étrangères dans le cabinet Goblet.

A la suite de ce vote de la Chambre, une rupture semblait imminente. Il n'en fut rien. Au moment où on s'y attendait le moins, des nouvelles satisfaisantes nous parvenaient de Madagascar.

Les difficultés étaient encore une fois aplanies, jusques à quand?... M. Le Myre de Vilers avait fait entendre raison à Rainilaiarivony ; il lui avait clairement démontré que l'alliance des Anglais le conduisait à sa perte, que si la France, jusque-là, avait fait preuve de mansuétude, c'était afin d'épuiser tous les moyens de conciliation, mais que, si on la poussait à bout, son réveil serait terrible, et, qu'alors, en persistant à renier ses engagements vis-à-vis d'elle il jouait un jeu dangereux, qui pourrait bien lui coûter le pouvoir et la vie.

Le premier ministre était dans une impasse tellement critique, qu'après avoir pesé les avantages illusoires que lui offraient les Anglais et le concours efficace que lui prêterait la France, il s'était rendu à la justesse des raisonnements de M. Le Myre de Vilers et avait penché pour la France. C'était, d'ailleurs, le seul moyen de se maintenir. Vingt-cinq années de tyrannie à outrance avaient amassé contre son autorité bien des haines, qui n'attendaient que le moment d'éclater. Il savait qu'il comptait des ennemis, non seulement dans la population, mais encore au sein de sa famille ; et ces derniers étaient d'autant plus redoutables que, dévorés par la jalousie et l'ambition, ils pactiseraient avec les premiers pour arriver à leurs fins. D'un autre côté, il n'ignorait pas qu'une nouvelle guerre avec la France dépendait de son attitude, et que cette guerre, forcément malheureuse pour le peuple hova, aurait pour résultat de le livrer sûrement, comme victime expiatoire, au parti des mécontents. De plus, sentant sa situation ébranlée et voyant venir à grands pas la vieillesse, (il a maintenant, — 1887 —, cinquante-huit ans), il vivait dans une perpétuelle anxiété. Où trouverait-il un appui contre les manœuvres de ses adversaires, sinon dans la France, qui était son soutien naturel? Le langage ferme et résolu de M. Le Myre de Vilers l'avait éclairé sur cet état de choses, lui avait fait entrevoir les orages qui grondaient sur sa tête, et il s'était rallié à nous, parce qu'il avait enfin compris que son propre sort était intimement lié au succès de notre cause.

Résidence générale de France, à Tananarive.

La reine aussi n'avait pas été étrangère à cette résolution. Cette jeune reine, qui a été choisie à cause de son insignifiance, s'est révélée depuis qu'elle est sur le trône. Douée d'un grand sens politique, très persévérante, d'un caractère décidé, elle finit toujours par triompher des hésitations de son mari. Il faut compter avec elle. Malheureusement, sa santé est mauvaise et s'affaiblit de jour en jour.

M. Le Myre de Vilers, en faisant part de ces bonnes nouvelles au nouveau ministre des Affaires étrangères, M. Flourens, lui annonçait que la fête annuelle du bain, le « Fandroana », avait eu lieu à Tananarive avec son éclat accoutumé. Lui-même, disait-il, dans sa dépêche, occupait la place d'honneur, sur un tabouret, en face de la reine. Tous les consuls et agents étrangers étaient présents à la cérémonie. Après avoir fait ses ablutions, la reine avait mis la parure en or et corail que lui avait envoyée le président Grévy. Ensuite, selon le vieil usage malgache, on avait aspergé les assistants avec l'eau lustrale dans laquelle s'était baignée la souveraine. Le soir, un feu d'artifice, tiré par les soins de la légation française, dans la cour du palais, émerveillait la population tananarivienne, peu habituée à ce genre de réjouissance.

En outre, nous apprenions, peu après, à la date du 18 décembre 1886, que le gouvernement hova venait de signer une convention avec le Comptoir d'escompte de Paris, par laquelle cet établissement de crédit lui prêtait une somme de 15 millions, devant être attribuée, jusqu'à concurrence de 10 millions, au payement de l'indemnité de guerre due à la France, en vertu du traité du 17 décembre. Le reliquat de 5 millions resterait à la disposition du gouvernement hova, pour subvenir à ses dépenses militaires.

Cet emprunt, amortissable en vingt-cinq années, avec faculté de remboursement anticipé, était productif d'intérêts à 6 p. 100, et garanti, pour le service de ces intérêts, par les recettes douanières, dans les six ports suivants : Andakube et Majunga, sur la côte ouest ; Vatomandry, Vohémar, Fénérive et Tamatave sur la côte est. Le Comptoir d'escompte se réservait d'installer, dans chacun d'eux, deux agents, l'un Français, l'autre Malgache, à la solde du gouvernement hova.

En exécution du traité du 17 décembre 1885, dès que l'indemnité de guerre serait payée à la France, les troupes françaises devaient évacuer Tamatave, où il ne resterait plus en permanence qu'un navire détaché de la division navale des mers des Indes, et ces troupes seraient dirigées sur Diégo-Suarez, où elles tiendraient, désormais, garnison.

L'indemnité de dix millions, stipulée au profit de la France, a été payée en une traite à l'ordre de M. le Président du conseil. En conséquence, nos troupes ont évacué Tamatave, le 28 janvier 1887.

Le 23 décembre 1886, M. Daumas, vice-résident à Tamatave, débarquait à Marseille, amenant en France douze jeunes Hovas, appartenant aux premières familles du pays. Ces jeunes Hovas, qui doivent compléter chez nous leur éducation, ont été, quelques jours après leur arrivée, répartis dans différents régiments ou écoles spéciales de la région du midi. Assurément, à mesure qu'ils connaîtront mieux les Français, leurs mœurs, leurs lois, leurs arts, ils s'attacheront de plus en plus à la France.

Une ambassade malgache, chargée de porter les félicitations de la reine Ranavalona III au président de la République, suivait deprès cette mission.

A sa tête, se trouvait le fameux Mariavelo, qui a

trouvé bon de changer de nom et a pris celui de Rainiharovony. Agé alors à peine de vingt-huit ans, il était déjà ministre de la guerre et, par conséquent, 15e honneur, c'est-à-dire plus que maréchal. C'est le fils préféré du premier ministre; il jouit à la cour d'une très grande influence. D'une intelligence remarquable, assez ouverte aux idées françaises, c'est à son initiative personnelle qu'était due cette démarche auprès de notre gouvernement, et on peut dire qu'il avait sollicité la mission dont il était chargé.

Au moment du départ de ses jeunes compatriotes, Rainiharovony, qui assistait à leurs adieux, manifesta hautement ses sympathies pour la France et félicita ses jeunes amis d'avoir le bonheur d'aller, pour quelques années, dans ce beau pays.

— Que n'y allez-vous vous-même? lui dit M. Le Myre de Vilers. Vous pourriez ainsi vous rendre compte de sa puissance, de ses richesses, de ses arts, et surtout des sentiments que notre gouvernement nourrit pour la reine et pour votre patrie?

Rainiharivony saisit la balle au bond, et son départ pour la France était décidé, avant que le paquebot qui emportait les jeunes Hovas eût quitté Tamatave.

Le ministre de la guerre était accompagné du capitaine de gendarmerie Gaudelette, attaché au corps d'occupation de Tamatave. La mission, dont il était le chef, se composait de huit honneurs, appartenant tous à la cour d'Emyrne.

La résiliation du contrat Kingdon, la conclusion d'un emprunt avec le Comptoir d'escompte de Paris, l'envoi de jeunes Hovas en France et la présence du ministre de la guerre à la tête d'une ambassade, tous ces gages d'apaisement et d'entente cordiale impliquaient clairement la solution de nos démêlés avec Madagascar et la reconnaissance effective de notre protectorat.

Une dépêche du 27 décembre 1886 confirmait ces excellentes dispositions, en nous faisant savoir qu'il était arrêté, désormais, que l'article Ier du traité serait appliqué dans toute sa teneur. La France représenterait réellement et directement Madagascar à l'étranger, à l'aide d'agents choisis et nommés par le gouvernement de la République.

Cette décision fut approuvée, le 7 mai 1887, par lord Salisbury; c'était une preuve de conciliation, de la part de l'Angleterre vis-à-vis la France, de nature à faciliter le règlement d'autres questions actuellement pendantes entre les deux pays, notamment celle des Nouvelles-Hébrides. De plus cette approbation, n'en déplaise à M. Haggard, consul anglais à Tananarive, servait de précédent; elle équivalait à la reconnaissance de notre protectorat sur Madagascar.

En moins d'un an, M. Le Myre de Vilers avait mené à bonne fin des négociations qui eussent découragé tout autre qu'un homme de sa trempe. A lui seul, sans autre moyen d'action que *son influence morale*, il avait fait triompher l'œuvre de plusieurs siècles.

. . . .

Nous en étions là, lorsque le courrier d'août 1887 nous apportait la nouvelle que M. Le Myre de Vilers demandait un congé et rentrait en France.

Nous avions arrêté cette notice historique à l'arrivée de ce courrier, comptant, à cette époque, sur le retour, tant de fois annoncé, et tant de fois démenti dans la suite, de notre Résident général. Mais de nouvelles complications l'ont forcé à prolonger son séjour à Tananarive, plus longtemps qu'il ne l'aurait voulu. Il n'a pas cru devoir abandonner son poste, sans laisser une situation bien nette à son résident intérimaire, M. Larrouy.

Depuis le mois d'août 1887, en effet, de nombreuses difficultés sont survenues.

Ce fut d'abord la question de l'*exequatur*, qui surgit entre la cour d'Emyrne et lui, au sujet du consul britannique, M. Haggard. Au lieu de suivre l'exemple de l'honorable consul américain, M. Campbell, qui, lui, s'était fait un devoir d'exécuter avec une entière bonne foi et une attitude des plus correctes les dispositions de l'article 2 du traité, en demandant directement à notre Résident général l'*exequatur*, que celui-ci naturellement s'était empressé de lui accorder, l'agent anglais essaya de profiter de l'occasion, d'accord avec Rainilaiairivony, pour amener une rupture des relations amicales qui commençaient à exister entre le régime du protectorat et le gouvernement hova.

Sentant le terrain propice à des revendications sans fin et sans issue, le premier ministre avait saisi la balle au bond. S'appuyant toujours sur la fameuse lettre annexe, il opposait des fins de non-recevoir aux justes réclamations de notre Résident général et se retranchait hypocritement derrière des subtilités diplomatiques.

M. Le Myre de Vilers avait trop conscience de son bon droit pour le suivre longtemps dans cette voie. Dès le début, jugeant les pourparlers stériles, il rompit net toutes relations avec le gouvernement hova. Pour bien marquer que sa résolution était inébranlable et qu'il était formellement décidé à ne point transiger, il amena son pavillon, en présence de tous les résidents français.

Cette attitude énergique eut pour résultat immédiat de provoquer une détente, de la part du premier ministre. Épouvanté, comme tous les Hovas, des conséquences désastreuses que pouvait entraîner cette rupture éclatante, ébranlé par les supplications de la reine, à qui cet incident avait fait verser d'abondantes larmes, Rainilaiairivony n'osa tenir tête à l'orage qui grondait sur sa tête et le menaçait de la déchéance à bref délai. Il s'empressa, tout aussitôt, de faire dire à notre Résident général qu'il y avait dans cette affaire un déplorable malentendu et le pria de vouloir bien reprendre les rapports suspendus.

Ce qui fit que ce léger désaccord ne fut pas de longue durée.

Notre cause était gagnée une fois de plus, grâce à la fermeté de M. Le Myre de Vilers, qui obtint toutes les satisfactions qu'il exigeait. Le premier ministre vint, en personne, apporter au Résident général, en son nom aussi bien qu'en celui de la reine, ses plus humbles excuses.

Quelle amère déception, dans le camp des correspondants anglais, qui, dans leurs dépêches en Europe, avaient considérablement exagéré la portée des événements! Ils enrageaient de voir à nouveau leur échapper cette île, objet de leur convoitise séculaire, au moment même où, suivant leur habitude, ils avaient brouillé les cartes, dans l'espoir de retirer leur épingle du jeu, en confisquant à leur profit Madagascar, pour y établir, sur la route des Indes, une escale à la sortie du canal de Suez.

Dès que la question de l'*exequatur*, qu'ils avaient soulevée à dessein, avait pris un caractère aigu, les Pickersgill et les Parett étaient accourus au palais, sous prétexte d'offrir à la cour leurs consolations, mais, en réalité, pour lui promettre l'appui secret de l'Angleterre, en armes et en argent.

Déjà, au dehors, ils excitaient le peuple à la révolte, l'exhortant à secouer le joug des Français, leurs soi-disant oppresseurs, à les chasser de leur territoire et à les massacrer, lorsque le brusque revirement de Rainilaiairivony était venu déjouer leurs honteuses manœuvres.

Après avoir, dans un grand *Kabary*, sondé l'esprit de la population, le premier ministre avait enfin fini par comprendre le jeu de ses funestes conseillers, les Indépendants. C'est pourquoi, réflexion faite, il avait accordé satisfaction à M. Le Myre de Vilers, et l'avait prié de faire revenir son escorte, laquelle était déjà sur le chemin de Tamatave.

Quant à Master Haggard, il recevait son *exequatur*, le 23 septembre 1887, d'après la formule exigée par notre Résident général, formule conforme aux prescriptions de l'article 2 du traité. Cet échec ne devait pas lui porter bonheur. Au mois de février 1888, il était rappelé en Angleterre. On attribue cette mesure aux rapports motivés que ses nationaux adressèrent contre lui au *Foreign-Office*.

Le second incident fut l'arrestation, suivie d'exil, du ministre des affaires étrangères hova, Ravoninahitriniarivo, accusé, pour la forme, d'avoir scellé d'un faux cachet les papiers de l'État. Condamné à vingt années de fers, ce malheureux, victime expiatoire de la haine des Anglais, avait vu sa peine commuée par la clémence de la souveraine, ou plutôt du premier ministre, en un bannissement perpétuel à Ambositra, petit village situé sur la route de Betsiléo, avec défense, sous peine de mort, de communiquer avec qui que ce

Rainilaiairivony, premier ministre, commandant en chef.

fût. Il dut s'y rendre, le jour même où la sentence fut prononcée. C'est tout au plus si on lui permit d'emmener avec lui deux esclaves hommes et deux esclaves femmes.

L'excessive rigueur de cet arrêt frappa d'effroi les partisans de Ravoninahitriniarivo, dont le véritable crime, inavoué dans le procès, était d'avoir cherché à supplanter Rainilaiairivony, qui retrouvait, par ce châtiment exemplaire, toute son autorité un instant compromise.

Un autre incident est venu troubler la fête du *Fandroana*, célébrée le 22 novembre 1887. On remit solennellement à la souveraine les offrandes traditionnelles. Notre résident général y occupait, comme l'année précédente, un tabouret réservé, en face du trône. Mais, au cours de l'audience royale, un Français administra deux soufflets retentissants à M. Tacchi, rédacteur du *Madagascar Times*. Il faut dire que ce journaliste ne les avait pas volés; il était l'auteur d'un article contenant des insinuations malveillantes à l'adresse des Français; ce qui explique l'indignation de notre compatriote. On croira peut-être que Tacchi riposta en demandant à son agresseur une réparation quelconque? Pas le moins du monde! il courba l'échine, et, sommé de s'expliquer sur les faits avancés, les déclara inexacts, en offrant humblement ses excuses à la colonie française. Il est bon d'ajouter qu'il avait été mis en demeure de le faire par le premier ministre lui-même.

Pour clore la série des événements qui se sont écoulés depuis août 1887, relatons un dernier incident, qui donna lieu à un article d'une extrême violence, paru dans le *Madagascar Times* du 14 janvier 1888. Le titre seul de ce brutal factum : « *Pourquoi ne l'a-*

t-on pas tué? achèvera d'édifier nos lecteurs sur les agissements de nos éternels ennemis, quand ils sauront qu'il était question de M. Le Myre de Vilers.

Tout commentaire serait superflu. Passons, cependant, aux faits qui ont motivé cette infamie : c'était le 12 janvier 1888, S. M. revenait de villégiature. A cette occasion, M. Le Myre de Vilers avait donné rendez-vous à tous ses compatriotes, sur la grande place d'Andohalo, pour saluer, à leur passage, la souveraine et le premier ministre. Il est d'usage, en pareil cas, que la reine s'arrête sur cette place et descende, un instant, de son *filanjane*, pour recevoir les hommages des députés et des chefs, réunis pour la circonstance. Or, les coups de canon devant annoncer l'arrivée des augustes personnages ayant devancé l'heure fixée, l'escorte du résident général français se trouva en retard et, au lieu d'être exacte au lieu indiqué, se croisa en chemin avec le cortège royal. Ce que voyant, le premier ministre donna aux troupes l'ordre d'ouvrir les rangs, pour livrer passage au représentant de la France et à sa suite. Mais, les Marakely (soldats de la garde) n'exécutèrent cet ordre qu'à moitié. Ils profitèrent de la confusion qui résulta de ce mouvement, pour bousculer les porteurs du résident et les frapper avec une telle furie que l'un d'eux fut foulé aux pieds et faillit perdre la vie; tout cela, sous le prétexte qu'ils avaient rompu les rangs de la garde royale. Voilà la raison pour laquelle la feuille méthodiste demandait *Pourquoi on ne l'avait pas tué?*

Dans l'entourage du résident général, on crut d'abord à la complicité tacite de Rainilaiairivony, et l'on craignit, un moment, que les choses ne se compliquassent, lorsque, fort heureusement, le *Progrès de l'Emyrne* publia, quelques jours après, dans son numéro du 24 du même mois, une note officielle protestant contre le procédé inqualifiable du journal anglais, et désavouant l'auteur de cette sauvage excitation.

Le lecteur est peut-être curieux de savoir des nouvelles du trop célèbre généralissime Digby Villoughby? Voici celles de la dernière heure (mai 1888). A la suite de cette équipée diplomatique à travers l'Europe, dans laquelle il a eu la prétention de singer la patriotique odyssée d'un de nos grands hommes d'État, Willoughby a comparu devant une commission d'enquête, sorte de jury d'honneur chargé d'examiner sa conduite un peu louche. Cette commission, composée cependant d'Anglais naturalisés hovas, MM. Graves et Sherrhington (15e honneur) et M. Parrett, défenseur de l'inculpé, après avoir entendu Willoughby, émit l'avis qu'il convenait de le déférer aux tribunaux compétents, et qu'en attendant il méritait d'être gardé à vue, pendant quatre mois, au village d'*Iradraciova*. Les griefs qui pèsent sur lui sont graves et nombreux. Il se serait rendu coupable, au préjudice de la cour d'Emyrne, de malversations dont le chiffre dépasserait 300,000 francs. Au moment où ce volume va paraître, nous recevons une dépêche de Tamatave à la date du 20 mai 1888, nous informant que le Tribunal suprême de Tananarive a rendu son jugement dans cette affaire. En vertu de ce jugement, l'ex-général est expulsé de Madagascar, et toutes ses concessions sont confisquées. Lui-même a quitté Tananarive, sous forte escorte, à destination de Tamatave, où il a été embarqué sur le premier navire en partance pour l'Europe.

Malgré toutes ces preuves manifestes de notre influence croissante, à Madagascar, et de la disgrâce dans laquelle ils étaient tombés, les RR. anglais n'en persistaient pas moins à essayer de soulever contre nous les indigènes. Ils employaient le peu de crédit qui leur restait à faire subir les plus cruelles vexations à nos fidèles alliés, les Sakalaves et les Antakares.

Vains efforts! Ils avaient affaire à trop forte partie. M. Le Myre de Vilers était là qui veillait. A lui seul, méprisant les menaces et les cajoleries suspectes dont il était tour à tour assailli, il a su tenir tête à toutes les intrigues, déjouer tous les complots.

Indépendamment du payement intégral de l'indemnité de guerre de dix millions, il a obtenu successivement, au bénéfice exclusif de nos nationaux, de riches concessions de terres, de mines, de banques, ainsi que l'abandon des droits de douane dans six ports de l'île, en garantie de l'emprunt contracté par S. M. Ranavalona III avec le Comptoir d'escompte de Paris.

Le gouvernement hova, éclairé par ses sages conseils, montre les dispositions les plus favorables à l'égard des Français qui veulent s'occuper, là-bas, d'agriculture ou d'industrie. De plus, notre établissement militaire de Diégo-Suarez est en pleine prospérité; il s'agrandit et se fortifie de jour en jour.

A l'heure qu'il est, toutes les difficultés sont aplanies. Le calme le plus parfait, l'accord le plus sincère règne dans la capitale de Madagascar, entre le régime du protectorat et le gouvernement de la Reine. Nous sommes entrés dans une période d'apaisement, et tout nous fait présumer qu'elle sera définitive.

Enfin, il nous a été permis de saluer ce grand patriote, ce grand colonisateur, qui léguera son nom à la postérité. M. Le Myre de Vilers est revenu parmi nous, avec la satisfaction d'avoir accompli son devoir, d'avoir mené à bonne fin une tâche ingrate, qui fait le plus grand honneur et à son pays et à lui-même. L'œuvre qu'il a si vaillamment entreprise est terminée, et nous pouvons affirmer hautement que si, aujourd'hui, le régime du protectorat fonctionne régulièrement, que si cette institution, réputée boiteuse au début, est désormais reconnue valide et prise au sérieux par ceux-là mêmes qui la critiquaient, que si le drapeau français flotte en maître à Tananarive, c'est à lui, à lui seul que nous le devons!

Cette partie historique serait incomplète, si nous ne la terminions, en rendant aussi hommage à tous ceux qui, ces temps derniers, se sont dévoués, corps et âme, à la cause de Madagascar.

Nous avons dit quel rôle a joué dans cette question l'honorable M. de Mahy, quel rôle il continue à jouer par son active propagande. Nous n'avons pas besoin d'y revenir.

Commençons donc par M. le baron de Cambourg.

En 1861, à la mort de Ranavalona Ire, M. le baron de Cambourg se trouvait à l'île Bourbon, où il conçut, avec M. de Pontbrune, le projet de créer à Madagascar une grande société de colonisation. Les adhésions furent vite nombreuses : le succès était certain, M. le baron de Cambourg partit alors pour Tananarive, afin d'étudier, sur place, les conditions dans lesquelles pouvait être entreprise la colonisation, et de solliciter l'appui du roi Radama II.

Flatté de cette démarche, le roi fit au nouvel explorateur l'accueil le plus cordial; il lui offrit spontanément une vaste concession de terrain à Vohémar, que M. de Cambourg n'eut malheureusement pas le temps d'exploiter, la révolution de palais, dans laquelle périt si tragiquement l'infortuné Radama II, ayant éclaté quelque temps après.

Après avoir exploré les côtes de Madagascar, M. de Cambourg abandonna cette île, prévoyant les énormes difficultés politiques qui ne tarderaient pas à surgir, et vint se fixer à l'île Mayotte, où il fonda une belle et prospère plantation de cannes à sucre.

Depuis lors, M. le baron de Cambourg n'a cessé de défendre les droits de la France sur Madagascar, tant à la Société des études coloniales et maritimes qu'il a fondée et dont il est un des vice-présidents, que dans les conférences publiques, dans la presse, dans la ligue de Madagascar, dans toutes les occasions, en un mot, où il lui a été donné de prêter à cette œuvre éminemment française le concours éloquent de sa parole ou de sa plume.

Après M. de Cambourg, citons M. Rigaud, cet actif ingénieur, auquel nous devons, à Madagascar, la découverte de plusieurs riches mines de cuivre, d'étain et de houille, dont quelques-unes sont déjà en cours d'exploitation, pour le compte du premier ministre hova. Inutile d'ajouter, qu'en raison des services rendus, M. Rigaud jouit d'un très grand crédit auprès de Rainilaiarivony, qui, par ce fait, lui doit la majeure partie de son immense fortune.

Puis, le docteur Baissade, médecin de la résidence. Par les soins qu'il a prodigués à Mariavelo, fils du premier ministre, il lui a sauvé la vie, quand tout son entourage le jugeait perdu. Au moment le plus critique, un médecin méthodiste vint offrir ses services au père. Celui-ci les refusa net, déclarant qu'il avait pleine et entière confiance en le docteur Baissade. La guérison complète ne tarda pas à justifier cette confiance. Cette cure merveilleuse n'a pas peu contribué à gagner à la France de nouvelles sympathies et à resserrer les liens d'amitié qui se sont établis, sur des bases durables, entre la cour et la résidence.

Puis encore, M. Ducray. N'écoutant que son ardent patriotisme, ce journaliste de talent n'a pas craint de

M. le baron de Cambourg, vice-président de la Société des études coloniales et maritimes.

déserter la presse parisienne, où ses succès lui promettaient un brillant avenir, pour s'exiler volontairement à Tananarive, où il a fondé le *Progrès de l'Émyrne*. Dans cet organe, il défend les intérêts français et soutient le gouvernement hova dans la voie civilisatrice que le premier ministre a inaugurée sous les auspices de M. Le Myre de Vilers. Entre ses mains, cette feuille est aussi un instrument de combat, car il l'emploie à lutter contre les prétentions de nos adversaires et à démasquer leurs manœuvres continuelles. Son journal, véritable moniteur officiel du gouvernement hova, est rédigé en français, en anglais et en hova.

Nous souhaitons à M. Ducray de prospérer dans son œuvre, en tenant toujours haut et ferme le drapeau qu'il a levé.

CHAPITRE II

GÉOGRAPHIE PHYSIQUE. — TOPOGRAPHIE. — HYDROGRAPHIE.

L'île de Madagascar, une des plus vastes et des plus importantes du globe, si l'on excepte l'Angleterre, Bornéo et surtout l'Australie, que l'on peut considérer comme un continent, est située, dans l'océan Indien, entre 11° 57′ 30″ et 25° 38′ 55″ de latitude sud et 40° 44′ 50″ et 48° 57′ 30″ de longitude est.

Elle est distante de 3,380 lieues de Brest, de 150 lieues de l'île de la Réunion et de 8,5 lieues de la côte orientale d'Afrique, dont elle est séparée par le canal de Mozambique. Autrefois, nos navires mettaient trois mois à faire la traversée de Marseille à Madagascar, par l'Atlantique, en doublant le cap de Bonne-Espérance; aujourd'hui, depuis le percement de l'isthme de Suez, qui leur évite ce long détour, ils accomplissent en vingt jours le trajet de Paris à Tamatave, chef-lieu maritime de Madagascar. Les îles de la Réunion, de Maurice, de Sainte-Marie, de Nossi-Bé, de Nossi-Faly, de Nossi-Mitsiou, l'archipel des Comores et plusieurs petits îlots, dans le nord, entourent la grande île, comme des sentinelles avancées.

Sa longueur, depuis le cap d'Ambre au nord, jusqu'au cap Sainte-Marie au sud, mesure 1,600 kilomètres, sa largeur moyenne 360 kilomètres, sa plus grande largeur, au centre, 500 kilomètres; son circuit est de 850 à 900 lieues. Elle occupe une superficie de 591,981 kilomètres carrés, laquelle est supérieure à la superficie actuelle de la France, qui ne comprend que 528,576 kilomètres carrés (1).

Son aspect général, à vol d'oiseau, présente, sur la carte, une forme elliptique, arrondie au sud, légèrement renflée au centre, effilée à l'extrémité nord.

Elle est divisée, dans le sens de la longueur, par une suite de chaînes de montagnes, dont l'arête médiane et les ramifications offrent quelque ressemblance avec les vertèbres d'un squelette.

Par sa position, obliquant du sud-ouest au nord-est, suivant un angle de 18° environ sur la méridienne de Paris, elle commande à la fois le passage du cap de Bonne-Espérance et du canal de Mozambique, et le détroit de Bab-el-Mandeb.

Quand on commence à l'apercevoir de la pleine mer, on ne distingue, tout d'abord, qu'un immense amphithéâtre de verdure, sur les flancs duquel s'étagent une innombrable quantité de mamelons, qui s'élèvent graduellement, en se dominant les uns les autres, depuis le littoral jusqu'à la base des grands massifs de l'intérieur, lesquels, à leur point culminant, atteignent une altitude de plus de 2,000 mètres au-dessus du niveau de la mer. Par un temps clair, on jouit, à plus de 20 lieues de distance, d'un merveilleux panorama.

Malgré son voisinage de la côte orientale d'Afrique, Madagascar n'en est pas un fragment détaché, ni une dépendance sous-marine. Sa faune, sa flore, sa géologie, d'une espèce absolument distincte, prouvent, au contraire, scientifiquement, qu'elle est le vestige d'un con-

(1) *Revue scientifique*, mai 1872. Alf. Grandidier.

tinent aujourd'hui disparu, par le fait d'une action volcanique.

Madagascar doit naissance à un soulèvement de la croûte terrestre, très probablement contemporain de celui qui a fait surgir les chaînes de l'Afrique orientale. Son ossature est formée d'un noyau granitique, dont la couche primitive paraît revêtue du dépôt neptunien qui recouvre toute sa surface. Cette vase marine, dont on retrouve les traces sur les mamelons les plus élevés, est le limon de presque toutes les terres de Madagascar.

Dans le nord-ouest, cependant, on remarque un dépôt d'un autre genre, composé en majeure partie d'humus, lequel, provenant des débris d'une abondante végétation antérieure et s'étant superposé au dépôt neptunien, contribue à donner à cette région privilégiée une fertilité exceptionnelle. Dans l'intérieur de l'île, c'est le principe primitif qui prédomine. Tandis que, tout autour, le travail du temps opérait la lente décomposition des forêts et les transformait peu à peu en des terres rougeâtres, les plateaux supérieurs, formés de roches primaires et cristallines, résistaient à la déliquescence de la fermentation ambiante et conservaient leurs éléments originels. Le bas littoral est presque entièrement en terres d'alluvion, surtout du côté de l'ouest, où il est entouré par une zone jurassique ; du côté de l'est, il est coupé par une longue bande de terrain tertiaire, bouleversée par de puissantes éruptions basaltiques, que vient rejoindre le massif granitique du cœur de l'île. Dans beaucoup d'endroits, on rencontre des dépôts crétacés considérables ; dans l'intérieur, à une vingtaine de lieues des côtes, on découvre des filons de quartz, qui se prolongent à de très grandes distances.

Orographie. — Il est peu de pays qui, même sur une

aussi vaste étendue de terrain, réunissent une pareille agglomération de montagnes. Ces montagnes, d'un groupement très dense, suivent, parallèlement les unes aux autres, le sens longitudinal. Au centre, elles sont séparées par un immense plateau surbaissé, désigné sous le nom de plaine d'Antraya, mais plus connu sous le nom de vallée de Mangourai.

Plusieurs voyageurs ont divisé Madagascar par une chaîne médiane, avec ramifications vers l'est et vers l'ouest. Cette disposition, au dire de M. Alfred Grandidier, est tout à fait erronée. Il a relevé, à Madagascar, l'existence de cinq chaînes de montagnes différentes, ayant plus ou moins la même direction, du nord-nord-est au sud-sud-ouest, environ. En résumé, nous sommes d'accord avec M. Alfred Grandidier, dont les savantes études d'après nature ont jeté la lumière sur ce point douteux, en partageant la grande île en deux versants principaux : le versant de l'est et celui de l'ouest.

Le versant oriental comprend à peu près un tiers de la surface de Madagascar. Le versant occidental comprend les deux autres tiers ; il est entrecoupé d'immenses plaines, arrosées par d'importants cours d'eau.

Une masse compacte de montagnes couvre toute la partie est, du cap d'Ambre à Fénerive, et vient mourir en pente douce jusqu'au bord de la mer. De Fénerive à Tamatave, ces montagnes s'éloignent davantage du littoral, laissant entre elles et lui des plaines fertiles.

La partie ouest, qui a échappé aux éruptions basaltiques qui ont si violemment convulsé la région du nord et de l'est, est formée de steppes secondaires. Cependant, du cap d'Ambre jusqu'à Nossi-Bé, le littoral est bordé d'un rempart de roches abruptes ou boisées, déclinant insensiblement vers le nord-est.

En allant vers le sud, ces roches, fuyant de plus en plus vers l'intérieur, laissent à découvert, entre elles et le rivage, une étendue de terrain baignée par de nombreuses rivières.

Le point culminant de l'île est le massif d'Ankaratra, énorme amas de rocs complètement dénudés, dont les pics principaux sont Ambohimirandrana (2,350^{m}), Tsiafakalo (2 540^{m}) et Tsiafajavona (2,549^{m}). De ce dernier, la vue embrasse la province d'Imérina tout entière; elle apparaît comme une mer houleuse de montagnes, vallonnée de plaines arides et incultes, sans arbres et sans végétation, où quelques plantes rachitiques sont semées çà et là, au milieu d'une herbe grossière. A peine, de loin en loin, découvre-t-on quelques maigres rivières, serpentant à travers ce pays désolé, et quelques bouquets d'arbustes desséchés, poussés, comme à regret, dans ces mornes solitudes. C'est dans cette province que perche sur un plateau, à 2,000 mètres au-dessus du niveau de la mer, Tananarive, la capitale du royaume hova.

Forêts. — Si l'on est étonné de trouver à Madagascar une telle profusion de montagnes, on est non moins surpris de n'y rencontrer que relativement peu de forêts. Beaucoup de celles qui la recouvraient, à des époques qu'on ne saurait préciser exactement, ont disparu de sa surface. Il règne bien, tout le long de la côte est, une zone boisée non interrompue, large à certains endroits de 10 à 20 milles, et se rétrécissant vers l'ouest, aux environs de la pointe à Larrée, mais, à mesure qu'on avance dans l'intérieur, les bois deviennent de plus en plus clairsemés.

Sur le territoire hova, dans la province d'Émyrne

principalement, les arbres sont rares, et c'est à une distance énorme de leur province que les habitants de cette région doivent aller chercher leurs bois de construction et de chauffage. Les riches seuls peuvent se payer le luxe d'en brûler; ils le font venir, à grand'peine et à grands frais, de la bande de forêts qui se trouve sur la lisière orientale de l'Ankova. La charge d'un homme est évaluée à 1fr,25, somme exorbitante pour ce pays, où toutes les marchandises de consommation sont cotées à des prix très modiques. Aussi, l'herbe sèche, la bouse de bœuf sèche, sont-elles le combustible ordinaire avec lequel les Hovas font généralement leur cuisine.

On doit surtout attribuer la disparition d'un certain nombre de forêts à l'état perpétuel de barbarie dans lequel vivaient les premières peuplades qui sont venues s'implanter dans l'île. Dans la crainte d'être surprises à l'improviste par l'ennemi, elles rasaient le sol sur leur passage, en incendiant les forêts environnantes.

A cette première raison de tactique défensive il est juste d'ajouter que les indigènes, eux-mêmes, ne regardaient pas non plus à mettre volontairement le feu à de superbes forêts séculaires, dans le seul but de consacrer leur emplacement à la culture du riz.

Il est naturellement résulté de ces déboisements insensés un excès de température qui, dans l'Ankova, de novembre à avril, fait monter le thermomètre à 45 et 48 degrés centigrades.

Cette déplorable condition climatérique engendre une insalubrité dangereuse, sous l'action d'un soleil torride, dont les rayons ne sont pas amortis par l'ombre rafraîchissante de la verdure.

Caps. Rades. Ports. Mouillages. — Bien qu'en beaucoup d'endroits, entourée d'une ceinture de récifs, comme d'une muraille de remparts naturels qui la protège contre les fureurs de l'Océan et la rend inabordable, Madagascar possède, néanmoins, quelques anfractuosités, criques ou baies, suffisamment abritées contre les vents et assez spacieuses pour permettre d'y établir des ports importants.

Il existe peu de bons mouillages sur la côte occidentale de l'île. Sa nature ne s'y prête guère ; les récifs qui la bordent, au ras du rivage, surtout dans le sud-ouest, entre le 21° et le 24° de latitude, trouvent un aliment continuel à leur développement. Le travail séculaire des animalcules qui produisent le corail, l'action incessante des lames, accumulent chaque jour, contre les parois abruptes des rochers, des dépôts toujours renouvelés de débris madréporiques. En revanche, la côte orientale est plus favorisée de la nature. Le grand courant équatorial des mers de l'Inde empêche les polypiers de s'y attacher. Ce courant, qui se divise en deux branches, l'une se dirigeant vers le nord-nord-est, l'autre vers le sud-sud-ouest, déterminerait plutôt l'effet contraire, en produisant une lente érosion des côtes, si son action destructive n'était entravée par la résistance invincible qu'oppose à ses effets laminants la structure granitique de l'île.

Après avoir doublé le cap d'Ambre, si l'on descend vers le sud, en longeant la côte est, on trouve, à 70 milles marins de Tamatave, la baie de Diégo-Suarez. Cette baie, qui comprend elle-même quatre ports intérieurs, est appelée la *citadelle de l'océan Indien*. Les indigènes ont donné à chacun des quatre ports qui composent son ensemble un nom différent : *Dourouch-Foutchi*, la baie des Cailloux-Blancs, à cause de la nature de ses rives ; *Dourouch-Varats*, la baie du Tonnerre, parce que la foudre y est attirée fréquemment, pendant l'hivernage, par les hautes montagnes boisées

Intérieur du pays. Route de Tamatave à Tany-Mena.

qui l'environnent ; *Dourouch-Vasa*, la baie des Blancs, en raison des quelques comptoirs européens qui l'enclavent; et la *baie de la Nièvre*, ainsi désignée parce que la corvette *la Nièvre* l'a reconnue, la première, en 1833.

On accède à ce dernier port, qui commande les autres, par un étroit et long chenal, rappelant en tous points le goulet de Brest.

En raison des précieux avantages qu'offre Diégo-Suarez, au triple point de vue de son excellente situation, de sa salubrité, de ses moyens d'approvisionnement, le gouvernement français l'a choisie, avec raison, pour y fonder des établissements à la fois militaires et commerciaux.

Elle est située dans de meilleures conditions que la fameuse rade de Rio-de-Janeiro, réputée cependant pour une des plus belles du monde. Ses aiguades sont nombreuses et commodes ; des forêts l'entourent d'un cordon sanitaire, ce qui manque à la baie de Rio-de-Janeiro. Un magnifique bassin, de 10 kilomètres de long sur 7 de large, profond de 25 à 50 mètres, sur lit de sable, en occupe le centre. Presque partout, sur ses bords, on peut atterrir par des fonds de 8, 10 et 15 brasses. Une quantité d'îlots sont disséminés au milieu. Ce sont : les îlots de l'*Aigrette*, du *Sépulcre*, du *Pain-de-Sucre* et de la *Lune*. Ce dernier est posté en sentinelle avancée, à l'entrée même du chenal, qu'il partage en deux passes. On pourrait utilement installer un fort sur cet îlot, pour la défense de nos établissements. Des batteries, braquées sur les deux rives du chenal et croisant leurs feux, rendraient alors impossible l'accès de la baie à tout navire ennemi. D'ailleurs, un vaisseau eût-il forcé une des deux passes et soutenu les feux combinés des batteries riveraines, qu'il se trouverait, tout à coup, en face de Nossi-Langour, qui se dresse comme un bastion au milieu de la baie, et dont l'artillerie achèverait fatalement de le couler à pic.

Presque à la hauteur de Diégo-Suarez, sur la côte occidentale, existe une autre baie, la baie d'*Ambovanibé*. Ces deux baies ne sont séparées, l'une de l'autre, que par un isthme large de 8 kilomètres, de sorte que toute la partie nord de Madagascar, s'étendant au delà de cet isthme jusqu'au cap d'Ambre, forme une sorte de presqu'île. Un canal, creusé dans cet isthme et reliant Diégo-Suarez à Ambovanibé, détacherait cette presqu'île de la grande terre et en ferait une île. Si ce projet, très pratique d'ailleurs, était mis à exécution, nous aurions ainsi, dans le nord, un poste maritime de premier ordre, très facile à défendre, et une station navale qui vaudrait les plus belles des Anglais, quelque chose comme un Hong-Kong français.

Diégo-Suarez, proprement dit, est construit sur une presqu'île formant cap. C'est là où se trouvent l'artillerie, l'hôpital, le casernement des disciplinaires, la gendarmerie, les magasins, etc. Antsirane, village situé un peu plus loin et adossé contre une colline, sur le bord de la mer, a été choisi comme point principal et résidence du commandant. Diégo-Suarez est dominé par la hauteur de Madgindgarive, qui surplombe le chemin d'Ambohimarine à Antsirane. En octobre 1886, le commandant Caillet s'empara de ce point stratégique. Il lui était indispensable pour assurer la sécurité de nos établissements. Le commandant hova protesta, mais on passa outre, et l'on entreprit à cet endroit la construction de fortifications. Un mur crénelé couronne la hauteur et clôt le baraquement qui sert de caserne à nos troupes.

Les Hovas, se rendant compte de la position exceptionnelle de ce poste, au milieu des populations hostiles, y entretenaient toujours une forte garnison, recrutée parmi leurs meilleures troupes. De plus, ils en avaient une autre à Ambohémarina, citadelle naturelle qui deviendrait imprenable, si elle était défendue par des troupes européennes.

Enfin, armé de l'art. II du traité du 17 décembre 1885, qui nous concède le droit de nous fixer dans la baie de Diégo-Suarez, et d'établir, tout autour, les installations que nous jugerons nécessaires, le gouvernement de la république a chargé M. Froger d'installer les établissements maritimes, militaires et commerciaux de cette nouvelle possession française, commandant la route de l'Inde.

Dès le début, M. Froger a déployé la plus grande activité; il a pris à cœur les intérêts de notre colonie naissante. La population s'accroît de jour en jour et atteint 5,000 habitants, tant civils que militaires; le terrain qui borde la plage se trouve insuffisant; on est obligé d'escalader les collines qui soutiennent le plateau d'Antsirane. Déjà, un tramway relie ce village à Matsinsoarivo.

Ennemi de la colonisation systématique, notre commandant n'a pas négligé non plus la question commerciale. Grâce à lui, les résultats paraissent très satisfaisants. Les recettes de la douane suivent une hausse croissante, elles ont atteint au mois de juillet 1887 10,000 francs; les droits d'exportation sur les bœufs ont produit 3,000 francs.

Si nous poursuivons notre route vers le sud, toujours en suivant la côte orientale, nous relevons, un peu au-dessous de Diégo-Suarez, *Port-Louquez*, *Port-Leven* et *Vohémar*, principal point de traite de la côte.

La salubrité de cette dernière baie, la facilité de ses moyens de communication avec Nossi-Bé, la grande étendue de terres cultivables qui l'enclave, en feraient un centre de colonisation promptement appelé à devevenir des plus importants, d'autant plus qu'il s'y fait déjà un grand commerce d'exportation de bœufs, de cuir et de cristal de roche.

Après avoir doublé le cap *Masouala*, nous découvrons la vaste baie d'*Antongil*, au fond de laquelle nous possédions, autrefois, notre établissement de Port-Choiseul.

A 90 kilomètres plus bas, parallèlement à la côte,

Bizonza ou porteur de bois.

s'allonge l'*île Sainte-Marie*. Cette île, longue de 50 kilomètres et large de 5 kilomètres, appartient à la France; son extrémité nord forme, avec la Pointe-à-Larrée, la baie de *Tintingue*, rade magnifique où peuvent mouiller les navires du plus fort tonnage.

La baie de *Fénerive*, un peu au sud, est placée dans une situation moins avantageuse. La violence des courants qui l'avoisinent en fait un mouillage peu sûr, un abri incertain pour les navires, car ils sont obligés de prendre le large, à la moindre apparence de mauvais temps.

Les Malgaches de Fénérive sont d'excellents marins et les plus habiles constructeurs de pirogues de la côte occidentale. Ils font le commerce des hourites (pieuvres) ; après les avoir fait dessécher, ils les vendent aux autres Malgaches, qui en sont très friands.

Foulepointe, à 18 lieues environ au nord de Tamatave, est un port où les navires ne peuvent venir jeter l'ancre que dans la belle saison. Bien que fermé par un large récif, il ne les met pas à l'abri des vents du nord, pendant l'hivernage.

Tamatave (*Taomasina*), rade immense, admirablement située, principal marché de la côte orientale, chef-lieu maritime de l'île, point de nos concentrations militaires, pendant la durée des hostilités, est le port le plus fréquenté de Madagascar. Une pointe de 500 à 600 mètres le sépare de la baie d'*Yvondrou*. C'est le port militaire des Hovas ; mais ils n'ont jamais su utiliser ses avantages naturels, pour résister à une attaque sérieuse. Nous aurons plus loin, dans le cours de cet ouvrage, l'occasion de revenir sur Tamatave, quand nous en serons à la description des villes principales.

En dessous de Tamatave, près de l'embouchure de l'Iaroka, s'ouvre la baie d'*Andévourante*, avec son village de 1,800 à 2,000 habitants. On y fait un commerce assez considérable.

Puis, celle de *Vatomandry* (*rocher dormant*), qui doit son nom au voisinage d'une énorme roche noire. Ce port est peu fréquenté, parce que les sables en obstruent la passe une partie de l'année.

Plus bas, voici : *Marousiky*, *Mahanourou*, situé sur un

rocher à pic, endroit de la côte orientale le plus rapproché de Tananarive, centre d'un important commerce de riz. Après avoir passé Mahanourou, nous apercevons, sur la rive droite du Mangourou, *Amboudiharine*, remarquable par ses greniers à riz et l'habitation du gouverneur hova. En descendant toujours vers le sud, nous rencontrons *Mahela*, où se fait un grand trafic de peaux de bœufs, de gomme copal, de cire et de caoutchouc, et à 112 kilomètres au-dessous, l'ancien établissement français de *Mananzarine*, à proximité duquel, sur la rivière de ce nom, au village de Saraffe, en face de Siatouche, se trouvait la sucrerie de M. de Lastelle, que les Hovas incendièrent, en 1859. C'est à Siatouche, résidence du commandant hova, qu'a lieu tout le commerce de la région, le même qu'à Amboudéharine, augmenté de l'exportation des porcs. Non loin de là, à 25 ou 30 milles dans l'intérieur, s'élève le fameux plateau d'*Ikiongo*, où tout croît en abondance. On évalue de 10 à 12,000 le nombre des esclaves fugitifs qui y ont cherché asile. On ne peut y accéder que par des sentiers escarpés, taillés dans le roc et gardés, jour et nuit, par des sentinelles. C'est en vain qu'à plusieurs reprises, les Hovas ont tenté d'en forcer le passage; ils ont été obligés de se retirer, non sans avoir essuyé des pertes assez considérables. Il est juste d'ajouter que ces réfugiés ne sont hostiles qu'aux Hovas seuls, leurs anciens oppresseurs, et qu'ils vivent en très bonne intelligence avec leurs autres voisins.

La baie de *Sainte-Luce*, à 800 kilomètres de Tamatave, est la dernière de la côte orientale. C'est dans ce port que la France fonda son premier établissement.

Sur la côte méridionale on ne trouve guère, en fait de mouillage, que *Fort-Dauphin*.

L'entrée de cette baie se fait remarquer par une

roche sur laquelle la mer se brise, même par les temps les plus calmes ; cet écueil est appelé par les indigènes *Maroule Fou* (multitude de sagaies).

Après avoir doublé le cap *Sainte-Marie*, au sud-ouest, nous remontons la côte occidentale. Les premières baies que nous rencontrons sont celle d'*Ampalaze*, capitale du petit royaume du même nom; son port n'est guère fréquenté. M. Dumoulin, qui y possédait un établissement, fut égorgé en 1851, avec deux employés. Puis celle de *Marikoura*, en face de l'île de *Baracouta;* cette baie est entourée de récifs, au milieu desquels ne s'ouvre qu'une passe. Un peu au nord, le port d'*Itampoule*, où le commerce paraît délaissé.

Ensuite, la baie de *Saint-Augustin*, sur la côte de laquelle le port de Salar est le seul bon mouillage. A environ 3 milles de là, vers l'ouest, on remarque la petite île de *Nossy-Vey* (île de sable). Cette île, très commerçante, possède plusieurs magasins. Malheureusement, l'eau douce y manque. Au nord de la baie Saint-Augustin, notons le port de *Tuléar* ou *Tolia*. A deux heures de marche environ, au sud de ce port, s'avance la pointe de *Tsaroundrano*, que Labimérisa, roi des Antifiérenanes, céda à la France, il y a une vingtaine d'années, et dont M. Fleuriot de Langle prit solennellement possession au nom de notre gouvernement.

Un peu plus loin, le bras de mer resserré entre les *îles du Meurtre* et la côte offre aux navires un abri moins sûr, mais du moins momentané. Ils trouvent, en revanche, un excellent mouillage dans la vaste crique de *Nossi-Marouantali*, une des îles stériles de ces parages, située à une certaine distance des îles du Meurtre.

Après avoir doublé le cap *Saint-Vincent*, nous apercevons les *îles Barren*, l'île *Juan de Nova* et nous atteignons le cap *Saint-André*, au nord de la rivière

Vue de Tamatave.

Sombaho et de l'îlot *Nossi-Valavou*, formé par le delta de cette rivière. C'est un des points les plus remarquables du littoral de Madagascar. Du cap Saint-André, jusqu'au cap d'Ambre, on trouve les rades les plus spacieuses et les mieux abritées de la grande île. Des escadres entières peuvent y stationner et y manœuvrer à l'aise. Cette région privilégiée est appelée par les indigènes : *Andourouch* (pays des Baies).

Citons d'abord parmi ces baies celles de *Baly* et de *Cazembi*. L'entrée de cette dernière est presque complètement barrée par un banc de sable ; les bâtiments, même de faible tonnage, ne peuvent y jeter l'ancre qu'en profitant des marées de syzygie ; au fond, s'élève le village de Kia-Kombi. Puis, la baie de *Boueni*, dont l'entrée est également obstruée par des bancs de sable et des récifs, mais laissant entre eux et la plage un espace suffisamment large et profond pour permettre aux navires, même du plus fort tonnage, de venir atterrir sans difficulté. — La baie de *Bombétok*, à quelques lieues seulement de la précédente, qui s'enfonce, de près de 2 kilomètres, dans les terres. Sa largeur, de 3 milles et demi à l'entrée, varie, à l'intérieur, de 3 à 6 et 7 milles. Son aspect est agréable et pittoresque ; sa salubrité reconnue. Il y règne un mouvement très actif, en raison de sa position avantageuse, dans le canal de Mozambique et de la fécondité de la contrée environnante ; elle est certainement appelée à acquérir, dans l'avenir, une grande importance, et à devenir un entrepôt central pour l'importation et l'exportation avec l'Afrique, l'Arabie et l'Inde. — Les baies de *Mazamba*, de *Mouramba*, de *Narinda* et de *Mourousang*. Cette dernière, avec les baies de *Saumalaza* et de *Raminitok*, forme un immense bassin, divisé en trois ports. L'ancrage de Mourousang, ouvert au nord-ouest, n'est pas très sûr, pendant l'hivernage; la baie de Saumalaza est formée par un bras de mer, large de 2 à 5 milles, s'avançant à 25 milles environ dans l'intérieur des terres. Elle est parsemée de bancs de sable et de récifs, qui rendent son accès difficile aux gros navires. Owen lui avait donné le nom de *Port-Radama.* — Enfin, les baies de *Bavatoubé*, bon mouillage à 15 milles dans le sud-ouest de l'île de *Nossi-Bé*, près de laquelle on rencontre des mines de houille, et de *Passandava*, en face de Nossi-Bé même, dont l'entrée, commandée par cette île, ferait une station militaire de premier ordre. Au sud-ouest de Nossi-Bé, gît le petit groupe de *Nossi-Tébu* (les trois îles). Entre la côte occidentale du plus grand de ces îlots et la grande terre, s'arrondit une anse admirablement disposée pour y établir, à très peu de frais, un quai de carénage.

A l'est de Nossi-Bé, nous relevons encore les baies de *Tchimpayki*, profonde de 25 à 30 mètres, et celle d'*Ambavanibé*. Cette dernière est, sur la côte occidentale, la baie la plus proche du cap d'Ambre, point le plus au nord de Madagascar.

Cours d'eau. — Une multitude de cours d'eau descendent des montagnes de Madagascar et font de cette île le pays le plus arrosé du globe.

Il en est de considérables, dont quelques-uns sont aussi larges, à leur embouchure, que les plus grands fleuves de France. Peu sont navigables, à cause de la barre qui obstrue l'entrée de la plupart d'entre eux, et de la disposition du sol en amphithéâtre, ce qui rend impraticables les communications par eau, du littoral avec l'intérieur.

Ainsi que nous l'avons fait pour les baies, nous commencerons par la côte orientale l'énumération des principaux cours d'eau.

Ce sont donc, sur cette côte :

Le *Tingbale*, qui a son embouchure au fond de la baie d'Antongil; le *Manahar*, le *Manangourou*, l'*Onibé*, au nord de Foulepointe; l'*Ivondrou*, qui se jette au sud de la baie de ce nom; l'*Iagre*, ou rivière d'Andévorante; le *Mangourou*, dont les sources paraissent voisines de celles du Manangourou, toutes deux descendant du point culminant du plateau inférieur pour se rendre à la mer. Le cours du Mangourou est d'environ 400 kilomètres; cette rivière peut être considérée, en importance, comme la seconde de Madagascar. A quarante lieues de la mer, elle reçoit un gros afffuent, venant du sud, qui, dit-on, la rendrait navigable pour les pirogues jusqu'à plusieurs milles au sud de Manahourou, où son embouchure est coupée de rapides et de rochers. — Le *Mananzari*, le *Namour*, le *Faraon*, le *Matitane;* cette dernière est, pour les Malgaches, ce qu'est le Gange aux Indiens. Son nom : mati — mourir, tanana — main, — main morte — lui vient, dit la légende, d'une altercation entre deux géants, d'une stature herculéenne, qui se querellaient, d'une rive à l'autre, séparés par la rivière. Pendant la dispute, l'un d'eux, étendant le bras, saisit la main de son adversaire, qu'il arracha et jeta dans l'eau. — Le *Mananghare*, qui prend sa source dans les hautes vallées de l'*Hara*, et dont le parcours mesure, environ, 450 kilomètres.

La région du sud est moins riche en cours d'eau. Les habitants sont souvent obligés d'avoir recours à des racines aqueuses, assez communes dans cette contrée, pour étancher leur soif, quand ils voyagent dans la montagne. On ne compte guère que le *Mandréré*, le *Mananbourou*, et le *Ménérandre*.

Du sud, en remontant vers le nord, on côtoie, pendant près de 50 lieues, la côte ouest, sans trouver le

Baie de Bavatoubé (Bavatoby), à trente kilomètres de l'île de Nossi-Bé.

moindre ruisseau. Puis, on rencontre l'*Ongn'lahé*, qui se jette dans la baie de Saint-Augustin, et le *Tolia*, dans la province de Féérègne ; le *Mangouki* ou *Saint-Vincent*, le *Tsidsoubon*, le *Manemboule*, le *Douko* qui arrosent le Menabé ; l'*Ounara*, la grande rivière de l'*Ambongou*; le *Mandzaraï*, le *Betzibouka*, qui vient se jeter dans la baie de Bombetock et est grossi de son affluent l'*Ikoupa*, la rivière de Tananarive. Ces deux derniers ont un parcours de plus de 400 kilomètres, et sont les cours d'eau les plus considérables de l'île. Les boutres d'un certain tonnage peuvent le remonter jusqu'à Maeratanané, et même jusqu'aux environs d'Antriba. Et, enfin, le *Soufia*, dont les eaux viennent se perdre dans la baie de Matzamba.

Isthmes. — Des isthmes, dont la largeur varie entre 1 et 10 kilomètres, séparent quelques-unes de ces rivières. Il serait facile et peu coûteux de les creuser, pour les relier entre elles par des canaux, ce qui, en beaucoup d'endroits, permettrait de voyager en embarcation. Ainsi, de Foulepointe à Matatanane, on pourrait faire toute la route par ce moyen de transport, soit un parcours de 150 lieues.

Chenaux. — Les courants marins qui tendent à ensabler continuellement l'embouchure des rivières sur la côte orientale et ne leur permettent pas d'avoir une issue directe et permanente à la mer, ont formé une foule de petits chenaux, tantôt larges de 100 à 200 mètres, tantôt même de 2 à 3 kilomètres et reliant parfois plusieurs rivières entre elles.

Lacs. — Ces chenaux, conséquence naturelle des amoncellements de sable qui enlisent l'embouchure de certaines rivières, dont le cours n'est pas assez fort pour se frayer un passage jusqu'à la mer, forcent le trop-plein des eaux à se répandre à droite et à gauche.

Il résulte de leur extravasement, que partout où s'y prête une dépression du sol, se forment des marais stagnants et même des lacs, occupant une étendue de plusieurs milles, du milieu desquels émergent parfois des îles charmantes.

C'est surtout sur la côte orientale, de Tamatave à Sakalion, sur une longueur de 65 lieues, que l'on trouve, presque parallèlement à la côte, la principale chaîne de lacs.

Les uns sont isolés et séparés par des isthmes, sur lesquels les indigènes traînent leurs pirogues, quand ils vont de l'un à l'autre ; les autres communiquent entre eux ou avec les rivières voisines, déversant ainsi leurs eaux dans la mer par une bouche unique, placée souvent assez loin des confluents. Une simple bande de sable, large de quelques mètres, ou une plage gazonnée, plus ou moins parsemée d'arbres et d'arbrisseaux, leur tient lieu de ligne de démarcation. Pendant l'hivernage, ils ne sont pas navigables.

Comme nous le verrons plus loin, quelques-uns de ces lacs facilitent jusqu'à Andévourante la route de Tamatave à Tananarive..

Après avoir quitté Tamatave, le premier lac que nous remarquons est le *lac de Nossi-Bé* (de la grande terre); il mesure 35 kilomètres de circuit, et offre un panorama véritablement enchanteur, avec ses îlots pittoresques, couverts d'arbres variés, peuplés d'une quantité innombrable d'oiseaux au plumage multicolore. Une superstition se rattache à ce lac délicieux. En le traversant, les naturels doivent se garder d'ouvrir la bouche, dans la crainte de voir aussitôt apparaître Mahao, vieille sorcière fameuse d'après les traditions locales, et qui, à une époque reculée, aurait élu domicile dans un de ces îlots.

Nous relevons ensuite :

Le lac d'*Iranga*, de moindres dimensions que le précédent, dont il n'est séparé que par le petit isthme de *Tanfoutchi* (terre blanche). Ce lieu a aussi sa légende. Un serpent monstrueux, un *fangane*, dont les replis pouvaient entourer plus de trois cents familles, décimait la population environnante. Déjà, un grand nombre d'indigènes avait péri, dans une mort affreuse, victimes des sept dards empoisonnés dont était armée sa terrible langue. Ému des ravages que causait un tel monstre et de la désolation qu'il répandait, à plusieurs milles à la ronde, Dératif, — le bon principe — résolut d'en purger la contrée. Muni d'une serpe proportionnée à la taille du colosse, il profita de son sommeil pour l'attaquer et trancher son corps en tronçons qu'il dispersa dans la région. De nos jours, les Malgaches montrent encore avec une pointe d'orgueil la caverne qui servait d'antre au serpent, et l'étang où il se baignait. Ils prétendent avoir donné à ce lieu le nom de Tanfoutchi (terre blanche) à cause de la coulée visqueuse et blanchâtre que le hideux reptile laissait sur son passage.

Le lac *Rassouabé*, beaucoup plus vaste que les deux autres. Il mesure de 50 à 55 kilomètres de tour, et abonde en poissons et oiseaux aquatiques. Les naturels le disent habité par le Génie du feu : pour le traverser en toute sécurité, et conjurer les malignes intentions de son hôte dangereux, ils ont soin d'emporter avec eux des *fanfoudis* — charmes protecteurs.

Le lac *Rassoua-Massaye*, qui communique avec le précédent par un étroit canal, où les pirogues ont à peine assez d'eau pour naviguer. — Le lac *Fenoarivo*, le lac *Rangazava* et le lac *Itampo-lo*.

Outre ces lacs côtiers, il en existe quelques-uns dans

l'intérieur, mais très imparfaitement connus. Les principaux sont :

Passage d'un torrent, route de Tamatave à Tananarive.

L'*Ihotry* ou *Otry*, dans le nord de la province de

Féérègne ; l'*Alaotra,* lac de l'île d'argent, dans l'Antsianak. — On cite comme très curieux, au sud de ce lac, un village où les cases faites de joncs se soulèvent, à l'époque de l'hivernage, au fur et à mesure que les eaux montent ; — le lac *Ima*, au nord du Ménabé, qui a près de 25 kilomètres de longueur sur 15 de largeur ; le lac *Safé*, dans l'Ambongu, surnommé par les Malgaches *Sariviaka* — image de l'océan — dans la partie occidentale de la province de l'Ankôve ; le lac *Itasy*, renommé par l'excellence de ses poissons, situé à trente milles environ dans l'ouest-sud-ouest de Tananarive ; enfin, à l'ouest de la baie de Bombetock, le lac *Kinkouni*, qui verse le trop plein de ses eaux dans le Mandzaraï. La profondeur de ce dernier, dans le milieu, atteint jusqu'à 20 mètres; son eau très limpide renferme des poissons en abondance. En temps de guerre, les trois petits îlots qui en occupent le centre ont souvent servi de refuge à la population de ses rives, qui est très nombreuse. Sa superficie est tellement considérable, que de l'un de ses bords on n'aperçoit pas l'autre.

Tananarive est également entourée de plusieurs petits lacs, alimentés par des fontaines, qui sourdent à travers les parois granitiques de leurs bassins. L'un d'entre eux est célèbre : il rappelle le Styx de la mythologie grecque et romaine, et est appelé le *lac du serment.* C'est sur ses bords que, suivant un antique usage, les Hovas viennent prêter serment dans les circonstances solennelles.

Sources thermales. — Madagascar compte plusieurs sources thermales, salines, sulfureuses et ferrugineuses. La plus réputée est celle de *Marofana*, aux environs de Tamatave ; elle est très efficace pour les maladies de foie. A l'instar des Romains, qui jetaient dans les sources qui les avaient guéris des pièces de monnaie, ou les gobelets dans lesquels ils avaient bu le précieux liquide, les Malgaches, moins riches et surtout plus parcimonieux, y immolent des holocaustes d'animaux. C'est pourquoi il ne faut pas s'étonner de voir, à l'entour de ces sources, des têtes de coqs, des pattes de poules, des cornes de bœufs, fixés à des pieux, véritables ex-voto érigés en mémoire des cures opérées par les effets bienfaisants de cette eau salutaire.

CHAPITRE III

POPULATION. — MÉTÉOROLOGIE.

Population. — Jusqu'ici les souverains de Madagascar n'ont pas encore prescrit à leurs ministres de faire le recensement de leurs sujets. La population de cette île ne peut donc être évaluée que très imparfaitement. Certains explorateurs n'estiment qu'à un million le nombre de ses habitants, d'autres à deux millions huit cent mille, d'autres encore à quatre et même à six millions. M. Alf. Grandidier porte ce chiffre à quatre millions environ, auquel les Hovas, dans la seule province d'Emyrne, contribueraient pour un million, et les Betsiléos, leurs voisins, pour six cent mille. Il resterait donc trois millions quatre cent mille habitants à répartir entre les autres peuplades indigènes. En réalité, malgré tous les calculs auxquels a pu se livrer ce savant voyageur, ces chiffres sont purement hypothétiques, car les missionnaires eux-mêmes, qui sont disséminés dans toute l'île, depuis plus de vingt ans, et qui, par ce fait, sont plus en situation de fournir sur ce sujet des renseignements précis, n'ont jamais pu donner qu'une idée approximative du nombre d'habitants de Madagascar.

Les peuplades du nord sont clairsemées, nomades, paresseuses et indépendantes ; celles du sud, au contraire, sont denses, travailleuses, énergiques et disciplinables. Elles fournissent des ouvriers à toutes les autres régions de l'île. Ce sont elles qui exécutent tous les travaux pénibles, tels que ceux des concessions sucrières et autres industries, des forêts et des pêcheries. On retrouve, dans toutes les provinces du nord, ces courageux Malgaches, attelés au labeur le plus rude. Autrefois, ils émigraient pour aller prêter à l'île de la Réunion les travailleurs qui lui manquaient.

Météorologie. — A Madagascar, comme dans toutes les autres contrées de la zone tropicale, l'année se divise en deux saisons : la saison sèche, de mai en octobre ; la saison des pluies, désignée dans les colonies sous le nom d'hivernage, d'octobre à la fin d'avril.

C'est pendant cette dernière saison que sévissent les orages, les bourrasques, les ouragans, les cyclones. Dans le centre de l'île et sur la côte occidentale, elle correspond à l'été. La côte orientale fait exception à la règle : la belle saison y est celle pendant laquelle les autres parties de l'île sont sujettes aux pluies torrentielles. On entend bien, pendant cette période, quelques coups de tonnerre, accompagnés d'ondées, mais, pour cette région, la véritable saison pluvieuse commence en avril pour finir en octobre. C'est grâce à cet arrosement, presque continuel durant toute l'année, que la côte orientale est plus fertile que la côte occidentale. Sur celle-là, relativement plate et sablonneuse, les averses sont beaucoup plus rares. Dans le sud et le sud-ouest, elles sont peu abondantes et de courte durée.

Vents. — Sur le littoral, les vents soufflent à des époques fixes, et suivant des directions connues. On les distingue en deux catégories : moussons du nord-est et du sud-ouest. Depuis Fort-Dauphin jusqu'au 22° de latitude, ils viennent presque constamment du nord-est. En mer, leur action ne se fait pas sentir régulièrement à plus de dix lieues de la côte. Les vents du sud-est sont rares dans ces parages.

Sur la côte occidentale, la brise du nord règne d'octobre en avril; de mai en septembre, elle varie du sud à l'ouest, depuis midi jusqu'au soir ; la nuit, elle passe du sud à l'est, pour s'y fixer le matin.

Orages. — Les orages sont très fréquents, pendant la période de l'hivernage. Ils sont loin cependant d'être aussi redoutables qu'à l'île de la Réunion et à l'île Maurice, où ils occasionnent de grands ravages. Dans le Nord, ils sont moins violents qu'ailleurs ; c'est plutôt dans l'intérieur qu'ils sont le plus fréquents. Il ne se passe guère de jour, pendant cette saison, qu'on n'entende les roulements du tonnerre, dans plusieurs directions à la fois.

La plupart de ces orages viennent de terre. Dans le jour, la brise du nord refoule sur les montagnes les nuages qui s'y amoncellent, formant, vers le soir, une large bande bleue; ces nuages crèvent en pluies diluviennes, au coucher du soleil.

Raz de marée. — C'est particulièrement sur la côte occidentale que se produisent les raz de marée qui visitent souvent Madagascar; la mer monte alors de 2 à 3 mètres, tandis que, sur la côte orientale, elle ne s'élève guère de plus d'un mètre.

Climat, salubrité. — En général, le climat de Madagascar doit être considéré comme chaud et humide, et d'une extrême variabilité, suivant le degré de latitude ou d'élévation du sol, au-dessus du niveau de la mer. A Tananarive, de novembre en janvier, la température est de 28° à 29° le jour, et de 15° la nuit; de juin à août, son maximum est de 23° le jour, et de 6° la nuit. A Tamatave, de décembre en janvier, elle varie entre 36° le jour, et 16° la nuit. A Tuléar, sur la côte occidentale, la température minimum est environ, en juillet, de 10°, et en janvier, de 24° ; la température maximum, pour les mêmes mois, de 27° à 33°.

De juin à septembre, le froid est assez vif, dans l'intérieur, pour que les habitants soient obligés d'avoir recours à des vêtements de drap. Souvent même, le givre couvre toute la surface de la terre. On peut donc conclure qu'il existe dans l'île des différences de température très sensibles, entre ses points extrêmes, et que le climat de sa région montagneuse serait très agréable, si les averses torrentielles qui tombent sans interruption, en décembre et en janvier, ne condamnaient les habitants à la réclusion.

On a dit que l'île de Madagascar est malsaine. Elle ne l'est pas autant que ceux qui sont intéressés à le faire croire se sont plu à le répéter. La fièvre jaune, ce terrible fléau qui décime les Européens dans le nouveau monde, n'y a jamais fait d'apparition. Certes, nous ne prétendons pas nier la malignité de certaines fièvres, qui ont coûté la vie à tant de nos soldats, ces dernières années, mais nous considérons comme un devoir patriotique de rétablir la vérité et de réduire à leurs justes proportions les exagérations de nos bons amis, qui, en proclamant bien haut l'insalubrité de Madagascar, poursuivent le but manifeste de nous dégoûter d'une colonie qu'ils convoitent pour eux-mêmes.

Oui, il existe une espèce de fièvre, spéciale au pays, dite fièvre de Madagascar, avec laquelle tous doivent compter. Il est même très rare qu'un étranger, après plusieurs mois de séjour, n'y paie pas son tribut d'acclimatement. Les indigènes de l'intérieur y sont sujets aussi bien que les Européens, surtout quand souffle la brise du nord-est. Cette brise chaude et chargée de miasmes délétères exerce une influence pernicieuse sur les Hovas, tandis que, par une bizarre contradiction de la nature, les Européens y sont presque insensibles.

Cette fièvre n'est autre chose que le résultat d'une intoxication paludéenne, due aux pluies diluviennes qui inondent, chaque année, le pays, et, séjournant sur le sol, forment des flaques d'eau croupissante. Lorsque surviennent les fortes chaleurs, ces eaux stagnantes engendrent des germes morbides, contre lesquels le meilleur remède à suivre par ceux qui en sont atteints est l'emploi rationnel de la quinine et des purges, dosé suivant les besoins de chaque constitution.

Au commencement de ce siècle, le roi hova Radama Ier considérait cette fièvre comme un bienfait. C'était, suivant lui, un puissant auxiliaire contre les Européens qui prétendaient conquérir son pays. « J'ai à mes ordres, disait-il à ses familiers, deux invincibles généraux, dont les blancs n'auront jamais raison. Ce sont les généraux Tazo (fièvre) et Hazo (forêt). »

On a constaté, cependant, que la fièvre de Madagascar est plus bénigne et moins tenace que celle qui sévit sur les côtes d'Afrique. Autrefois, on fuyait ce fléau, en s'éloignant des régions marécageuses du littoral, pour aller chercher un air plus pur et plus salubre sur les hauts plateaux du centre. Aujourd'hui, l'étranger est aussi exposé à contracter ces fièvres dans l'intérieur que sur les côtes. Et la raison en est bien simple. Elle provient de ce qu'on a déboisé les terres de l'intérieur, pour y planter des rizières. Ces déboisements ont eu pour résultat immédiat de provoquer un excès de température ; de plus, les rizières que l'on a substituées aux forêts, dans presque toutes les vallées de la province d'Ankove, entretiennent des foyers permanents d'effluves et de miasmes délétères, assurément moins intenses que sur les côtes, mais qui, néanmoins, ne laissent pas de corrompre l'air ambiant. Ajoutons à ces deux causes l'encaissement du pays entre les montagnes qui le limitent de toutes parts et arrêtent ainsi la circulation des grandes brises, dont l'influence salutaire ne peut plus parvenir jusque-là.

En résumé, si un point isolé de la côte orientale a valu à Madagascar la lugubre appellation de *Cimetière des Européens*, et si son climat est quelquefois meurtrier, pendant l'hivernage, par suite de conditions locales, inhérentes à toute contrée neuve, mais destinées à disparaître de plus en plus avec les procédés d'irrigation et d'assèchement dont dispose la civilisation, la côte nord et la côte occidentale sont complètement saines, et nombre d'Européens y ont séjourné, plusieurs années, sans ressentir la moindre altération de leur santé.

Somme toute, l'île de Madagascar est très habitable, et peut être fructueusement colonisée par des Français. Si les colons observent le régime de sobriété absolument nécessaire, dans les pays intertropicaux, pour conserver la santé, ils peuvent être assurés de se porter aussi bien à Madagascar que dans leur pays natal. En revanche, s'ils commettent le moindre excès, ils se prédisposent à contracter des germes fiévreux et à justifier ainsi la réputation funeste que les Anglais ont faite, intentionnellement, à cette terre d'avenir, récemment soumise à notre protectorat.

CHAPITRE IV

DIVISION DU PAYS. — PROVINCES. — VILLES PRINCIPALES.

Division du pays. — Un peu après la découverte, c'est-à-dire vers l'époque où les Portugais et les Français essayèrent d'y fonder leurs premiers établissements, Madagascar fut trouvée divisée en une multitude de petites peuplades, d'origine différente, obéissant à des rois absolus, ou à des chefs indépendants les uns des autres et continuellement en guerre entre elles.

Flacourt estime à plus de vingt-cinq le nombre de ces peuplades diverses, sans toutefois en désigner les noms, — c'est à peine s'il mentionne les Hovas. Depuis lui, beaucoup d'explorateurs ont donné des nomenclatures, plus ou moins variées, de ces peuplades. Nous n'adopterons pas leur système; nous nous bornerons à passer en revue les 22 provinces aujourd'hui reconnues et admises par les Hovas, qui ont la prétention de dominer l'île tout entière.

En même temps que nous énumérerons les principales peuplades, en étudiant leur caractère et leur type distinctif, nous nous efforcerons d'établir la position géographique des provinces qu'elles occupent. Car, bien que les indigènes délimitent leurs frontières par les grandes lignes naturelles des montagnes, des rivières, des forêts et des savanes, les délimitations territoriales ne peuvent être dressées qu'approximativement, le cadastre n'existant pas à Madagascar.

Guerrier sakalave.

Ces vingt-deux provinces sont réparties dans trois

zones : la zone occidentale, qui en contient cinq, la zone orientale, qui en renferme dix et la zone centrale, qui en compte sept.

Zone occidentale. — Sont comprises dans la zone occidentale, c'est-à-dire dans la partie qui s'étend, au nord, entre la rivière Sambirano, qui a son embouchure dans la baie de Passandava, et la rivière Meharandra, allant du nord au sud : les *provinces de Bouéni, d'Ambongou, de Ménabé, de Féérègne et de Mahafaly.*

Sakalaves. — La grande tribu des Sakalaves peuple les trois quarts de cette zone. Elle se subdivise en *Sakalaves de Bouéni*, ou du nord, et en *Sakalaves d'Ambongou* et de *Menabé*, ou du sud. On peut considérer le Mangouki, ou rivière Saint-Vincent, comme la limite sud du pays des Sakalaves, quoiqu'on trouve de ces naturels dans le nord de la province de Féérègne. Cette province est également habitée par les Antiféhérenanes, appelés aussi Andraïvoulas. Mais ce nom, dit M. Alfred Grandidier, désigne spécialement les membres de la famille royale de Féérègne.

Les Sakalavas, plus connus sous la dénomination francisée de Sakalaves, tirent leur nom de leur coiffure, qu'ils portent, sauf en temps de deuil, artistement disposée en longues tresses régulières (*Saka-lava*).

Ils se subdivisent, eux-mêmes, en un grand nombre de tribus, obéissant à de petits rois, les uns indépendants, les autres soumis à la domination des Hovas. Ceux qui sont établis entre la rivière Sambriano et celle de Mangouki, principalement, ont su se soustraire au joug des Hovas.

Chez eux, le type africain est le plus saillant. D'une race magnifique, d'allure libre et dégagée, quoique cruels par circonstance, ils ne sont pas méchants. Ils sont fainéants par nature, au point de dormir tout le

Rade de Majunga (quartier indien).

jour. Cupides à l'excès, amoureux du clinquant, ils recherchent tout ce qui brille, tout ce qui éblouit le regard. Très braves au combat, ils affrontent la mort sans sourciller; — nous les avons vus à l'œuvre pendant la dernière guerre. Ce mépris absolu du danger a fait d'eux la tribu la plus guerrière de Madagascar. Dès l'âge de douze ans jusqu'à sa vieillesse, le Sakalave est armé d'un fusil et de sagaies, avec une épinglette, un sachet de balles et une corne de bœuf remplie de poudre à sa ceinture. Ils étaient, autrefois, la peuplade la plus puissante de l'île. Leur tradition rapporte que le fondateur de leur monarchie, Andrianandazohala — qui brûle les forêts — était un blanc débarqué à Saint-Augustin. Ses qualités remarquables le firent élire roi. Son fils et successeur, Andriamosara, — le mouchoir — est regardé par les Hovas comme le patriarche des Sakalaves. Son petit-fils, Andriandahifotsy — l'homme blanc — après plusieurs grandes conquêtes, fonda, dans le nord de Saint-Augustin, le royaume de Ménabé.

Si cette peuplade intelligente et brave eût été régie par une forte organisation politique, elle fût assurément devenue maîtresse de l'île entière. Malheureusement pour elle, les discussions intestines, l'abus des liqueurs fortes, la pernicieuse influence des Arabes, ces colporteurs d'immoralité et de dépravation, ruinèrent l'empire naissant des Sakalaves, et les Hovas profitèrent de ce déplorable concours pour briser, un à un, les faisceaux rompus de leur solidarité et les courber sous leur dépendance, par droit de conquête.

Actuellement encore, si l'entente pouvait les unir, en vue de secouer le joug de cet ennemi commun, par lequel ils jurent quand ils sont au paroxysme de la colère, ils formeraient à eux tous, une armée formidable, capable d'anéantir promptement les faibles garnisons hovas qui se trouvent dans le Bouéni, le Ménabé et dans l'Ambongou.

En raison de cette haine héréditaire, la plupart des Sakalaves sont nos alliés et se sont volontairement placés sous notre protectorat; nous les avons vus nous fournir le contingent de leurs recrues intrépides, toutes les fois qu'il s'est agi d'entrer en lutte avec leur oppresseur séculaire.

Province de Boueni. — La *province de Boueni* occupe, au nord de la côte occidentale, l'espace qui s'étend entre la rivière Sambirano et la baie et la rivière de Baly. Depuis 1841, elle est sous notre protectorat.

Par sa position, dans la région des baies, c'est la partie du territoire sakalave la plus propre au commerce. C'est pour cette raison que les Hovas, qui se rendent parfaitement compte qu'elle serait leur meilleur débouché, ont essayé de s'en emparer.

Aujourd'hui, elle est peu habitée. Elle ne l'est guère qu'entre la baie de Bombetock et celle de Baly, par les quelques groupes épars de Sakalaves, qui n'ont pas émigré au pays d'Ankara, à Mayotte et à Nossi-Bé, avec leurs compatriotes fuyant l'invasion hova. La grande baie de Baly est divisée entre plusieurs rois.

A l'intérieur, le pays est plat et peu boisé; on y trouve d'immenses prairies. En approchant de l'Émyrne, il devient désert et montagneux.

Dans la baie de Bombetock, est le port de Majunga, sur lequel nous reviendrons à la fin de ce chapitre, quand nous parlerons des villes principales.

Au nord de Mazangaye, citons la ville de *Mourousang*, dont la fondation remonte à 1837. Elle est entourée d'une double enceinte de fortifications. L'habitation du gouverneur couronne la montagne sur les flancs de laquelle s'étage la ville elle-même. Elle se compose tout au plus de 100 à 110 pauvres cases, et ne possède ni puits ni citernes pour les alimenter.

Au sud : s'élève la ville de *Bombétok*, dominée par un fort hova, et un peu plus bas, sur la côte ouest de la baie de Baly, le village du même nom. Il y a une trentaine d'années, ce village avait pour chef Saïd-Bouanan, d'origine arabe, ce qui explique pourquoi sa population est mélangée d'Arabes. La reine de Baly, indépendante des Hovas, réside dans l'intérieur des terres.

Province d'Ambongou. — La *province d'Ambongou*, toute en plaines, embrasse le pays compris entre la rivière Baly et la rivière Ounaira. Elle est bornée, à l'est, par l'Antsianak, et à l'ouest par l'Antimilonza, qui en fait partie intégrante.

Son territoire, entrecoupé de bois et de marécages, est assuré, par ce fait, contre les incursions de l'ennemi, qui n'a jamais pu y séjourner longtemps, à cause de son insalubrité. Néanmoins, les Hovas, bien qu'ils n'y entretiennent aucune garnison, y envoient des troupes qui le parcourent sans cesse.

Province du Menabé. — La *province du Menabé* commence à Mahétirane et finit au cap Saint-Vincent. Elle comprend la moitié de la surface totale du pays des Sakalaves.

Seule, la partie de cette province située entre la frontière et la rivière Ankola a reconnu la suzeraineté de la reine Ranavalona. Les peuplades qui en habitent l'autre partie, après avoir secoué le joug des Hovas, ont recouvré leur indépendance. Sa population forme un ensemble estimé à 70,000 âmes et est Sakalave, bien que mélangée d'Arabes. Tout le commerce, qui consiste en bois de construction, en peaux, en indigo, en coton, en vers à soie, en cire et en bétail, dont elle fournit les plus beaux spécimens de l'île, est entre les mains des Arabes;

leur pernicieuse influence n'a pas peu contribué à souffler la discorde parmi les diverses tribus sakalaves.

Indigènes Bezonzons transportant les peaux à Tamatave.

Au sud de la rivière Manambolo, s'étend le territoire de *Tsimanandra fozana*. C'est une île très fertile en orseille, en riz rouge, en ébène, en bois de rose, en palissandre et en santal.

A 38 milles dans le sud, se trouve *Mouroundava*, ou plutôt *Ambondourou*, à l'embouchure de la rivière Mouroundava, et, à deux heures de marche dans l'intérieur, le poste hova d'Andakabe, que les Sakalaves ont détruit plusieurs fois.

Province de Féérègne. — La *province de Féérègne* est comprise entre la partie nord de la baie Saint-Augustin et la rivière Iambicano.

Elle est habitée par les Antifihérenanes, appelés aussi Andraivailas ; on rencontre cependant, dans le nord de son territoire, quelques tribus sakalaves.

La ville principale de cette province *Tuléar* ou *Toléa*, en malgache Ankoutsaoka, est ainsi appelée à cause d'une rivière qui débouche à quelques kilomètres plus au nord. Non loin de là, dans le haut de la rivière Manombé, s'élève la résidence du roi de Tuléar ; les limites de son royaume sont, au nord : le sud de la rivière Antabato, et au sud : le village de Saint-Augustin. C'est à cet endroit également que se trouve la sépulture des ancêtres de ce monarque. Jamais les indigènes ne s'en approchent ; ils s'en éloignent au contraire avec terreur, de crainte de faire un faux pas dans son voisinage, car si cet accident leur arrivait, dans un certain périmètre, aux abords des tombes royales, ils seraient aussitôt massacrés par la population, comme étant condamnés par la volonté divine.

Les indigènes de cette province échangent leurs produits, consistant principalement en pois du Cap et en maïs, avec les naturels de la province de Mahafaly, qui manquent souvent de vivres, contre de l'orseille et des tortues, qu'ils vendent ensuite aux traitants.

Province de Mahafaly. — La *province de Mahafaly*

est limitée au nord par la baie de Saint-Augustin, et au sud par la rivière Mangouki, ou Saint-Vincent. C'est la dernière de la côte ouest de Madagascar. Elle est habitée par les *Mahafales*. Les indigènes du littoral, appelés par les Machicores ou Mazikouras (*gens de l'intérieur*) les *Vèzes* (qui nagent) sont de précieux auxiliaires aux caboteurs de ces parages. Ceux-ci les engagent souvent à leur bord. On évalue leur nombre à 30 mille environ.

La *province de Mahafaly* est stérile, surtout dans les années de sécheresse. Elle ne produit guère qu'une petite quantité de maïs cafre et un peu de woëmes. Aussi ses habitants sont-ils maigres et chétifs. Ils ne se nourrissent en partie que d'un mauvais gâteau cuit au four, composé de cendre de bois mêlée au tamarin. C'est probablement pour cette raison que le séjour de cette province n'offre pas de sécurité aux Européens, et que nous avons eu à déplorerle meurtre de plusieurs de nos compatriotes, jetés sur ces côtes par la tempête.

Au sud de la province de Mahafaly se trouve le territoire de *Mazikoura*. La partie de ce territoire qui s'étend sur le littoral est, elle-même, divisée en deux royaumes : le royaume d'Ampalaze et le royaume d'Itampoul et de Langrano.

Zone centrale. Province d'Antscianac. — La *province d'Antscianac* (*Antsianaka — hommes du lac —*), ainsi dénommée à cause du vaste lac Nossivola qu'elle renferme dans son territoire, embrasse l'extrémité la plus septentrionale de l'île ; elle est située au nord de l'Ankôva, et à l'ouest des Betsimsaracs. Elle est riche en troupeaux, et produit le plus beau coton de l'île. Sa capitale se nomme Ambatondrazaka.

Sa population est assez nombreuse. Comme les Sakalaves, les indigènes, appelés Antankares, ne présentent pas de type particulier. Issus d'un croisement entre Africains et Malgaches, ils tiennent, à la fois, de ces deux races et forment la population principale de ce territoire, cédé à la France, en 1846. Ils possèdent toutes les qualités nécessaires pour faire un allié intelligent et docile, s'ils étaient instruits et disciplinés.

Province d'Ankaye.— La *province d'Ankaye* (terre brûlée) est, comme la précédente, limitrophe de l'Ankôve, mais du côté de l'est. Elle occupe une partie du plateau inférieur, et est traversée, à l'ouest, par le Mangourou.

Ses naturels, les *Antakayes*, sont très industrieux. Ce sont eux qui fabriquent les étoffes de soie et de coton les plus estimées. Longtemps, ils ont su résister aux Hovas, auxquels ils ressemblent beaucoup physiquement, mais, moins aguerris et d'un tempérament peu belliqueux, ils ont été contraints de se courber sous leur dépendance.

Cette province est encore habitée par des Betanimènes, des Betsimsaraks, et des Bezonzons. Ces derniers, établis dans la fertile vallée qui porte leur nom et est coupée par la route de Manamboune à Tananarive, ont la réputation d'être les plus pacifiques de l'île, bien que, suivant leurs traditions, leurs ancêtres aient soutenu plusieurs guerres, à une époque reculée de leur histoire. Ils ne travaillent qu'à la culture du sol; exempts du service militaire, ils sont astreints par leurs oppresseurs à une corvée non moins pénible, celle des transports. Véritables bêtes de somme des Hovas, ils font continuellement le trajet de Tamatave à Tananarive, employés à porter hommes et bagages. Néanmoins, ce dur métier ne paraît pas trop leur déplaire; ils le préfèrent à celui des armes.

Province d'Ankôve. — L'Ankôva — de *ang* là et *Hova:* là, les Hovas — est plus connue, surtout dans sa région centrale, sous le nom d'Imérina ou d'Émyrne.

Cette province est bornée, au nord, par l'Antsihanaka et le pays des Sakalaves ; à l'est, par l'Ankaye ; à l'ouest, par le Menabé ; au sud, par le territoire des Betsiléos. Elle est très montagneuse, presque inhabitée dans les parties accidentées, qui sont complètement nues et sans végétation, très peuplée, au contraire, dans les parties basses, dont les vallées fertiles, arrosées par de nombreux cours d'eau, peuvent être facilement converties en rizières. Au centre même de la province, s'étend l'immense plaine de Betsimitatatra, anciens marais desséchés, où se pressent une multitude de villages, encadrés par de verdoyantes rizières. C'est surtout aux environs de Tananarive, à la fois capitale de la province et de l'île de Madagascar, que l'on remarque les plus importants de ces hameaux et que leur agglomération devient plus dense. Dans le sud, s'élance le grand massif rocheux d'Ankaratra, du sommet duquel on embrasse à vol d'oiseau la province tout entière, dont les crêtes innombrables font l'effet des flots houleux d'une mer de montagnes.

Au point de vue politique, la province d'Émyrne se divise en dix districts, subdivisés eux-mêmes en une infinité de cantons. Sa population dépasse un million.

L'agriculture y est à peu près nulle. Le riz est sa principale, pour ne pas dire sa seule culture.

L'Émyrne est la région la plus tourmentée de l'île. Au fur et à mesure que l'on pénètre dans l'intérieur de son territoire, son aspect varie à chaque pas, offrant ainsi au voyageur une succession ininterrompue de changements à vue des plus pittoresques. Ce sont : tantôt des vallées étroites et peu profondes, tantôt des gorges sauvages, étranglées entre une double muraille de montagnes aux pentes abrutes et désolées. Plus loin

Village et plaine de Mouramanga (route de Tamatave à Tananarive).

le sol se boursoufle d'une profusion de mamelons plus ou moins élevés, couronnés par une immense calotte de granit, ayant l'apparence d'autant de crânes chauves. Il n'y a que dans la partie ouest, arrosée par l'Ikopa, où la plaine semble dominer. Là, les sources, les ruisseaux, les lacs, sont très nombreux. Les rivières y sont encore accrues par une quantité de canaux, servant à conduire l'eau dans les rizières, jusque sur les cimes des montagnes.

Province des Betsiléos. — Au sud de l'Émyrne, entre le 20° et le 22° de latitude, s'étend la *province des Betsiléos*, ou Hovas du sud. Les Betsiléos passent pour être plus industrieux que les Hovas, plus pacifiques que les Sakalaves. Ils aiment la vie de famille et le travail des champs ; ils sont sobres et loyaux en affaires.

Tributaires des Hovas, qui les ont conquis, au commencement de ce siècle, les Betsiléos, chose rare chez les Malgaches, ont continué à se tatouer. C'est à eux que l'on attribue la légende des *Kimos* ou *Guimos*, les prétendus nains de Commerson. — Mais, comme le lecteur le verra dans la suite de cet ouvrage, jamais peuple nain n'habita Madagascar. Aussi, doit-on considérer cette légende comme une fable.

La *province des Betsiléos* produit le plus de soie et de coton, et contient le plus de minerai de fer. Elle a pour ville principale Fianarantsoa, à huit jours de marche de Tananarive.

Provinces d'Ibara et de Tsieninbalata. — Ces deux provinces ont pour frontière les montagnes des Betsiléos au nord, et la province de Féérègne à l'ouest. Dans presque toute leur étendue, on remarque de nombreuses traces volcaniques.

La première est habitée par les Vounines ; la deuxième par les Machikores (Marikouras — gens de l'intérieur). Ces deux peuplades se sont fondues ensemble sous le nom général de Bares. La plupart de ces indigènes se sont retirés sur les hautes montagnes que l'on aperçoit de Matatane.

Jamais les Hovas n'ont pu les soumettre. Bien qu'ils aient établi des postes militaires sur les parties de leur territoire inoccupées par eux, ils les redoutent comme leurs adversaires les plus sérieux. Et leur crainte est justifiée. Les Bares constituent certainement la peuplade la plus guerrière de Madagascar. Jamais ils ne se séparent de leurs armes : la nuit, en dormant, ils les conservent toujours à leur portée, afin de ne pas être surpris à l'improviste, pendant leur sommeil. Ces armes consistent en fusils arabes, mais plus communément en sagaies. Ils les manient avec une dextérité incomparable et un courage à toute épreuve. De façon à être prêts à s'en servir à la moindre alerte, ils portent toujours à leur ceinture une corne à poudre et un sac à balles.

Province d'Androy. — En dessous de la province des Bares, entre la province de Mahafaly à l'est et celle d'Anossy à l'ouest, est située la province d'Androy, ou pays des Antondrois, peuple des Buissons. Elle embrasse toute l'extrémité méridionale de l'île, dont le cap Sainte-Marie forme la pointe avancée. Cette province comprend deux districts principaux : celui d'Ampâte à l'est, et celui de Caramboules au sud-ouest. Elle est habitée par les Antondras.

C'est un pays plat et boisé, possédant, aux abords de ses forêts, de gras pâturages, où paissent de nombreux troupeaux de moutons et de bœufs ; ces bœufs sont plus petits que dans toutes les autres régions de Madagascar. On y voit peu de villages ; il est même certains endroits qui sont complètement déserts.

La province d'Androy fournit beaucoup de soie, de coton, de cire, d'écorces précieuses. On y récolte aussi une espèce de pomme très agréable au goût. Malheureusement, n'étant traversée par aucune route praticable, elle est peu fréquentée.

L'eau douce y est rare. Souvent, pour étancher leur soif, les Antondras sont obligés d'avoir recours aux figues de nopal, ou à certaines racines aqueuses, dont la chair ressemble assez à celle du melon d'eau.

Cette pénurie d'eau les contraint aussi à mettre les bœufs à la ration ; car c'est à peine s'il y a dans cette région quelques mares potables et, souvent même, il leur faut aller quérir de l'eau à plus d'une journée de marche.

Le fort hova d'Ambohémarina.

On évalue à une vingtaine de mille le nombre des Antondras. Ils sont à l'état sauvage. Leur manière de vivre tient plutôt de la bête que de l'homme. Ils forment une espèce de république, dont les chefs sont en guerre continuelle les uns contre les autres.

Zone orientale. — *Province de Vohimarina.* — Si, partant du cap d'Ambre, au nord, nous descendons la côte est, la première province que nous rencontrons est celle de *Vohimarina.* Comme la province de Maroa, sa voisine, elle est peuplée par les Antakares. Ces indigènes tiennent beaucoup des Cafres. D'un tempérament endormi, ils sont plus calmes, moins intelligents et moins industrieux que les autres Malgaches. Ce sont les *lazzaroni* de Madagascar.

Plus vulgairement connue sous le nom d'*Ankara*, elle occupe la bande de terrain comprise entre le cap d'Ambre et la rivière Lambirano. Elle appartient à la France depuis 1840.

Cette province ne renferme que quelques misérables villages, de vingt à trente cases, tout au plus. Elle est riche en terres végétales et n'est pas, comme les autres contrées du littoral, infectée par les marécages. Avant que les Hovas ne se fussent attribué le monopole de tout le commerce avec les étrangers, les indigènes de l'Ankara se livraient sur une grande échelle à l'exportation du bétail, qui y pullule. Aujourd'hui, les temps sont changés. L'agriculture y est délaissée ; c'est à peine si l'on y cultive le riz et la canne à sucre. Son terrain, cependant, est excellent pour la culture ; il ne demande qu'à être fécondé. Ruinés dans leur commerce, les Antakares n'ont plus de cœur au travail. Ils sont devenus d'autant plus paresseux qu'ils sentent bien que leurs efforts ne serviraient qu'à enrichir l'envahisseur.

Dans cette oasis, coin privilégié de la nature, où le

climat est très sain, se trouve la magnifique baie de Diégo-Suarez, point principal de la province.

Les efforts du gouvernement français doivent certainement porter sur cette partie de Madagascar. Dans aucune autre région de la côte, il ne trouverait réunis une plus merveilleuse station militaire que Diégo-Suarez, et à proximité, un meilleur entrepôt commercial que la rade foraine de Vohémar. Joignez à ces conditions déjà exceptionnelles, que l'immense étendue de terres cultivables qui entoure d'une zone essentiellement salubre ces deux points du littoral, que la grande quantité de bétail, de cuir, de cristal de roche que produit la contrée, que le voisinage de Nossi-Bé, que nos droits acquis et incontestables, que tout enfin concourt à souhait pour nous permettre d'établir, en cet endroit, un centre de colonisation promptement appelé à devenir des plus propices.

Province d'Ivongo. — La *province d'Ivongo* s'étend depuis la rivière Tongoubali jusqu'au 17e parallèle environ.

C'est sur ses côtes que se trouvent l'île Marosse et les deux établissements français de Tintingue et de Sainte-Marie.

Provinces de Maharelona et de Tamatave. — Ces deux provinces sont limitées au nord par la précédente et au sud par l'Irongo. Réunies en une seule, leur ensemble constitue le pays des Betsimsaracs (de *bé :* beaucoup, *tsi :* négation, et *missarak :* séparé). On comprendra facilement l'origine de cette dénomination, quand on saura qu'en effet ce pays est composé d'une foule de petites peuplades éparses, formant entre elles une association politique, une sorte de république fédérale, dont l'organisation remonte à la fin du dix-septième siècle.

Elles possèdent les trois ports de Fénérive, de Foulepointe et de Tamatave, dont il a été si souvent question dans le cours de ces dernières années.

Nous avons déjà eu l'ocasion de décrire l'aspect général de Fénérive, nous n'y reviendrons pas.

Quant à Foulepointe et à Tamatave, nous ne croyons pas devoir nous en occuper à cette place; leur importance exige que nous en parlions dans le chapitre suivant, consacré aux villes principales.

Province de Bétanimena. — La *province de Bétanimena* (*bé :* beaucoup, *tany :* terre, *mena :* rouge) est ainsi nommée à cause de l'aspect rougeâtre de ses terres ferrugineuses. Située au-dessous des deux provinces précédentes, sa limite australe est par 12° 40' de latitude sud; elle forme avec les précédentes la province la plus fréquentée par les Européens, par la raison qu'elle est, en partie, traversée par la route de Tamatave à Tananarive.

Sur cette route et sur la rive gauche de l'Iorouka, est bâti Andévourante, village considérable de quinze cents à deux mille habitants. Il y règne une gaieté et une activité incessantes, et s'y fait, avec les îles de la Réunion et de Maurice un grand commerce de riz. Les hommes y sont plus propres que dans les autres provinces; les femmes, mieux vêtues, plus coquettes, plus attrayantes. Bref, par comparaison, c'est un endroit charmant et qui mérite, relativement, la qualification flatteuse de Capoue malgache, que lui ont donnée certains auteurs.

On y remarque un modeste mausolée, élevé par M. de Lastelle à la mémoire de M. de Solages, premier martyr chrétien, à Madagascar, mort le 8 décembre 1832.

Au sud d'Andévourante, relevons encore, en fait de localité qui vaille la peine d'être citée, *Votou-Mandry*

Clergyman anglais prèchant l'abstinence à des femmes ivres de rhum, à Andévorante.

(rocher dormant), bourgade frontière du Betanimena. Votou-Mandry doit son nom à l'énorme rocher noir qui obstrue l'entrée de sa baie ensablée une partie de l'année.

Province d'Anteva ou d'Antavora. — Nous entrons ensuite dans la *province d'Anteva* ou *d'Antavora*, dont le chef-lieu, Manourou, se dresse au sommet d'un rocher escarpé. Manourou est une des étapes de la côte est, d'où l'on monte le plus directement à Tananarive. Comme à Andévourante, le commerce du riz s'y fait sur une grande échelle.

Après avoir traversé le Mangourou, notons les villages d'Amboudihar et de Mahéla. Dans ce dernier, résident un gouverneur et un commandant hova. On y fait aussi le commerce du riz, auquel s'adjoint celui des peaux de bœuf, de la gomme copal, de la cire et du caoutchouc.

Cette partie de l'île renferme beaucoup de porcs, provenant du pays des Betsiléos. Quelques colons y possèdent de riches plantations de caféiers et de cannes à sucre.

C'est du cœur de cette province que s'élance le fameux pic d'Ikiongo, dont nous avons déjà parlé.

Province de Matitanana. — Au sud de Manangari, commence la *province de Matitanana*, ou pays des Antaymours. Si tous les Malgaches ont pour leurs rois ou leurs chefs une profonde vénération, ceux-là professent à l'égard des leurs une véritable adoration, presque un culte; ce qui ne les empêche pas de les déposer, quand une calamité quelconque sévit contre eux. Ils les rendent responsables, par exemple, de leurs mauvaises récoltes de riz. Et, en cela, ils sont logiques avec eux-mêmes : déifier leurs chefs, c'est leur conférer le double pouvoir du bien et du mal. Si ces chefs n'en font pas bon usage, ils n'ont plus de raison d'être aux yeux de leurs administrés et, conséquemment, méritent la déchéance.

Leur capitale Matatane, où réside le grand chef, est

Betsimsarak, marchand de rhum.

située dans une petite île, à une heure et demie de l'embouchure de la rivière du même nom. Jadis, nous y possédions un établissement.

Les deux villages les plus importants sont : *Namour*,

étagé sur les flancs d'une montagne de terre rouge, au pied de laquelle coule une rivière, et, à une journée de marche plus loin, *Faraon*, dans une petite île, à l'embouchure de la rivière du même nom.

Province de Vandaïdrano. — Le Manghari sépare de la précédente la *province de Vandaïdrono*, ou pays des Antavoyes.

Nous n'y remarquons guère, en fait de localités importantes, que Sandrorivany et Manamboudre.

Les habitants de cette contrée sont courageux et jaloux de leur indépendance. Il est permis de supposer, d'après la couleur foncée de leur peau, d'après leurs lèvres épaisses, leur nez épaté, leurs cheveux crépus, qu'ils descendent des Cafres.

Province d'Anossy. — Cette province, la dernière de la côte orientale, comprend, dans sa partie sud-est, Fort-Dauphin, et dans sa partie occidentale la vallée d'Amboule, si riche en clous de girofle et autres épices, et en citrons.

Ses habitants, les Antanoses, ont des traits réguliers, une chevelure fine et bouclée. Leur caractère est doux et affable. Bien qu'ils n'aiment pas beaucoup les blancs, ils les accueillent cependant, quand ils se présentent, avec une cordialité qui rappelle l'hospitalité antique. Ils sont très intelligents. On trouve chez eux, notamment, des charpentiers et des forgerons aussi habiles que nos meilleurs ouvriers.

Nous venons de passer en revue les vingt-deux provinces reconnues à Madagascar. Mais, en désignant les principales peuplades qui les habitent, nous avons omis, à dessein, certaines petites tribus qui se trouvent confondues avec les principales et portent, chacune, le nom des villages qu'elles habitent. L'énumération détaillée de ces tribus secondaires nous aurait

Tananarive. Palais du premier ministre.

entraînés trop loin et aurait inutilement fatigué le lecteur.

Nous avons vu, dans le courant de ce rapide aperçu, que la grande île malgache est généralement peu habitée et qu'il faut quelquefois parcourir un désert avant de rencontrer un village.

Seuls, l'Émyrne, l'Antscianac et quelques points du territoire des Betsiléos sont assez peuplés.

En résumé, Madagascar ne compte que cinq villes véritablement importantes : *Tananarive;* Tamatave ; Fianarantsoa ; Majunga et Foulepointe.

Chaque ville et chaque village, comme au temps de la féodalité, en France et en Allemagne, sont soigneusement fortifiés, surtout dans l'Ankaratra et dans l'Émyrne. Des fossés, larges parfois de 12 à 14 mètres, hérissés de plantes épineuses, les enceignent de toutes parts. Une petite porte, fermée pendant la nuit, donne accès, pendant le jour, à une espèce de pont-levis. En dessous de chaque village, sont creusés des souterrains, ou cachettes, destinés à offrir aux habitants un dernier refuge, en cas de surprise. Depuis que les villages de l'Émyrne ne dépendent plus de chefs différents et sont soumis à la domination des Hovas, on ne les fortifie plus, on ne répare plus leurs fossés et leurs portes détériorées. Quoi qu'il en soit, le voyageur peut encore voir actuellement, aux environs de Tananarive, des villages entourés de deux ou trois enceintes de fossés profonds, avec d'étroites poternes, formées de deux énormes pierres, hautes de 2 mètres, solidement enfoncées dans le sol, sous lesquelles il faut passer, pour arriver jusqu'aux cases des habitants. Autrefois, entre ces deux pierres, on en faisait rouler une troisième, plate et ronde, qui obstruait l'entrée de la ville. Souvent, les habitants adressaient à ces pierres-portes des supplications et des vœux. En allant au bazar (marché) ils se passaient la main dans les cheveux et sur la cuisse et disaient à la pierre : « Voici une petite onction, donne-moi bon profit, et, ce soir, en rentrant, je t'oindrai plus largement. » Si leur journée avait été heureuse, ils tenaient parole et s'inclinaient respectueusement devant la pierre. Si, au contraire, ils ne rapportaient que de petits bénéfices, ils frappaient du pied la pierre, lui tournaient le dos et sifflaient, ce qui chez les Malgaches est la marque du plus profond mépris.

Villes principales. — Tananarive. Perchée comme un nid d'aigle, au sommet de la montagne d'Analamanga, Tananarive, ou Antananarivo, en 1607, sous le règne d'Andrianjaka, n'était qu'un modeste village. Les Vazimbas, qui s'étaient rendus à ce souverain, comme ils l'avaient déjà fait, en 1507, à son aïeul Andriamanela, composaient la majeure partie de sa population.

A cette époque lointaine, le village d'Analamanga ne grimpait pas jusqu'au plateau supérieur de la montagne, que couvrait alors une forêt ; ses quelques cases s'échelonnaient en contre-bas. Jugeant que cette position inexpugnable était l'emplacement naturel d'une grande capitale, Andrianjaka monta jusqu'au plateau. Après avoir fait raser les arbres qui le couronnaient, il y construisit sa demeure royale, et y fonda, tout autour, une colonie de 1,000 hommes. Dès lors, l'ancien village, berceau de la cité naissante, perdit son nom primitif pour adopter celui de son rival, dans lequel il se trouvait englobé : celui-ci fut appelé Antanana, rivo — *tanana :* guerriers, *arivo :* mille (village des mille guerriers).

Depuis Andrianjaka, Tananarive ne cessa d'être le

lieu de résidence des rois hovas, mais ce fut surtout sous le règne de Radama Ier qu'elle acquit son maximum d'extension et devint véritablement la capitale de toute l'île de Madagascar. Radama surmonta tous les obstacles qui s'opposaient à son développement, en faisant exécuter des travaux gigantesques, entre autres : le nivellement d'une partie de la montagne, pour y asseoir un faubourg.

Telle est, couvrant trois collines qui se suivent, allongées du nord au sud, la situation de Tananarive, dont le point culminant, 1,500 mètres d'altitude au-dessus du niveau de la mer, permet à l'œil de plonger, à 200 mètres en dessous, sur la vaste plaine de Betsimitatatra, arrosée par l'Ikopa, parsemée d'habitations, de rizières et de canaux, et bornée, au delà, par la ligne sombre des montagnes environnantes.

Quand on l'aperçoit, de 3 ou 4 lieues, bâtie en amphithéâtre et couronnée par deux majestueux palais, elle présente un aspect à la fois imposant et original.

A l'intérieur, ses nombreux portiques, qu'on rencontre de distance en distance, ses édifices élevés suivant les notions d'une architecture rudimentaire, ses places publiques, ses marchés, ses 20,000 maisons ou cases, à toits aigus, entassées pêle-mêle les unes sur les autres, et renfermant environ cent mille habitants, ses murs d'enceinte en boue pétrie et durcie au soleil, lui prêtent le caractère bizarre d'une cité orientale.

Une seule rue, extrêmement accidentée, la traverse du nord au sud ; toutes les autres voies de communication, qui la sillonnent en tous sens, ne sont que des sentiers tortueux, bordés de ravines et de précipices, d'étroits raidillons, le plus souvent impraticables et inextricables.

Quoi qu'il en soit, le voyageur qui, jusque-là, n'a eu l'occasion de ne voir, à Madagascar, que les miséra-

Place d'Andohalo, à Tananarive.

bles cases des Sakalaves et des Betsimsaracs, éprouve, en arrivant à Tananarive, une singulière impression de surprise. Il est tout étonné du faux air de civilisation qui distingue la capitale.

L'accès de Tananarive n'a pas toujours été ouvert aux Européens. Pendant toute la durée du règne de Ranavalona II, notamment, elle fut considérée comme une cité sainte, dont il leur était interdit de franchir l'enceinte, sous peine de mort. Ils ne devaient pas chercher à y pénétrer, sans une autorisation expresse de la souveraine, qui n'accorda cette faveur qu'à cinq ou six Européens.

Elle est entourée de fossés et de palissades, et, suivant la vieille coutume malgache, deux énormes pierres en marquent l'entrée. Après avoir passé cette porte, on commence seulement à gravir les premières rampes de la ville.

On remarque à Tananarive quelques édifices d'un style vraiment architectural. Citons particulièrement le palais de la reine et celui du premier ministre.

Ces deux palais, les plus beaux et les plus imposants édifices de Tananarive, sont exhaussés, chacun, sur une immense plateforme circulaire, à peu près contiguë l'une à l'autre, dont les bords sont supportés par un gros mur de soutènement en pierres de taille. Leur entrée principale est défendue par une double rangée de canons, placés de chaque côté d'un portail carré et massif.

Le palais de la reine, qui surmonte l'Ampamarinanâ, énorme rocher à pic, domine les édifices entièrement. Primitivement construit en bois par M. Laborde, il fut presque complètement réédifié, en 1868, lors de la conversion de Ranavalona II, par M. Cameron, lequel, tout en conservant le corps de bâtiment central, remplaça par des galeries en pierres les varangues, ou galeries extérieures en bois, qui entouraient l'édifice sur toutes ses faces. Ces galeries, en forme d'arcades, ont été considérablement agrandies ; elles s'avancent en saillie, formant trois étages superposés. Des tourelles, assez élégantes, flanquent les quatre angles du bâtiment et dépassent la hauteur des galeries ; elles encadrent l'immense toiture en bardeaux qui l'écrase. Dans cette toiture, aux rebords cintrés, sont percés, sur chacune des faces, trois lucarnes, l'une au-dessus de l'autre, surmontées de l'aigle à la couronne aux sept plumes, emblème héraldique des souverains hovas. Les boiseries des appartements intérieurs sont d'un précieux travail artistique et ne dépareraient certes pas nos anciennes demeures seigneuriales.

Le palais de la reine proprement dit, le Manjaka-Miadana, comprend encore dans son enceinte diverses autres constructions, entre autres : la maison d'argent, le Tranovola, qui doit son nom aux clous argentés de sa toiture, et aux ornements en argent qui garnissent les encadrements de ses fenêtres et de ses portes, lequel avait été construit pour l'infortuné Radama II ; les tombeaux de Radama et de Rasohérina, qu'il est de rigueur de visiter après avoir salué la souveraine ; et le temple royal.

A 200 mètres environ du palais de la reine, un peu en contre-bas, s'élève le palais du premier ministre. Celui-là, très curieux, dans son genre, est d'un style différent ; sa façade s'étend sur une longueur de 40 mètres ; il est couronné par une énorme coupole en verre, supportée par quatre tourelles carrées.

On remarque encore quatre églises catholiques, entre autres celle de l'Immaculée Conception, plusieurs temples protestants, et le palais de la résidence française, sans compter les somptueuses demeures des princes et des grands dignitaires.

A quelque distance de la ville, au sommet d'une colline, se trouve le palais de Soumiérane, où M. Lambert s'était proposé d'installer le siège de sa grande Compagnie. Celui-là réserve au visiteur l'agréable surprise d'une triple rangée d'arbres, plantée de chaque côté de l'avenue qui le précède. Ses quatre pavillons d'angle et ses balcons, qui mesurent 300 mètres de développement, font de cette demeure, œuvre du Français Legros, un séjour charmant, dont Radama II comptait faire sa résidence royale. Sa veuve laissa ce palais inachevé. Bien qu'il ait été abandonné depuis 1868, il pourrait être terminé et réparé à peu de frais. Actuellement (1888), la reine se fait bâtir une maison de campagne, à quelque distance de la ville, au milieu d'un terrain qui sera transformé en parc. C'est l'ingénieur français Rigault qui a été chargé de ce travail.

Nous avons vu que le palais de la reine était bâti sur un rocher monumental. De même que la Rome antique, Tananarive a sa roche tarpéienne, rocher qui se dresse à plus de 150 mètres, et présente à son sommet un énorme renflement, surplombant à pic un précipice. Les condamnés, convaincus de sorcellerie, étaient, jadis, précipités du haut de cette roche dans l'abîme, où les attendaient, pour leur donner le coup de grâce, des soldats armés de sagaies. Car quelque invraisemblable que cela puisse paraître, on a vu de ces malheureux arriver en bas sains et saufs, après avoir exécuté cet effrayant saut périlleux.

Au pied de cette roche, en deçà du précipice, s'étend la place de Mahomasina, le champ de Mars, où s'exécutent les manœuvres de l'armée hova. Elle ne mesure pas moins d'un kilomètre de côté.

La place d'Andohalo, où se tiennent les assemblées (kabars) du peuple hova et les foires, occupe à peu près le centre de la ville. Les foires, appelées marchés du

Village malgache de Tamatave.

zoma, ont lieu le vendredi : dix à douze mille personnes s'y pressent ordinairement. C'est sur cette place que s'élèvent la maison qu'habitait M. Laborde et l'église de l'Immaculée-Conception, édifiée par la mission des jésuites français.

Le marché journalier, ou bazar, se tient sur une autre place, formée par un élargissement de la crête de la montagne, à proximité du fameux lac du Serment, par lequel, suivant un antique usage, les Malgaches ne manquent jamais de jurer, dans les circonstances solennelles.

Tamatave. — Tamatave (*Taomasina*), chef-lieu maritime de l'île de Madagascar, était autrefois un petit village de pêcheurs; c'est aujourd'hui le principal marché de la côte orientale, le plus fréquenté et le plus connu des Européens, parce qu'il est le point de départ de la route conduisant à Tananarive. Sa rade spacieuse et sûre reçoit les bâtiments des îles de la Réunion et de Maurice. Les Hovas en ont fait leur port militaire; ils y possèdent une forteresse qui peut contenir de 2,000 à 3,000 hommes.

Bâtie sur le sable, Tamatave compte un millier de cases. Elle se divise en deux villes distinctes : la ville blanche et la ville malgache. La première longe le bord de la mer; la seconde s'étend derrière le fort, cachée par un épais rideau d'arbres, protégée par un fossé profond et une double enceinte de terre. Les deux villes réunies forment une ensemble d'une dizaine de mille d'habitants. Un gouverneur hova y réside, ainsi qu'un résident français, un consul anglais et un consul américain.

En fait de monuments, on remarque, outre l'habitation du gouverneur, la maison du grand juge, qui peut passer pour la principale, et les bâtiments de la douane, qui occupent une superficie de terrain considérable.

Tamatave prend de jour en jour beaucoup d'extension ; on commence à y bâtir des maisons à l'européenne ; aujourd'hui, le voyageur est assuré d'y trouver des hôtels confortables.

C'est certainement le point le plus commercial de l'île de Madagascar. On exporte de dix à douze mille bœufs, par an, et une grande quantité de riz. Le commerce américain y domine, tant en importation qu'en exportation.

La dernière guerre nous a rendu son nom familier, parce qu'elle était le centre de nos opérations militaires. C'est dans sa rade, en effet, qu'étaient ancrés les navires de notre escadre ; c'est dans son fort qu'étaient casernés nos soldats ; c'est à Tamatave qu'a été signé le traité qui a mis fin aux hostilités.

Avant notre dernière expédition, il s'y faisait un bien plus grand mouvement commercial qu'à l'heure actuelle. Certes, il y a encore des vendeurs au bazar, mais dix fois moins qu'auparavant. De nombreux *borozana* (porteurs) circulent toujours dans les rues, il est vrai, mais, il y a cinq ou six ans, ils les encombraient. On ne voyait alors que convois d'hommes, arrivant ou partant. Aujourd'hui, c'est rarement que l'on rencontre, par-ci, par-là, une troupe de cinquante à cent porteurs, armés de longs et gros bambous, et allant prendre charge chez un traitant. Ces borozanas sont le type le plus curieux, le plus intéressant de la population malgache de Tamatave. Ils constituent encore, malgré tout, sa vie et son mouvement. Quand ils ne sont pas occupés, on les voit flâner dans la grande rue de la ville, fièrement drapés, comme des hidalgos, dans des lambas en toile crasseuse, coiffés de chapeaux en paille grossière qui, par un long usage, ont cessé d'être blancs et ont pris une couleur indécise. D'autres accroupis en bandes, sous les varangues des magasins, ou le long des clôtures des emplacements, se rendent réciproquement le service de se chercher leur vermine, grattent leurs jambes galeuses, hélent le camarade qui passe, ou dorment. Avez-vous besoin de quatre porteurs de filanzana (palanquin malgache)? Sur le moindre signe, vingt de ces borozanas accourent à votre appel, et vous n'avez entre eux que l'embarras du choix. Lieu de promenade, cuisine, réfectoire, atelier, la rue leur tient lieu de tout cela, pendant la journée. La nuit, elle leur sert de dortoir. Au coucher du soleil, ils s'empilent, pêle-mêle, sous les varangues, les auvents, les marches d'escalier, les moindres abris, s'enroulent et se recroquevillent dans leurs manteaux, dorment sans désemparer jusqu'à l'aurore prochaine, et se retrouvent sur pied, le lendemain, frais et dispos, pour recommencer une journée semblable à celle de la veille.

Si ce spectacle charme le regard par son originalité, il affecte désagréablement l'odorat. Ces tas de chair humaine répandent, aux environs des lieux où ils s'étalent, l'odeur fade, pénétrante et caractéristique du nègre. Les jasmins, les orangers, et autres arbres odorants, ont beau fleurer bon, l'huile de coco, dont les naturels aiment tant à s'oindre, domine tous ces parfums de sa senteur lourde et nauséabonde.

Revenons au mouvement commercial de Tamatave. Jusqu'en 1882, les caboteurs venaient débarquer dans ce port les produits recueillis sur tous les points du littoral, pendant que, de l'intérieur, arrivaient à dos d'homme les matières premières les plus diverses : cuirs, caoutchouc, cire, riz, sucre, café, etc. Une fois emmagasinées, en quantité suffisante, ces marchandises étaient expédiées en Europe. En un mot, Tamatave était un véritable entrepôt. Les hostilités en ont modifié les conditions d'existence. Bloquée du

Douanes de Tamatave.

côté de la terre par les Hovas, bloquée du côté de la mer par nos cuirassés, son commerce s'arrêta net; on n'y apporta plus que des provisions de bouche et des munitions de guerre. Il fallait pourtant que les productions malgaches trouvassent des débouchés! De leur côté, les Anglais, les Américains n'entendaient pas souffrir de la crise, et voulaient, au contraire, grâce à notre éviction temporaire du marché indigène, s'en rendre les maîtres exclusifs. Le Nord étant continuellement visité par nos navires, à l'effet d'établir des communications entre les postes de l'île Sainte-Marie, de Vohémar et de Diégo-Suarez, le commerce banni de Tamatave se réfugia dans le sud. Mahanoro et Vatomandry en furent les principaux foyers. Cette dernière localité, en dépit de sa rade inhospitalière, fut la plus fréquentée. Elle s'agrandit avec une singulière rapidité. De village, elle devint ville, si l'on ne considère que le développement acquis ; à l'heure actuelle, bien que ravagée par un récent incendie, elle a conservé son importance. Il faut attribuer cette prospérité à plusieurs causes. D'abord, Vatomandry est à cinq ou six jours de marche de Tananarive, tandis que Tamatave en est deux fois plus éloignée. Ensuite, les Hovas, presque tous ruinés, ou tout au moins appauvris par la guerre, et désireux, conséquemment, de bénéficier des droits de douane qui leur échappent, en raison de la convention passée avec le Comptoir d'escompte de Paris, font converger leurs produits vers Vatomandry. De plus, les navires qui y ont été attirés n'en ont pas oublié le chemin. Bref, Vatomandry fait une sérieuse concurrence à Tamatave, et il est à craindre qu'elle n'arrive à usurper la première place qu'occupait auparavant sa rivale.

Pour ces causes multiples, il faudra encore quelque temps avant que l'ancienne capitale maritime de Madagascar reprenne sa prépondérance, avec sa physionomie habituelle.

Quoique son climat ne soit pas des meilleurs, les trois ou quatre cents Européens qui résident à Tamatave n'ont pas trop à se plaindre des fièvres engendrées par son atmosphère, tour à tour humide et brûlante. Elle jouit cependant d'une fâcheuse réputation d'insalubrité. Il est juste de convenir qu'autrefois elle était malsaine; mais, depuis, en même temps que sa population s'accroissait, les nombreux marais qui croupissaient au centre même de la ville ont été desséchés. Grâce à ces travaux d'assainissement, Tamatave est devenue un séjour sinon parfaitement salutaire, du moins possible, où les Européens peuvent se bien porter, à la condition, toutefois, de s'astreindre à la plus grande sobriété.

L'aspect général de la campagne, qui se déroule derrière la lagune où elle est bâtie, est riant et pittoresque. Elle l'encadre d'un parterre de prairies verdoyantes, d'où s'élancent çà et là de sombres forêts de pandanus, de manguiers et de cocotiers, et des bois odorants de jujubiers, de bananiers, d'orangers et de citronniers qui exhalent alentour leur haleine parfumée. Au delà, bornant l'horizon, se dressent en amphithéâtre les premiers plans des chaînes de montagnes de l'intérieur.

Fianarantsoa. — La ville de *Fianarantsoa*, capitale de la province des Betsiléos, est le siège d'un gouverneur général, lequel a sous ses ordres plusieurs gouverneurs particuliers.

Située dans une plaine, au pied de hautes montagnes, à huit jours de marche de Tananarive, elle est entourée de trois ou quatre enceintes et dominée par son *rova*, sorte de donjon placé au milieu d'une vaste citadelle. Elle comprend une centaine de cases et renferme environ dix mille habitants. C'est un centre important, où les missions catholique et protestante ont fondé des églises et des temples. Comme Tananarive, elle a son bazar ou marché, qui se tient sur une grande place, tout à fait au nord de la ville.

Majunga. — Merveilleusement située dans la baie de Bombétock, coquettement perchée sur une colline qui domine toute la contrée environnante, à l'embouchure d'une rivière navigable, se trouve la charmante et intéressante petite ville forte de Majunga (Mazangaye), du nom d'une ancienne et riche cité arabe, Mandrangaie, dont on voit les ruines au pied de la colline.

Les Hovas, qui la considèrent comme un point de concentration maritime et commerciale des plus importants, y avaient établi leur principal poste. L'amiral Pierre sut les en déloger et faire restituer à la France les droits que lui avait concédés le protectorat de 1841. On y remarque sept mosquées, dont deux ou trois seulement sont fréquentées. Elle compte une population de six à sept mille habitants, mélangée d'Indiens, d'Européens, de Sakalaves et d'Arabes, etc. ; ce qui lui donne un certain air cosmopolite.

Le vaste et profond port naturel de Majunga, bien abrité par les deux promontoires qui ferment son entrée, fait un commerce actif avec les navires américains ayant un comptoir à Zanzibar, qui y viennent annuellement faire des échanges. Les chéloniens, très nombreux dans cette contrée, forment une des branches principales du commerce extérieur, consistant en légumes secs, en ébène, en palissandre et en peaux de bœuf. Ce commerce local est accru de tous les produits de la région circonvoisine.

A huit jours de Tananarive pour les courriers, à douze pour les voyageurs, Majunga est le point de départ de la route la plus directe conduisant à Tananarive. Cette route, bien plus naturelle que celle de Tamatave, pourrait être rendue carrossable et serait d'une grande utilité, en cas d'expédition militaire sur la capitale des Hovas.

Foulepointe. — La ville de *Foulepointe*, ou plutôt le grand village de Foulepointe, bâti sur un terrain plat, près d'une vaste plaine d'un aspect enchanteur, traversé par plusieurs ruisseaux aux rives boisées, qui y entretiennent une fraîcheur permanente, s'élève à quelque distance de la mer, dont il est séparé par une belle plage sablonneuse. On y remarque un ancien fort français. Radama, sur les conseils des Anglais, songea à faire de Foulepointe le principal port de son royaume; il avait envoyé, en 1803, deux mille de ses sujets pour jeter les premières fondations d'un port militaire et commercial.

Actuellement, Foulepointe peut compter 4,000 habitants; ses maisons, grandes et propres, sont cachées sous l'épais feuillage des manguiers, ses rues sont larges et surtout bien alignées.

Ambohimanga. — A ces cinq villes principales il convient d'ajouter la fameuse cité d'*Ambohimanga*, qui renferme la sépulture des anciens monarques hovas. Ambohimanga est réputée ville sainte, et, à ce titre, son entrée est interdite aux étrangers. C'est là que le souverain a coutume de se rendre solennellement, lors de son avènement, pour remercier ses ancêtres de l'avoir admis à l'honneur de leur succéder sur le trône. Le nouveau monarque ne manque pas de leur faire l'hommage du *hasina* avec une piastre, comme tribut offert à des supérieurs dont il dépend, et de les invoquer pour qu'ils fassent rejaillir sur lui une parcelle de leur esprit royal, afin de lui permettre de gouverner sagement le royaume qu'ils lui ont légué.

Avant d'aller accomplir ce devoir à Ambohimanga, il s'en sera d'abord acquitté à Tananarive, dans la cour intérieure de son palais, auprès des tombeaux de Radama Ier et de Rasohérina.

CHAPITRE V

ETHNOGRAPHIE. — MŒURS. — COUTUMES.

Le lecteur a vu, au chapitre précédent, que, lors de sa découverte, en 1506, Madagascar fut trouvée divisée en une multitude de peuplades, de races fort mélangées. L'histoire obscure de ces peuplades, ne reposant que sur des traditions incertaines, nous force, comme l'ont fait beaucoup d'auteurs plus autorisés que nous, à renoncer à établir leur origine. Nous nous efforcerons seulement de jeter un peu de lumière dans ce chaos, en élucidant, autant que possible, les probabilités qui paraissent s'en dégager.

Quels sont les premiers occupants de Madagascar, et comment y ont-ils fait leur apparition? Les indigènes sont, eux-mêmes, dans la plus grande ignorance, sur ce point, et leur connaissance des principaux événements de leur histoire ne remonte pas au delà du commencement du siècle.

Des observations minutieuses, faites par plusieurs explorateurs, permettent d'estimer qu'à une date relativement reculée, vers le neuvième siècle environ, au moment de l'invasion des Tartares en Chine, des colons, émigrant de ce pays et de la Malaisie, seraient venus mêler leur sang à celui des indigènes primitifs de Madagascar, originaires eux-mêmes, soit de la Perse et de l'Arabie, soit surtout du continent africain.

Cinq ou six siècles plus tard, l'élément européen aurait

commencé à s'immiscer à cet amalgame de races diverses.

C'est d'après ces vagues données que semblerait s'être constituée la population entière de l'île.

Malgré la fusion de ces différentes races, certaines se distinguent encore, isolément, par la caractéristique de leur type, qu'elles ont conservée. Ainsi, il est aisé de reconnaître, dans l'intérieur de l'île, où il prédomine, principalement chez les nobles Hovas, le type malais, aux cheveux plats, au teint jaunâtre, aux pommettes saillantes, de même que, chez beaucoup d'habitants de la côte ouest, appelés Sakalaves, on remarque le type africain, aux cheveux crépus, au teint noir, aux lèvres charnues, au nez écrasé.

Les habitants du nord de l'île et de quelques régions de la côte sud-est, particulièrement aux environs de Fort-Dauphin, portent dans leurs mœurs certains indices indélébiles, qui feraient plutôt remonter leur origine à la période persane ou arabe.

C'est sur la côte est que le mélange avec le sang européen paraît être le plus prononcé.

Les Malais entretenaient déjà, antérieurement à l'ère chrétienne, des relations commerciales avec Ceylan. Par quel concours de circonstances sont-ils allés, les uns s'établir à Madagascar, les autres s'éparpiller dans l'archipel de la Polynésie? Est-ce à l'invasion tartare ou au caprice des vents qu'il faut attribuer cette migration?.... Quoi qu'il en soit, on peut affirmer que la race polynésienne et la race malgache sont deux rameaux détachés de la même souche, car, personnellement, nous avons pu constater que les Tahitiens ont le même teint, les mêmes mœurs et le même caractère que les Hovas, et qu'ayant, de plus, des mots dérivant de la même étymologie, ils doivent, conséquemment, être issus d'une source commune.

Cela nous entraînerait trop loin d'étudier, à fond et séparément, chacune des trois races principales qui se sont implantées tour à tour à Madagascar et dont le croisement a engendré la race nationale malgache; nous nous bornerons ici, toujours en nous inspirant des traditions locales, à ne nous occuper spécialement que de la peuplade la plus en vue et la plus puissante: celle des Hovas, qui, par voie d'ambassadeurs, a revendiqué hautement la pleine possession de l'île tout entière.

Ces Hovas, grâce à leur esprit conquérant, et, plus encore, à leur politique d'extermination, sont parvenus à imposer leur suprématie à toutes les autres tribus. Cependant, à en croire la légende sakalave, ils ne seraient pas les premiers occupants de l'île; ils y seraient arrivés bien avant les Amboas Lambos (porcs-chiens) — nom injurieux sous lequel les Sakalaves désignent les prédécesseurs des Hovas — originaires comme eux d'outre-mer. Les navires qui les portaient auraient fait naufrage et se seraient brisés sur la côte ouest.

Ils ne tardèrent pas à éveiller la jalousie des *Amboas-Lambos*, qui leur livrèrent des combats meurtriers, dans lesquels ils eurent d'abord le dessous; puis, secourus par de nouveaux débarqués, qui seraient les ancêtres présumés de leur roi-dieu, Radama Ier, ils reprirent l'offensive contre leurs vainqueurs et les exterminèrent presque totalement. Après s'être emparés de leurs terres et de leurs troupeaux et avoir réduit en esclavage ceux d'entre eux qu'ils avaient épargnés, ils se retirèrent dans le centre de l'île et s'y multiplièrent rapidement.

Cette province, — la province d'Ankôve ou d'Émyrne — était alors occupée par les Vazimbas, peuplade grossière, ignorante et pauvre, qu'ils n'eurent pas de peine à soumettre.

Bien que l'on rencontre dans l'Émyrne plusieurs autres peuplades ou tribus, le nom de Hova désigne indistinctement tous les sujets libres relevant du gouvernement de Tananarive.

Si l'on ne peut préciser l'arrivée des Hovas sur la côte ouest de Madagascar (1), on peut affirmer du moins qu'au commencement de ce siècle Andrianampoinimerina (le seigneur qui est dans le cœur d'Imerina) sut habilement profiter de la division des peuplades rivales pour les soumettre à son autorité absolue et créer l'unité du peuple hova.

C'est à cette fusion des vainqueurs avec les vaincus, des tribus autochtones avec les conquérants étrangers, qu'il faut attribuer cette identité de langage, de mœurs, de coutumes, de superstitions et de croyances que l'on trouve chez la population entière de l'île, connue sous le nom collectif de malgache, malgré les dissemblances physiques de ses trois races bien tranchées.

Type. — Les Malgaches sont généralement bien faits.

Chez les Hovas, le teint tire quelque peu sur le blanc, mais nuancé de couleur olivâtre et chocolat. Le sang blanc s'accuse plus particulièrement chez les grands, moins sujets aux mésalliances. En général, le crâne est renflé au niveau des bosses pariétales, la crête médiane affecte la forme d'une carène, la chevelure est noire de jais, fine, plate et luisante et, quelquefois, légèrement bouclée, la barbe rare et peu fournie, la bouche large, aux lèvres épaisses, le nez droit et court, le menton peu accentué, les yeux bridés, les pommettes saillantes, la corpulence moyenne, la taille bien prise, les formes plutôt élégantes qu'athlétiques, la

(1) M. Alf. Grandidier estime à 8 ou 10 siècles, tout au plus, l'arrivée des Malais à Madagascar, *Séance publ. de l'Acad.*, 25 oct. 1886.

physionomie douce et affable, les mouvements lents et majestueux. En un mot, les Hovas sont bien bâtis ; leur charpente, à la fois svelte et musculeuse, allie dans de justes proportions la force à la souplesse.

Indigène Hova.

Sans être aussi heureusement douées de la nature que les Tahitiennes, les femmes malgaches ne sont pas laides ; elles sont bien faites et parfois jolies. Elles ont le front large et bombé, l'œil vif, accusant une intelligence naturelle. Leur type n'a rien de commun avec celui de la négresse. Très coquettes, elles sont surtout fières de leur chevelure lisse, qu'elles soignent tout particulièrement ; celles qui sont favorisées de la fortune ont une femme uniquement chargée de l'entretenir avec des pommades ou des huiles et de l'orner d'un anneau en argent, suspendu au milieu de la tête. Les femmes d'une condition moins aisée se contentent de la graisse de bœuf. Les unes et les autres ne se décident qu'avec un réel chagrin à couper leurs cheveux, à l'occasion de la mort d'un souverain.

A quelque caste qu'elles appartiennent, elles se parent de colliers de verroterie, et, de même que les femmes hindoues, portent des bracelets aux bras et aux jambes. Beaucoup de femmes sakalaves ont conservé l'antique usage de se passer un anneau d'argent dans le cartilage du nez.

Plus travailleuse que l'homme, la femme malgache lui est aussi supérieure comme intelligence. Elle est dévouée et fait une excellente mère de famille; elle met sa joie et son orgueil à avoir le plus d'enfants possible.

Dans chaque habitation, en effet, pullule une fourmilière d'enfants robustes et superbes, qui croissent à la merci du climat et des circonstances.

La génération est en honneur chez ce peuple. Le Malgache supportera, de gaieté de cœur, toutes les vicissitudes de la vie, plutôt que la stérilité de son épouse, dont il sera atterré. S'il ne parvient à faire souche de rejetons, il en adopte. Mais il ne faut pas s'illusionner sur le mobile de ce besoin de paternité; ce n'est pas le sentiment de la famille qui l'inspire, c'est l'intérêt, car il est édicté que tous les biens des individus morts sans postérité reviennent de droit à l'État.

Caractère. — Malgré le temps, malgré la civilisation superficielle que les méthodistes anglais ont la prétention d'avoir introduite à Madagascar, l'esprit de la population est resté tel que l'a décrit Flacourt. Les malgaches, et tout particulièrement les Hovas, ne se sont dépouillés d'aucun des vices des anciens jours. La *London missionnary Society* n'a réussi qu'à leur inculquer un orgueil plus insolent, une hypocrisie plus raffinée. Capables de tous les crimes, de toutes les trahisons, ils sont dissimulés, fourbes, menteurs, roués, astucieux, flatteurs, cupides, lâches et cruels. La mauvaise foi est élevée chez eux à la hauteur d'un principe national; elle est la règle de conduite de leurs moindres actes, la base fondamentale de leur diplomatie. — Que de fois ne l'avons-nous pas appris à nos dépens, dans le cours des derniers événements! — En un mot, ils l'honorent presque comme une vertu civique.

En revanche, ils sont sobres, durs au travail, économes, peut-être avec trop d'âpreté. Ils acceptent courageusement toute espèce de métier; ils ont le respect inné de l'autorité, l'habitude passive d'une discipline rigoureuse, un dévouement sans bornes envers leurs chefs, un amour invétéré pour le village qui les a vus naître, et dont ils emportent toujours sur eux un peu de terre dans leurs lointains voyages.

Assez fins dans la conversation, spirituels même dans la critique, ils aiment beaucoup à jaser et à rire. La dominante de leur caractère est une prétention exagérée, d'une naïveté souvent grotesque. Comme exemple de la haute idée qu'ils se font d'eux-mêmes, nous relevons les paroles suivantes, que Rainilaiarivony prononça dans un kabar, le 25 mai 1886 : « N'imitons pas les Français, qui nous ont attaqués comme des sauvages; montrons-leur que c'est nous qui sommes la nation civilisée. »

Anthropophagie. — Ce mot n'a jamais eu à Madagascar la signification qui lui est ordinairement donnée par les étymologistes. A une époque déjà reculée, l'anthropophagie y était pratiquée, il est vrai, mais elle n'avait pas sa cause dans la barbarie des habitants; elle avait pour raison d'être et pour excuse : l'amour de la mort. Si les Malgaches offraient les leurs en sacrifice aux dieux et les mangeaient ensuite, c'était

Femme hova.

Femme esclave.

avec le fervent espoir de les faire revivre dans toute la parenté, par incarnation.

Hospitalité. — De même qu'en Polynésie, les lois de l'hospitalité sont pieusement observées, en ce pays, avec cette différence, toutefois, qu'à Tahiti surtout elle est plus écossaise. Si, aujourd'hui, lorsqu'un blanc arrive à Madagascar, les Malgaches ne s'étendent plus à terre devant lui, pour qu'il leur marche sur le corps, l'hospitalité la plus large n'en existe pas moins. Quand un

17

voyageur s'arrête dans un village, il entre dans la première case venue, y mange, y boit et y dort, sans que ses hôtes y trouvent à redire. Il est bon d'ajouter que la curiosité y est pour beaucoup, car tous les Malgaches sont avides de recueillir de sa bouche les nouvelles du dehors.

Mariage. Polygamie. — Il n'y a que fort peu de temps que la polygamie n'est plus permise à Madagascar ; ce n'est que par une loi en date du 29 mars 1881 qu'elle a été prohibée. Bien que l'on voie encore actuellement des Malgaches posséder plusieurs femmes, la grande et les petites, la première est la seule reconnue légalement, et l'union par le mariage avec une femme légitime est l'unique moyen de fonder une famille jouissant de ses droits héréditaires.

Il est dans les mœurs de fiancer les enfants, dès le bas âge. Le mariage malgache est précédé d'un contrat, chez les nobles. A cette occasion, le hasina est de rigueur dans les classes riches, ou seulement aisées; dans le peuple, il est de convenance. Dans toutes les castes, le divorce dénoue les unions mal assorties et la veuve est obligée de se remarier avec le frère du défunt, s'il en a un, ou, à défaut de son frère, avec son plus proche parent.

La fécondité, avons-nous dit plus haut, est considérée comme une bénédiction du ciel. La naissance d'un fils est accueillie avec une explosion d'allégresse générale ; celle d'une fille, au contraire, provoque un sentiment de déception. Cette contradiction a lieu de nous étonner, de la part d'un peuple vivant sous la domination d'une femme, en la personne de sa reine, qui réalise, à ses yeux, l'idéal de la perfection terrestre. Mais, quel peuple peut se vanter de mettre ses actes d'accord avec ses principes?

Il n'y a pas de différence entre les enfants légitimes ou adoptés ; tous sont admis au même titre d'égalité dans la famille ; seul, l'aîné a droit au respect des autres. Ceux-ci appliquent en tous points les théories phalanstériennes du fouriérisme, en contribuant à la prospérité du chef de la communauté, prospérité à laquelle ils sont associés. Au demeurant, ils s'en trouvent bien.

Avant 1861, il était loisible au père de vendre ses enfants ; puis, une loi a abrogé cette faculté barbare. Dans un but tout à fait politique, lors de la conquête de Madagascar, les Hovas interdisaient à leurs prisonniers de guerre tout mariage entre gens d'une même tribu ; ainsi ceux du nord ne devaient épouser que des femmes venant du sud, et vice versa. De ces unions naquirent des individus soumis, qu'ils traitèrent avec douceur ; et ceux-ci prirent leurs vainqueurs en telle vénération qu'ils ont refusé, lors de la dernière guerre, la liberté qu'on leur offrait.

De nos jours, les esclaves ne peuvent contracter mariage qu'entre eux, et après avoir obtenu l'autorisation de leurs maîtres.

Langue. — Comme la langue maorie, avec laquelle elle a d'ailleurs plusieurs points de contact, la langue malgache se distingue par la douceur de sa prononciation. Cette similitude de langage ne tend-elle pas, une fois de plus, à prouver que les deux races sont issues de la même origine ? Il est à remarquer, en effet, qu'aucun de ses mots ne se termine par une consonne ; ce qui prête à l'agencement de ses phrases une grande euphonie, et à l'indigène qui la parle une éloquence naturelle intarissable.

Actuellement, la langue malgache est constituée d'après une méthode rationnelle, à laquelle ont contribué pour une large part les missionnaires catholiques français et, en particulier, le révérend père Albinal ; elle possède sa grammaire, son dictionnaire, et est couramment parlée et écrite par presque tous les indigènes.

Elle comprend les voyelles : *a*, *e*, *i*, *o*, *u;* l'*o* se prononce *ou*; l'*e* est ordinairement fermé, comme en latin; l'*i* se place au commencement et au milieu des mots; l'*y* se met à la fin.

Les syllabes finales sont généralement muettes et prennent le son de notre *e* muet; c'est-à-dire qu'on ne les prononce pas : Tananarivo, Tananarive; Kabar*y*, Kabar.

Quelques-unes de nos consonnes : le *c*, le *q*, l'*x*, ont été rejètées de l'alphabet malgache, comme étant jugées probablement trop rudes pour les oreilles des indigènes.

Pour toutes ces raisons, cette langue est agréable et harmonieuse. De plus, n'ayant, comme l'anglais, ni genre, ni nombre, ni déclinaison, ni conjugaison, ne comportant pas une syntaxe compliquée d'une quantité infinie de règles, d'exceptions, de variations; n'employant que les termes indispensables : nom, article, adjectif, pronom, verbe, participes, adverbe, préposition, conjonction, interjection, elle est des plus simples, et des plus faciles à apprendre. Ainsi, pour désigner le genre, on termine le mot par la désinence : *laly* pour le masculin, et *vavy* pour le féminin.

L'article *ny :* le, la, les, est toujours invariable. Le pluriel s'obtient par l'adjonction d'un pronom ayant le sens de la pluralité, ou d'adjectifs collectifs : *betsaka*, beaucoup ; *maro*, nombreux; *sasany*, quelques-uns.

Les verbes sont actifs, passifs ou neutres; ils possèdent, en outre, un causatif actif, et un causatif passif. Pour les former, il suffit de prendre le mot racine et d'y préposer un des préfixes : *man*, *manpan*, *manpi*, *maha*.

Ils sont composés de trois temps : le présent, indiqué par *m ;* le passé, par *n ;* le futur, par *h. Miasa aho,* je tra-

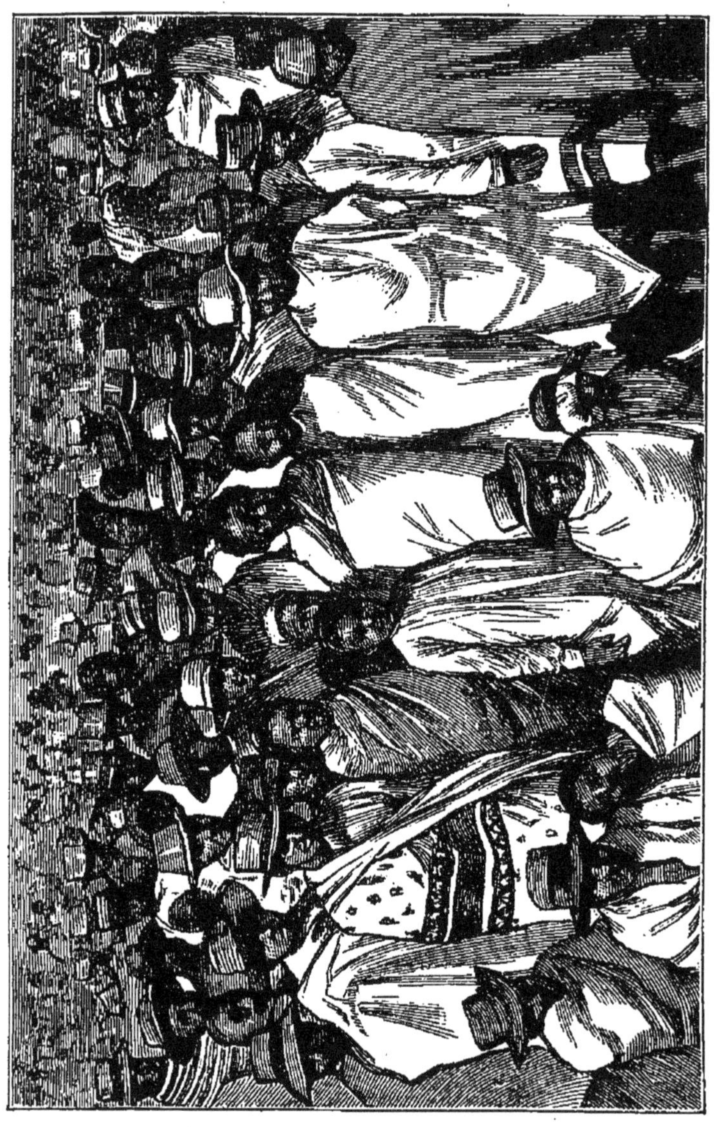

Indigènes réunis dans un kabar.

vaille; *niasa aho*, j'ai travaillé; *hiasa aho*, je travaillerai.

Le substantif s'obtient en changeant la lettre initiale

m en *f*, et en ajoutant la terminaison *ana : anatra*, avis, conseil; *manatra*, donner avis; *fananarana*, admonestation.

L'adjectif se place après le nom qu'il qualifie; le pronom démonstratif se répète avant et après le substantif. Seuls, les pronoms personnels varient, suivant qu'ils sont sujets, compléments singuliers ou pluriels. Les compléments servent à exprimer nos pronoms possessifs : mon, ton, son, qui n'existent pas en malgache.

Pour la construction de la phrase, on suit l'ordre naturel des idées : en tête, le sujet suivi de ses déterminatifs, puis le verbe, l'attribut et le régime. La seule inversion qu'on y remarque, parfois, consiste en ce que le sujet vient après le verbe et son complément, au lieu de commander la phrase.

Tels sont les éléments substantiels de la langue malgache. Ils sont également ceux de la langue maorie.

Aussi sonore que l'ancien celtique, plus sonore que l'espagnol moderne, elle se prête admirablement à la poésie et à l'éloquence. Aussi, de tout temps, les orateurs et les poètes ont-ils été nombreux à Madagascar. Les indigènes sont, en effet, de merveilleurs improvisateurs; les mots coulent de leurs lèvres, sans la moindre hésitation, avec une harmonie qui charme l'oreille. Fiers de leur faconde, ils saisissent toutes les occasions de l'exercer en public, et plus d'un Européen qui les a entendus prendre la parole dans les kabary a été frappé de constater dans leurs discours cet heureux choix d'expressions, cette élévation de pensée, cette grandeur d'images, cette ampleur de périodes, qui caractérisent la haute éloquence.

Ce n'est que sous le règne de Radama Ier que la langue malgache devint une langue écrite. Cette innovation est due au sergent français Bobini, qui introduisit dans l'Émyrne l'écriture et la lecture. Jusque-là, seuls, les ombiaches (prêtres) avaient le privilège exclusif de se servir de l'écriture arabe, pour consigner le souvenir des principaux événements.

Poids et mesures. — Le système décimal paraît être en usage depuis fort longtemps à Madagascar, où il a probablement été importé par les Arabes. A défaut de chiffres, les Malgaches emploient, pour compter, des grains de millet. Ils désignent leur âge par des faits. Dans leurs transactions commerciales, pour noter la quantité de produits qu'ils échangent, ils se servent de trois petites ficelles, d'inégale longueur et réunies ensemble par un bout, représentant, suivant leur dimension, l'unité, la demie et le quart; ils marquent sur chacune d'elles, au moyen de nœuds, les fractions divisionnaires de la marchandise à laquelle elles sont affectées.

Ils n'ont ni mesure de distance, ni mesure de poids, ni mesure de capacité. Pour eux, un endroit est proche ou éloigné; ils apprécient vaguement sa distance, en se basant sur le temps qu'on met généralement à la parcourir. De même, ils estiment qu'un vase est grand ou petit, un objet lourd ou léger, sans plus spécifier son volume ou son poids. Seules, les peuplades qui font le commerce avec les blancs commencent à employer la balance romaine.

Astronomie. Astrologie. — Les Malgaches n'ont pas de réelles notions en astronomie. La nature approvisionnant à profusion la grande île, ils n'ont jamais eu besoin, comme beaucoup d'indigènes des îles océaniennes, d'aller trafiquer au dehors, pour échanger leurs produits, et n'ont pas senti la nécessité de connaître cette science indispensable aux navigateurs. Néanmoins, ils n'ignorent pas la marche des années, des mois, des semaines et des jours. L'année malgache se décompose en douze mois lunaires et est, par conséquent, plus courte de onze jours que la nôtre; elle ne peut s'accorder avec celle des peuples qui font usage du calendrier grégorien. Chaque mois de l'année correspond à la nature des travaux auxquels les indigènes se livrent à chaque lunaison, pour la culture du riz; de plus, la floraison de certaines fleurs, de certains arbres, la ponte de certains oiseaux leur tiennent lieu de points de repère infaillibles.

Comme les anciens Gaulois et Germains, ils comptent par lunes, bien qu'ils aient une vague idée de l'année solaire. Ils distinguent deux saisons : l'été ou hivernage : *lohatoana*, et la saison sèche : le *xiriny*. Chaque mois, chaque jour de la semaine, ainsi que chaque phase de la lune porte un nom spécial.

Ils n'ont pas encore adopté le système horaire pour la subdivision diurne ; ils le remplacent par des dénominations imagées, appropriées au changement régulier que les heures montantes ou descendantes apportent dans la croissance ou la décroissance de la lumière et des ténèbres ; ainsi minuit s'appelle *matok'alina* (la nuit noire), midi : *miarina ny mosoandro* (le soleil d'aplomb), 7 heures du soir : *maissinany vodin ahitra* (où l'on ne voit presque plus les herbes), etc.

Plus astrologues qu'astronomes, les Malgaches estiment que l'ordre des événements et de la destinée dépend de la succession des jours, et que l'un et l'autre sont intimement et inséparablement liés, en vertu d'une sorte d'harmonie préétablie, par cette raison même que si le soleil est la source des jours, des semaines, des mois et des années, il doit être aussi le régulateur suprême du destin universel.

Après s'être livrés à des études approfondies sur

ce sujet, ils en sont arrivés à émettre cette théorie que chaque mois jette un sort qui lui est propre, et partant de ce principe, ils orientent leurs cases en conséquence.

C'est non seulement aux mois, c'est aussi aux jours et aux heures qu'ils attribuent ces effets fixes et con-

Officiers supérieurs hovas.

traires. Il n'y a là rien qui doive étonner outre mesure ; certains esprits superstitieux — et ils sont nombreux — n'accordent-ils pas en France une influence fatale au vendredi ? C'est le mardi qui est réputé par les Malgaches jour noir, jour de mort.

Maladies. — Chez un peuple porté à rendre les sorciers responsables de tout incident, ou accident naturel, la physique, la chimie et la médecine n'ont pu que rester stationnaires. Le rôle des médecins se borne donc à administrer à leurs malades des décoctions d'herbes et de racines du pays.

Avant l'apparition des blancs, les Malgaches n'avaient guère à souffrir que des fièvres malignes qui sévissent surtout sur la côte est. Depuis, avec les vices de leurs visiteurs, ils ont contracté quelques-unes de leurs épidémies. C'est ainsi qu'en 1874 la variole, inconnue jusqu'alors à Madagascar, ravagea Tananarive et sa province et une partie de la côte occidentale. A part les fièvres paludéennes, qui font moins de victimes, aujourd'hui que la science européenne a fourni aux indigènes des remèdes pour les combattre, et qui iront en diminuant d'intensité, par suite des travaux de canalisation entrepris en vue d'assainir le pays, on rencontre fort peu de maladies locales, si ce n'est la lèpre, qui est assez répandue. Pour éviter qu'elle ne s'étende sur la population, on isole les lépreux du reste de la société, en les internant dans un lieu désert.

Les fous sont l'objet d'une grande vénération à Madagascar. La folie y est produite par les insolations et, plus souvent, par l'abus des liqueurs fortes.

Alimentation. — L'alimentation des Malgaches est saine autant que nutritive, aussi abondante que variée. Leurs deux mets nationaux par excellence sont le riz cuit à l'eau, que les femmes préparent en le pilant auparavant dans un mortier en bois, et le *roh*, ragoût de gibier, de poisson, de bœuf ou de volaille, mélangés ensemble, comme dans une bouille-abaisse. Elle comprend encore la viande de bœuf, de mouton et de teneck (espèce de hérisson), des patates, des fèves, des chrysalides et des bombyx, etc.

Ils ont le porc en aversion, tenant probablement ce

dégoût des Arabes, qui ont essayé ainsi d'introduire à Madagascar, avec leurs mœurs, les préceptes du Coran.

Nous passerons sur les festins royaux, qui sont des agapes monstres. Pour édifier le lecteur sur ces repas pantagruéliques, qu'il nous suffise de relater que le dîner offert à M. Le Myre de Vilers, lors de la remise de ses lettres de créance, ne dura pas moins de dix heures consécutives, et qu'il y figura de cent cinquante à deux cents plats.

La boisson habituelle des Malgaches est l'eau bouillie au riz. Comme extra, ils boivent de l'hydromel mélangé au jus fermenté de la canne à sucre et du rhum, ou arak. Suivant les circonstances, ils sont ou très sobres, ou très gourmands.

Ils apprécient peu le tabac à fumer; ils lui préfèrent le tabac en poudre, qu'ils consomment en le mettant entre la gencive et la lèvre inférieure. L'usage de cette poudre, appelée par eux *houtchouc*, est général. La reine Ranavalona III en fait une grande consommation.

Costumes. — Le costume du Malgache, dans son enfance, est des plus simples, si simple qu'il se réduit souvent à..... rien du tout. Il consiste en un morceau de toile, passé entre les jambes et rattaché autour des reins, formant caleçon, qu'il appelle *seidik*.

Parvenu à l'âge d'homme, il complète ce vêtement un peu sommaire, en y ajoutant, suivant sa position sociale, une pièce carrée de calicot, de toile ou de drap, dans laquelle il se drape avec aisance, et qui lui donne l'aspect d'un ancien Romain. C'est le *lamba*. Beaucoup, parmi les nobles et les officiers, s'habillent aujourd'hui à l'européenne.

Les femmes du peuple ceignent leurs reins avec une

pièce d'étoffe dont les pans retombent en jupe, et s'emprisonnent le buste dans une camisole étriquée, sur laquelle elles jettent parfois un lamba, dont elles s'enveloppent comme les hommes. Les femmes riches ont adopté les modes européennes.

Nous avons déjà eu l'occasion de parler des uniformes de gala des ministres, des grands dignitaires et des officiers : nous n'y reviendrons pas.

Le tatouage est en usage dans quelques familles; mais ce n'est pas, à Madagascar, comme dans quelques îles de la Polynésie, une sorte d'armorial indiquant une origine noble.

Religion. — Quoiqu'on ait reconnu à Madagascar des indices visibles de judaïsme, de mahométisme et même de bouddhisme, remontant au septième siècle environ, on n'y a retrouvé les éléments d'aucun système religieux. Avant que le protestantisme eût été déclaré religion d'État, les indigènes croyaient à l'existence de deux esprits, le bon : Zanahary, et le mauvais : Augatch' ; ils ne songeaient pas à la possibilité d'une seconde vie.

Andriamanelo laissa, le premier, l'art de la divination s'introduire dans ses États (1567). Après lui, son fils Ralambo donna asile aux idoles (ody et sampy) (1587). Mais ces idoles n'eurent ni temples ni autels; on ne pouvait leur donner ce que les rois n'avaient pas eux-mêmes. Les fidèles leur offraient des perles, de l'encens et des sacrifices.

En 1869, Ranavalona II, élevée par des missionnaires anglicans, cédant à l'influence de ses précepteurs, décréta l'abolition de l'idolâtrie. Par son ordre, Kelimara, la fameuse idole de Ranavalona Ire, fut brûlée publiquement dans un autodafé, et ses sujets eurent un délai d'un mois pour faire subir le même sort à toutes celles qu'ils possédaient dans leurs demeures. Les sampy (idoles) n'étaient autre chose qu'un morceau de corne de bœuf travaillé, un bambou sculpté, une pierre dégrossie ou même brute, ou d'autres objets informes, bien soigneusement enveloppés de bandelettes et ficelés au bout d'une hampe.

C'est saint Vincent de Paul qui organisa la première mission catholique, à Madagascar. Il y envoya les PP. Nacquart et Gondrée, lesquels débarquèrent, le 4 décembre 1648, à Fort-Dauphin, où déjà les avaient précédés, cinq ans auparavant, M. de Bellebarbe, aumônier de la Société française fondée par Richelieu, et, trente ans plus tard, deux pères Jésuites.

Les premiers missionnaires anglais n'apparurent dans cette île qu'en 1820.

Nous n'avons pas ici l'intention de faire l'historique des missions à Madagascar, nous rappellerons seulement à grands traits, et pour mémoire, le rôle respectif qu'y ont joué les deux missions en présence, et l'action qu'elles ont exercée, tour à tour, sur la politique indigène.

Nous avons vu comment nos missionnaires, après avoir donné des preuves d'un dévouement véritablement évangélique, après avoir essuyé toutes sortes d'humiliations et de vexations, de la part de leurs rivaux, ont été chassés de l'île, à la mort de Radama II, au moment même où on commençait à les écouter; nous avons vu comment, toujours persécutés par leurs adversaires, ils ont été de nouveau proscrits, en 1883, au mépris de certaine clause du traité de 1868, relative à la liberté de conscience ! Nous avons vu de quels procédés inavouables se sont servis leurs collègues anglais, pour les évincer et les discréditer dans l'esprit du peuple malgache.

Nous avons vu de quelle façon les RR. anglais entendaient la propagation de la foi, usant de coups de

Tombeau de famille du premier ministre, à Tananarive.

bâton, en guise d'arguments persuasifs, pour racoler leurs adeptes et les courber sous le joug de leur doctrine, ne reculant pas devant le crime pour se débarrasser d'un monarque débonnaire qui n'entrait pas dans leurs vues.

Nous avons vu, enfin, qu'en 1869, à force d'intrigues hypocrites, ces soi-disant apôtres ont réussi à assurer le triomphe de leur œuvre antihumanitaire, par la conversion à leur secte de la Reine et de son époux, et l'érection du protestantisme en religion d'État.

Il est inutile d'insister davantage sur des faits dont le lecteur ne se souvient que trop.

Actuellement, bien que Madagascar nous appartienne légalement, ils règnent toujours en maîtres absolus sur les esprits, qu'ils gouvernent par l'ascendant du prestige acquis. Ils forment légion, tandis que nos missionnaires ne forment qu'un groupe isolé; ils sont une force compacte, tandis que les nôtres ne sont que les débris épars d'un faisceau brisé. Et, cependant, la jalousie les divise et les envenime les uns contre les autres : Indépendants ou méthodistes de la *London missionnary Society*, Prédicants, Luthériens, Anglicans et Quakers.

Mais, si les nôtres n'ont pas vu leur œuvre couronnée de succès, ils ont, du moins, la conscience pure, exempte de tout reproche. Ils peuvent se vanter de n'avoir jamais eu recours à la bastonnade, pour imposer leurs croyances et se faire construire des temples dans chaque village ; ils peuvent s'honorer de n'avoir jamais compté dans leurs rangs des Pritchard et des Shaw.

Les missionnaires protestants français n'ont pas encore été évangéliser à Madagascar. Ils ont négligé la grande île africaine, eux qui songent à s'établir au Congo. Cet oubli a été signalé dans une réunion de missionnaires protestants français, tenue, récemment, sous la présidence de M. de Pressensé. M. de Mahy a profité de l'occasion pour rompre quelques lances en faveur de nos missionnaires, et combattre les Indépendants anglais, qui sont les plus lâches ennemis de notre influence coloniale. On a dénaturé le sens des paroles de cet intrépide défenseur de la question de Madagascar, en laissant entendre que les missionnaires protestants français étaient impliqués dans ces paroles de blâme. Les interpellations, les invectives n'ont pas manqué à l'honorable député de la Réunion, manifestations d'autant plus regrettables, qu'elles propagent le préjugé de notre impuissance colonisatrice et font le jeu de nos ennemis, en même temps que les affaires de leur courtage religieux.

Aujourd'hui que les méthodistes ont l'air de vouloir quitter Madagascar, — après fortune faite — espérons que nos missionnaires protestants français, n'étant pas guidés par les mêmes raisons, n'hésiteront plus à aller les remplacer.

Circoncision. — A quelque secte qu'ils appartiennent, tous les Malgaches, sans exception, pratiquent la circoncision, vieille coutume qu'ils tiennent des Arabes. Autrefois, cette opération, remontant à Andriamaneb (1567), était l'objet d'un grand cérémonial. On l'accomplissait à l'approche de la pleine lune et l'on égorgeait des taureaux pour la circonstance. Aujourd'hui, elle est débarrassée de toutes les formalités extérieures prescrites par les anciens rites.

Superstitions. — A des idées qui peuvent passer pour assez élevées, les Malgaches associent les superstitions les plus vulgaires. A vrai dire, ces superstitions, dans leur ensemble, constituaient leur seule religion. Les pratiques superstitieuses ont survécu au naufrage des anciennes croyances et subsistent encore, même parmi ceux qui ont officiellement embrassé le christianisme. C'est ainsi que la généralité continue à porter des ody (amulettes) et à rendre à la pierre un culte particulier. Au nombre des pierres qualifiées de sacrées, il faut classer, au premier rang, celles qui sont

Entrée de Tananarive.

élevées comme monument commémoratif d'un fait important de leur histoire. Viennent ensuite : la pierre marchante, la pierre à échos, la pierre glissante, la pierre caquetante, la pierre borne, la pierre porte, la pierre diseuse de bonne aventure, la pierre vertu universelle, à laquelle on attachait des chiffons et des cheveux, la pierre à vœux, la pierre des jours fastes et celle des jours néfastes. Toutes ces pierres reçoivent l'onction de leurs adorateurs.

Autrefois, les Malgaches offraient des sacrifices aux mânes de leurs ancêtres et aux esprits des lieux fatidiques ; aujourd'hui, ils le font encore, mais en secret, redoutant la férule de leurs intolérants convertisseurs. Les ombiaches (sorciers) étaient les pontifes de ces cérémonies divinatoires ; on les consultait pour interpréter le sort et prédire l'avenir. Selon que leur naissance eut lieu, certains jours, à certaines heures, selon les cris de leur mère, les nouveau-nés étaient abandonnés ou égorgés. Il en était de même des enfants venant au monde jumeaux ou contrefaits.

Maintenant que la sorcellerie est passible des tribunaux, ce n'est guère qu'après dix heures du soir, lorsque les sentiers sont déserts, que le passant attardé rencontre sur son chemin le sorcier, au corps huilé des pieds à la tête, de façon à se rendre insaisissable.

Fady ou Tabou. — Nous retrouvons à Madagascar, comme en Océanie, le Tabou, ou fady. Il suffit, pour se préserver des déprédations des voleurs, de planter en terre, devant sa porte, un bambou surmonté d'une petite botte de paille de riz ou d'herbe ; c'est le fady, qui sert encore à interdire l'accès de certains lieux, à prohiber l'usage de certains aliments, à isoler ceux qui sont atteints de certaines maladies, etc.

Ancêtres. — Aux yeux des Malgaches, les ancêtres

passent avant Dieu, avant le souverain ; ils planent au-dessus de toute hiérarchie surnaturelle et sociale ; ils sont censés présider, après la mort, aux destinées de la famille. Tout découle de la volonté des ancêtres : succès, bonheur, mort, ruine, disette.

Croyant à leur intervention occulte, dans les moindres actes de la vie, sans cesse préoccupés du désir de se conformer à leurs ordres, et hantés par leur souvenir, ils les revoient souvent en songe et s'empressent d'obéir aux injonctions qu'ils s'imaginent en avoir reçues.

Funérailles. — Lorsqu'un Malgache meurt, ses proches parents lavent son cadavre avec une décoction d'aromates ; puis, après l'avoir enseveli dans ses plus beaux lambas et paré d'amulettes et de colliers de racines, ils le placent sur une natte. Toute la journée, les autres parents, les amis, les voisins, viennent gémir, crier et débiter des louanges en son honneur. Le soir, on sacrifie un nombre de bœufs proportionné à la fortune du défunt, et tous les assistants en reçoivent un morceau. Le lendemain, on met le corps en bière, après lui avoir bourré la bouche d'autant de pièces de monnaie d'argent qu'elle en peut contenir et on entasse avec lui dans le cercueil les objets les plus précieux qui lui ont appartenu de son vivant. Le troisième jour, les parents dénouent leur chevelure — pour le deuil des souverains, ils la coupent ; — et le cortège funèbre se dirige vers le mausolée de famille.

Arrivés au tombeau, les veuves échevelées se roulent dans la poussière, demandant à être déposées avec le mort dans le sarcophage, et les esclaves appellent leur maître à grands cris.

Les funérailles royales donnent lieu à un déploiement de luxe extraordinaire : nous avons eu l'occasion de les décrire notamment à la mort de Rasohérina (p. 76).

Les Malgaches redoutent beaucoup la mort. Malgré le respect qu'ils professent pour les tombes de leurs ancêtres, ils s'en éloignent le plus possible, et ne s'en approchent jamais après la nuit tombée.

Tombeaux. — Les tombeaux, généralement magnifiques, affectent ordinairement la forme cubique; ils sont vides, à l'intérieur, et garnis, sur les côtés, à l'extérieur, de bancs de pierres superposés, appelés lits de morts.

Il est des esclaves qui en possèdent de très beaux, avec caveaux et lits intérieurs.

La violation des sépultures est punie de la peine de mort.

Serments. — Chez un peuple où le culte des ancêtres est plus en honneur que celui des dieux, la plupart des serments doivent être basés sur leur souvenir. Aussi jure-t-on par leur mémoire.

Mais il est un serment plus solennel, qui lie d'une façon indissoluble ceux qui le contractent : c'est le serment du sang, par lequel deux personnes prennent l'engagement inéluctable de s'entr'aider, à la vie, à la mort, et de se considérer, désormais, comme issues d'une commune origine. Les deux contractants se font, chacun au-dessus du creux de l'estomac, une légère incision et imbibent du sang qui en découle un morceau de gingembre, qu'ils avalent, après l'avoir réciproquement échangé.

Il y a encore le serment du lac. Pour celui-là, on immole, sur les bords du lac qui porte son nom, un bœuf que l'on foule ensuite aux pieds; puis, l'homme désigné pour prononcer la formule sacramentelle appelle sur sa personne toutes les malédictions et une mort plus violente que celle du bœuf immolé, au cas où il deviendrait parjure; enfin, pour ratifier le pacte conclu, l'homme en question boit quelques gorgées de l'eau du lac.

Métamorphose. Métempsycose. — Les Malgaches croient à la métempsycose. Beaucoup d'entre eux, se trouvant, sans s'en douter, en communion de principes avec certains grands auteurs, prétendent descendre du singe; d'autres font remonter leur première origine au caïman, d'autres au chien, d'autres au sanglier, d'autres enfin se glorifient de dériver du mouton.

Les Betsiléos, renversant ce système de métamorphose, sont persuadés que l'âme des nobles s'incarne, après la mort, dans le corps du serpent, celle des roturiers dans celui du caïman et celle des esclaves dans la peau des anguilles. D'après leur théorie en pareille matière, aucun animal ne reçoit l'âme des malfaiteurs.

Bien loin, dans le sud de leur pays, existe une haute montagne, couronnée par un rocher abrupt, qui domine l'immense forêt environnante des Tamalas. Les sangliers et les makes osent seuls s'aventurer dans ces fourrés inextricables. C'est la montagne d'Ambondrombé, pays où les roseaux abondent. Cette montagne inspire aux Malgaches une terreur superstitieuse. A leurs yeux la forêt est sacrée; ses arbres donneraient aussitôt la mort au téméraire qui oserait y pénétrer, qui aurait l'audace d'y porter le feu ou la cognée.

Au-dessus des gorges inaccessibles, des forêts humides et des marais pestilentiels, qui, semblables au Styx des anciens, l'enceignent d'une zone infranchissable aux humains, s'élèvent les vapeurs malignes des environs, qui s'y condensent en brouillards épais, en un amas de nuages sombres. Là est, d'après eux, le séjour des âmes des hommes, des animaux, des plantes, des rivières, des maisons, de tout ce qui a existé! Ces âmes ne doivent parvenir en ce lieu qu'un an après leur séparation d'avec leur enveloppe charnelle, végétale ou minérale. La première année, elles sont classées dans la zone inférieure; de zone en zone elles atteignent, en quatre ans, la région supérieure, où réside le souverain maître et seigneur de ce triste séjour des ombres.

Cependant, les âmes ne résident pas à poste fixe dans leur retraite, elles accourent à l'appel de ceux qui les évoquent. Les âmes des pères viennent conseiller leurs enfants; celles des maris consoler leurs épouses, les féconder même. Dans l'espoir de revoir ses enfants, ne serait-ce qu'en rêve, la mère leur sert, la nuit, du miel et du riz, afin d'attirer leurs mânes dans sa maison. On conjure la colère des morts, en répandant à leur intention une pluie de haricots et de tessons de pots cassés; au besoin, quand leur courroux menace de se prolonger, on leur sacrifie un coq, un mouton ou un bœuf.

Le christianisme aura beau faire entendre à ces populations le langage de la raison ou de la bastonnade, il ne parviendra pas à déraciner ces vieilles superstitions, qui sont l'essence même de leur esprit. Le spiritisme qui fleurit chez nous, en pleine civilisation, n'attire-t-il pas à lui, par le mirage de sa fantasmagorie, des intelligences cultivées, avides de surnaturel et d'inconnu? Et ces superstitions, que nous traitons d'enfantines, ne sont-elles pas sœurs de ce spiritisme dont nous faisons, nous autres, esprits éclairés, une science métaphysique?

Fêtes. Jeux. — Chez les Malgaches tout donne prétexte aux fêtes et aux jeux: première coupe de cheveux des enfants; *fitokantrano*, ou dédicace d'une nouvelle demeure; *mamadika*, ou repas des funérailles; circoncision, etc., etc.

Si le gouvernement de la reine des Hovas n'était pas un régime despotique, son peuple serait, certainement, le plus heureux de la terre, puisque son existence s'écoule riante et joyeuse, au milieu de plaisirs continuellement renouvelés.

Comme en Espagne, il y a, à Tananarive, des courses de taureaux ; elles ont lieu dans la cour du palais royal. Les taureaux destinés à y prendre part sont entretenus, à grands frais, dans les écuries de S. M. Quand le moment est venu de les faire entrer en lice, ne jugeant pas suffisants leurs moyens de défense naturelle, on ajoute à leurs cornes des pointes de fer. Le rôle des toreros consiste à saisir l'animal au passage par la bosse du cou, et à sauter sur son dos, à la voltige, exercice dangereux, dans lequel ils trouvent souvent la mort.

Les combats de coqs passionnent aussi les naturels ; comme en Angleterre, ils engagent des paris sur les combattants.

Mais leur passe-temps favori est la lutte ; ils s'y livrent fréquemment entre eux et il est bien rare qu'elle dégénère en rixe.

Les grands préfèrent à ces distractions chères au peuple le tir à l'oie et au bœuf ; le gagnant a droit, pour prix de son adresse, à la bête qu'il a tuée.

Enfin, le *filanja* rencontre beaucoup d'amateurs dans toutes les castes. Ce jeu se compose d'une planchette, symétriquement perforée de trous dans lesquels on pose des boules ou de petits fruits ronds, qui tiennent lieu de pions, et que l'on manœuvre à volonté, suivant la marche du jeu, comme à notre jeu de dames.

Dans toutes les fêtes malgaches, on sert aux invités la *betsabetsa* (jus de canne fermenté) ; ce serait manquer aux convenances et offenser gravement ses hôtes que de ne pas leur offrir cette boisson traditionnelle.

Musique. Chants. — De tous les plaisirs qu'elle a pris à Paris, aucun n'a été plus agréable à la mission malgache que la représentation de *Mignon*, à l'Opéra-Comique, de triste mémoire. La musique de cet opéra l'a littéralement laissée sous le charme le plus complet. En effet, il n'est guère de peuple mieux organisé et plus passionné pour la musique que le peuple malgache. Chez eux presque tous sont musiciens. Indépendamment de nos instruments, dont ils jouent avec une facilité innée, ils possèdent plusieurs instruments indigènes. Le plus répandu est le *vahiha*, sorte de guitare cylindrique, à clavier de bambous défibrés. Comme la plupart des peuplades sauvages, ils font aussi usage de la conque marine, mais elle est spécialement réservée pour les appels aux armes et les fêtes publiques.

Leurs chansons ne sont pas moins harmonieuses que leurs concerts instrumentaux. Ce sont des mélopées, d'un rythme mélancolique et doux, composées d'un couplet que la voix la plus pure et la mieux timbrée chante d'abord, en solo, et d'un refrain, d'une allure plus vive, que l'assemblée reprend en chœur. Le sujet choisi est une improvisation au soleil, à la lune, ou à la reine.

Danses. — Un peuple aussi musicien doit forcément être danseur. Les danses malgaches sont plutôt des manœuvres d'ensemble que des pas de couples isolés. Elles n'ont rien d'indécent et sont assez gracieuses. A la cour, avant l'apparition des danses européennes, dont l'effet leur parut assez bizarre, les groupes se mouvaient en masse et en cadence, sur des lignes tracées en quinconce. Le souverain parcourait seul les lignes droites, tandis que sa suite suivait, en bandes, les lignes transversales.

Aujourd'hui, dans les fêtes monstres auxquelles

prennent part plus de cent mille personnes, les hommes, alignés par files régulières, gesticulent de droite et de gauche, levant tantôt les bras, tantôt les pieds, avec des mouvements automatiques. Les

Musique royale hova.

femmes tendent les bras en avant, et les font onduler en gestes arrondis, tout en imprimant à leur corps, de droite à gauche, un balancement en rapport avec la plastique de leur pose. A voir tout ce monde manœuvrer en mesure, aux sons de la musique, on se figurerait assister à un des grands mouvements d'ensemble de nos ballets modernes. Non contents de leurs danses nationales, cependant d'un caractère si expressif et si original, les Malgaches ont emprunté à leurs bons amis, les Anglais, cette sauterie de pantin épileptique : la gigue.

Fête du bain. — Les Malgaches aiment beaucoup à se baigner. De là, leur force et leur souplesse. Ils ne peuvent se livrer à ce délassement dans toutes les eaux, non pas qu'ils craignent la mauvaise rencontre des caïmans, mais parce que certains lacs sont reconnus sacrés, comme celui, entre autres, où fut coulée la pirogue de Rafoly. C'est dans celui-là qu'on vient puiser l'eau où le souverain doit se baigner, afin de renouveler sa jeunesse et sa vigueur. La grande fête du bain (*frandroana*), instituée par Ralambo pour célébrer le premier jour de l'an malgache, a lieu vers le 22 novembre.

Le décret royal qui l'annonce donne d'amples détails sur le mode d'abatage des bœufs qu'on doit manger ; il prescrit la redevance à payer par chacun, pour l'achat des bestiaux : 25 centimes par les aînés de famille, 12 centimes et demi par les cadets et 6 centimes par les derniers nés. Les veuves, les femmes non mariées, les vieillards, les orphelins et les gens sans ressources sont exemptés de cette taxe, mais on leur donne leur part du festin populaire. Cette fête dure en réalité plusieurs semaines ; celle de 1886 a commencé le 22 novembre et a fini le 10 janvier. Pendant cette période, toutes les affaires sont suspendues et les tribunaux chôment, sauf pour les cas de flagrant délit ou d'accusation personnelle.

Elle commence par la cérémoine du bain proprement dit, à laquelle sont convoquées, au palais, toutes les castes dans le costume de leurs ancêtres. A une heure fixée, Sa Majesté paraît dans la grande salle du Trône, revêtue de ses plus riches vêtements, parée des insignes de la royauté, et prend le bain traditionnel, sous une tente, dressée pour la circonstance, au fond de la salle.

Au sortir du bain, quand la reine reparaît dans la salle, elle s'écrie par trois fois: « Masina aho ! — je suis purifiée ! » — Puis, avec une corne de bœuf remplie de l'eau qui a servi à ses ablutions, elle asperge les assistants. Heureux celui qui aura été le plus trempé ! c'est un élu. Qu'il se garde de se secouer, ce serait irrévérencieux et maladroit, car plus la douche est abondante, plus le principal arrosé semble être désigné à l'attention de Sa Majesté, comme le plus digne de ses bonnes grâces.

Ce devoir accompli, la reine rentre dans ses appartements privés. Aussitôt, le canon tonne, annonçant au loin que la souveraine de Madagascar jouit de la plus parfaite santé et que son peuple est le plus heureux des peuples. Les mauvaises langues affirment que ce bain officiel est le seul que prenne la Reine, de toute l'année. S'il en est ainsi, nous plaignons sincèrement ceux qui reçoivent le baptême de l'eau lustrale, malgré l'insigne honneur attaché à cette aspersion solennelle. Mais, ce qui mélange cette joyeuse ondée de quelques gouttes d'amertume, c'est que la Reine choisit ce jour béni comme date du paiement des droits de capitation.

Somme toute, l'étude des mœurs de ce peuple dénote un amalgame assez hétéroclite de sauvagerie et de civilisation. A vrai dire, il n'est encore qu'apprivoisé, son apprentissage reste à faire ; mais avec les aptitudes qui le caractérisent, s'il veut bien se façonner à notre école, il est à même, dans l'avenir, de pouvoir prendre un rang honorable parmi les puissances qui marchent avec le siècle.

CHAPITRE VI

GOUVERNEMENT. — ADMINISTRATION.

Des différentes peuplades qui habitent Madagascar, c'est la peuplade des Hovas, relevant politiquement du souverain de Tananarive, qui règne en maîtresse sur toutes les autres. Bien qu'étrangers au pays, les Hovas, qualifiés par les autochthones de Amboalambos — chiens porcs — sont arrivés, à force d'intrigues et de supériorité réelle, à fonder une monarchie solide, et à imposer leur suprématie absolue à l'île entière.

Il va sans dire que, de même qu'ils se croient une nation privilégiée, de même leur monarchie est à leurs yeux la première du monde. Ils la font orgueilleusement remonter, en 1527, à la reine Rafoly — la courte, — dont la capitale était à Merimanjaka, village situé à deux lieues de Tananarive, sur un coteau non loin d'un petit lac. Ce n'est qu'en 1607 qu'Andrianjaka fit sa capitale de Tananarive, où ses successeurs ont continué à résider. Depuis Rafoly jusqu'à Ranavalona III, de 1527 à 1887, on compte 20 souverains.

De tous temps, les rois et reines hovas ont été autocrates. Jadis, ils étaient censés tirer leur origine des dieux ; ce qui les faisait qualifier de souverains du ciel et de la terre. Aujourd'hui, bien que le protestantisme, reconnu religion d'État, ait amoindri cette quasi divinité, le peuple leur témoigne une adoration des plus serviles. Tout ce qui touche à la reine et à sa personne reste sacré et inspire le plus profond respect. Elle est restée pour ses sujets une sorte de fétiche, une demi-divinité dont il est interdit de parler.

Esclaves malgaches vendant des poulets.

Quand le grand parasol rouge de la reine apparait à la foule, tous se portent en masse sur le passage de Sa Majesté, et la saluent par ces exclamations répétées : « Eh! Eh! Eh! notre reine est une belle reine! c'est notre soleil! » L'usage de ce légendaire parasol rouge, qui date du règne d'Andriamasinavalona (1667) et joue un grand rôle à Madagascar, est exclusivement réservé à la souveraine et aux membres de sa famille. Celui de la reine est beaucoup plus grand que ceux des divers membres de sa famille; afin de le distinguer aisément parmi les autres parasols princiers, on le surmonte d'une boule d'or, insigne de la dignité royale.

Si la reine vient à passer fortuitement devant un de ses sujets, de service au palais, l'étiquette exige que celui-ci s'incline profondément, le corps et les yeux tournés vers elle, les mains tendues, puis élevées, en lui disant : « Vivez longtemps, ô ma souveraine! que Dieu vous accorde de longs jours à vous et à votre peuple! »

Par le seul fait de sa royauté, la reine, eût-elle atteint la plus extrême vieillesse, doit être réputée éternellement jeune. Il serait sacrilège de remarquer les rides de son visage, et, serait-elle affreusement laide, tout bon Hova affirmera toujours qu'elle est la plus belle entre toutes les femmes.

Nous avons dit que, lors de la découverte, une quantité de petites peuplades, ayant chacune un chef à sa tête, occupaient l'île de Madagascar. Les traditions hovas rapportent que ces tribus appartenaient elles-mêmes à différentes castes, suivant qu'elles fussent libres ou corvéables. Rohambo (1587) et Andriamasinavalona (1607), les premiers, mirent de l'ordre dans ces castes diverses, notamment dans celle des nobles.

Castes. — En vertu de cette organisation, on distingue trois castes à Madagascar : celle des nobles, celle des roturiers, celle des esclaves.

Nobles. — Sont reconnus nobles tous les Hovas d'origine royale. Cette caste comprend six classes. Les nobles de la première classe, les Zazamarolahy, reçoivent de la reine des fiefs importants, mais non héréditaires, et révocables à merci; ceux de la seconde classe, les Andriamasinavolona, possèdent des seigneuries héréditaires et ont le droit de prélever sur leurs vassaux certaines redevances. En outre, ces deux classes jouissent, seules, du privilège de porter un vêtement rouge, et de recevoir de leurs vassaux l'offrande du vadi-hena — dos du bœuf tué sur leurs terres.

Roturiers. — Sont de caste roturière tous les sujets libres désignés sous le nom générique de Hovas. Parmi ces derniers, qui se subdivisent en sous-castes, il en est qui jouissent de certains privilèges : tels que ceux d'être exemptés d'impôts, de ne pas être mis à mort par le couteau, etc., etc.

Esclaves. — L'esclavage n'existe plus que de nom, à Madagascar. Les esclaves forment deux catégories bien distinctes : celle des serfs de la couronne, qui sont plus puissants que beaucoup d'officiers, et ne relèvent que de la souveraine; celle des esclaves proprement dits, qui forme plus de la moitié de la population de l'Émyrne. Jusqu'en 1875, ces derniers, des Mozambiques, étaient l'objet d'un honteux trafic qui constituait un commerce très lucratif, activement exploité par les boutres de la côte d'Afrique, dont les patrons cédaient aux riches Malgaches leur cargaison de chair humaine, moyennant 3, 4 ou 5 bœufs par tête d'esclave.

En 1875, un édit de la reine affranchit tous les esclaves importés dans l'île; mais cet édit ne reçut son application qu'en 1877. Et encore, les riches Hovas ayant protesté, il fut apporté à cette mesure une restriction qui la rendit partielle. Les Mozambiques introduits depuis le règne de Radama Ier, c'est-à-dire depuis 70 ans, furent seuls admis à bénéficier de l'affranchissement.

Les esclaves proprement dits sont des Malgaches vaincus par les Hovas : ce sont en partie des Betsiléos. Il est de riches Hovas qui en possèdent plus d'un millier. Leur condition correspond à celle de domestique, et non à l'expression propre du mot. L'esclave est de la famille, à un degré inférieur. Il doit à son maître une certaine corvée, dont il peut se dispenser pour une somme d'argent. Les femmes esclaves s'occupent de l'intérieur, pilent le riz, etc., etc.

Tout enfant, né d'esclaves, appartient au maître de ses parents, lesquels sont cultivateurs, manœuvres, ouvriers, domestiques, porteurs. Les porteurs gagnent quelquefois beaucoup d'argent à exercer leur métier. Les cultivateurs ont des troupeaux et possèdent, souvent, une rizière à eux, à côté de la propriété de leur maître, qui prélève sur leurs produits une redevance en nature. Quelquefois, aussi, ils vendent pour le compte de leur maître, dont ils sont, en quelque sorte, les régisseurs, et étant parvenus à s'enrichir, ils acquièrent d'autres esclaves, pour se faire servir à leur tour. Si l'esclave manque à son devoir, le maître peut le punir par les fers ou par le fouet; mais, comme pour lui l'esclave représente un capital, il évite de le maltraiter. Un certain nombre d'esclaves, mécontents de leur sort, se sont enfuis et rassemblés dans un lieu appelé Soamady, dont nous avons déjà parlé plus haut.

Tout esclave a la faculté de se racheter, mais peu profitent de cette licence; ils préfèrent la douce corvée du maître à la rude corvée de l'État. Quant à l'affranchissement général de tous les esclaves, il n'y faut point songer, maintenant; ce serait la ruine du pays pour de longues années, car de deux choses l'une: les maîtres exigeraient du gouvernement une compensation en argent, ou bien ils se révolteraient.

On doit faire enregistrer sur les livres de l'État les déclarations de vente ou d'achat d'esclaves, sinon le marché est considéré comme nul. Un esclave, libéré par son maître ou par lui-même, peut adopter, comme

Esclave malgache vendant du charbon.

héritiers, son maître ou ses descendants. En ce cas, il doit faire enregistrer son acte de libération et de donation, moyennant un droit à payer par les deux parties. Dorénavant, les hommes libres ne pourront plus être mis en esclavage.

Gouvernement. — Les mêmes lois politiques régissent la population entière de l'île.

La reine gouverne, avec l'assistance de ses ministres, et personnifie un régime à la fois théocratique et autocratique. Bien que la législation actuelle paraisse se ressentir d'un semblant de civilisation, elle n'en est pas moins despotique, par sa nature même. En effet, le chef de l'État, roi ou reine, jouit, en principe, d'une autorité souveraine, absolue, illimitée. Sa volonté fait loi : elle s'impose à tous les sujets, sans distinction de caste.

C'est intentionnellement que nous avons employé les mots : en principe, pour spécifier l'autorité qui est dévolue au souverain, en vertu de la constitution. Autrefois, il jouissait effectivement de toutes les prérogatives attachées à la dignité royale, mais, depuis la mort de Radama II, les reines qui se sont succédé sur le trône d'Émyrne n'ont conservé de la royauté que l'apparence, c'est-à-dire le titre et les honneurs. Le pouvoir est, de fait, tout entier entre les mains du premier ministre ; lui seul est le véritable maître, lui seul gouverne, sous le couvert illusoire de la reine. Les autres ministres ne sont que des subalternes, des sous-ordres de sa volonté toute-puissante.

Déjà, sous Andrianampoinimerina (1787-1810) avait été établi une sorte de conseil d'État, composé de 70 chefs, dont les plus notables, les Andriambarenty, remplissaient les fonctions de juges suprêmes, et ceux d'un grade inférieur, les Vadintany, celles de petits juges. — Ces derniers équivalaient à nos juges de paix.

Radama II, plus accessible aux usages modernes, entraîné par le courant civilisateur, et désireux surtout de doter son peuple d'une constitution modelée sur les constitutions européennes, institua plusieurs ministres, spécialement désignés sous le nom officiel de

Chargés d'affaires et obéissant à l'impulsion dirigeante d'un président, qui prit le titre de premier ministre, qu'il a conservé.

En tout temps, des lois furent promulguées, suivant les besoins du moment, mais ce ne fut qu'à l'occasion du couronnement de Ranavalona II, — 3 septembre 1868 — que parut le premier code hova, confectionné à Londres et renfermant 308 articles, insérés dans 31 chapitres, dont lecture fut donnée solennellement au peuple assemblé. Ce code, imprimé par les soins du célèbre missionnaire anglais Parrett, auquel on en attribue la paternité, a subi, depuis, quelques modifications. Ces modifications, provenant de la même source, datent du 29 mars 1881. Elles concernent l'organisation de la justice, de l'armée et de l'instruction publique.

De plus, Ranavalona II créait, la même année, huit ministères : Intérieur, Affaires Étrangères, Guerre, Justice, Trésor public, Promulgation des lois, Industrie, Agriculture, Commerce et Instruction publique.

En dehors des ministres, qui constituent le conseil privé de la reine, ou plus exactement du premier ministre, le corps des officiers de la couronne forme, dans son ensemble, un Conseil d'État.

Les affaires importantes du royaume sont traitées dans les Kabars — Assemblées générales populaires — où le peuple est représenté sectionnellement par les chefs, ou les anciens du pays. Ces réunions se tiennent ordinairement en plein air, sur une place publique, au pied de quelque tamarinier, ou sous un hangar consacré à cet usage.

Il arrive parfois que l'affaire en cause doive rester secrète. Alors, l'assemblée se réunit, la nuit, dans un endroit isolé, et les gardes du palais éloignent du lieu de la conférence tous ceux qui ne sont pas appelés à y prendre part.

A la tête de chaque ville est placé un gouverneur, choisi parmi les officiers. Chaque village est administré par un chef électif héréditaire, qui relève, lui-même, du gouverneur de la ville dont dépend son district. Assisté de plusieurs conseillers, il expédie les affaires courantes et remplit des fonctions analogues à celles de maire. Chaque chef est chargé de percevoir les impôts pour le compte du gouvernement; il en remet le montant à des officiers hovas qui, de temps en temps, sont envoyés en tournée à cet effet. Malheur à lui, s'il s'est rendu coupable de détournement ou de retard; il sera mis aux fers.

En ce qui concerne la transmission du pouvoir, rien n'est nettement déterminé. Cependant, il est hors de doute que la reine actuelle est bien la descendante et l'héritière de Rafoly et des autres souverains dont la tradition nous fait connaître l'existence. Si elle n'est pas leur descendante la plus directe, on peut, du moins, assurer que la royauté s'est maintenue dans la même famille, depuis 1527.

Jusqu'à Radama II (1861), tous les monarques qui ont régné sur l'Émyrne sont montés sur le trône en vertu d'une désignation spéciale, faite par leur prédécesseur et annoncée solennellement par lui à la nation assemblée. A partir de ce dernier roi, mort en 1863, dans les circonstances tragiques que l'on connaît, c'est le premier ministre qui choisit, dans la famille royale, le membre qui doit porter la couronne. Et il a soin de porter son choix sur une femme, afin de conserver plus sûrement son autorité.

La cour d'Émyrne se compose de grands officiers, de maréchaux du palais, de généraux, de dames d'honneur, de pages, de gardes du corps, d'introducteurs des ambassadeurs, de maîtres de cérémonies, de chambellans, de tous les personnages enfin qui forment une cour européenne.

Voilà en peu de mots l'organisation politique de Madagascar.

La *London missionnary*, voyant qu'elle ne peut parvenir à la conquête de l'île, par l'évangélisation et par ses vastes projets financiers, réduits à néant, par l'annulation du contrat Kingdon, rêve un autre moyen d'arriver à ses fins : celui de s'emparer de l'administration du royaume. Dans ce but, l'ex-missionnaire-imprimeur Parrett, qui vient de se faire naturaliser sujet hova, a su persuader au premier ministre de faire l'essai, à Madagascar, du régime constitutionnel. Un parlement local serait prochainement créé dans ce but : des préfets, des sous-préfets ne tarderaient pas à être nommés, ainsi que toute la hiérarchie de fonctionnaires que comporte ce mode de gouvernement. La *Malagazy Gazety* — gazette malgache — du 1er janvier 1887 a publié, *in extenso*, le texte des décrets, promulgués à cette occasion. Il va sans dire que c'est M. Parrett qui est chargé d'appliquer le nouveau régime, et qu'en attendant que les naturels, fort ignorants en matière de droit représentatif, en aient acquis suffisamment la pratique, ce sont les prédicants anglais, ses créatures, qui, sous sa haute direction, veilleront au fonctionnement de la machine gouvernementale.

Ce qui nous étonne, en tout ceci, c'est que le premier ministre qui, depuis quelque temps, est payé pour se méfier des intrigues britanniques, ait donné son approbation à ce projet, tout au moins intempestif.

Les prédicants l'ont pris par son côté faible. Ils lui ont fait entrevoir qu'il est seul à assumer le lourd fardeau du pouvoir, que les ministères créés en 1881 n'ont pas d'action régulière et nettement définie, qu'un seul d'entre eux possède un local et quelques archives, qu'il convient à un grand politique, comme Rainilaiarivony, de remédier à ce déplorable état de choses, en constituant une administration organisée, qui facilite les travaux des divers services de l'État et en assure le roulement; qu'en adoptant ce système, il pourra se décharger des petits détails du gouvernement, tout en conservant son autorité suprême, et, après lui, léguera à son pays une œuvre digne du rôle éminent qu'il a joué dans son histoire.

Alors, séduit par ces belles paroles, non seulement Rainilaiarivony accueillit avec empressement ces propositions, mais encore il se déclara prêt à abandonner son palais, pour en faire un palais législatif, où il installerait tous les ministères. Cession en serait faite à l'État, pour la modique somme de deux cent mille francs.

En vertu de cette constitution, l'Émyrne serait désormais divisée en six districts, placés, chacun, sous l'autorité d'un gouverneur choisi parmi les personnages de haute naissance, et ayant, lui-même, sous ses ordres, des fonctionnaires de tous rangs. Ces fonctionnaires, sortes de sous-préfets, administreraient les diverses circonscriptions dont serait subdivisé chaque district; ils renseigneraient leurs supérieurs sur les affaires courantes de leur ressort, et feraient connaître à la population soumise à leur juridiction les volontés de Sa Majesté. Ces circonscriptions administratives seraient elles-mêmes autant de collèges électoraux, qui enverraient à Tananarive des représentants, chargés de défendre, individuellement, les intérêts locaux de leurs mandataires, et de concourir, collectivement, à la bonne solution de toutes les questions d'intérêt général.

Ce n'est pas tout ! Dans sa constante sollicitude pour son peuple, Sa Majesté est résolue à ne lui épargner aucun des bienfaits de la civilisation moderne. Elle veut l'en combler. Elle ne se borne pas à nommer des gouverneurs, dans les différents districts du royaume, elle a décidé, aussi, que les fonctionnaires de tout grade seraient rétribués, que des routes seraient tracées, des canaux creusés, et — *in cauda venenum* — que des impôts seraient perçus.

Enfin, au sommet de l'échelle hiérarchique, planerait S. E. le premier ministre, investi, au nom de la reine, de l'autorité souveraine, concentrant dans sa main les fils de tous les rouages administratifs, et résumant en sa personne tous les pouvoirs, dans leur plénitude la plus absolue.

Il est à remarquer que cette charte, qui paraît inspirée par un libéralisme élevé et semble calquée sur le régime de la monarchie constitutionnelle, n'a de rapport que par la forme avec ce mode de gouvernement.

Justice. — A proprement parler, la justice est la seule branche de l'administration qui présente une organisation sérieuse, jouissant d'un fonctionnement à peu près régulier.

Jadis, du moment qu'il était admis que l'on avait affaire à un voleur, on pouvait le tuer comme une bête venimeuse. De même que chez nous, au moyen âge, on faisait subir aux accusés certaines épreuves, de même, à Madagascar, on avait recours aux épreuves par le feu, l'eau bouillante et aussi par le poison.

Le premier ministre a institué des tribunaux. Les juges ne peuvent rendre un jugement sans avoir préalablement entendu les parties en cause, dans les locaux affectés à ce service. La justice se rend, dans toute l'étendue du royaume, au nom du souverain. Les juges peuvent s'adjoindre des assesseurs, mais eux seuls ont qualité pour appliquer la loi.

Autrefois, les nobles étaient justiciers dans leurs fiefs — mena kéli, terre petite ; — actuellement, seuls les délégués royaux, les vandintany, sortes de juges de paix, sont investis du pouvoir de juger. Ils lisent leurs jugements à haute voix, sur la place publique. Néanmoins, cette nouvelle organisation est encore très vicieuse. Les moindres procès sont traînés en longueur, quelquefois pendant des années entières ; de la part des juges hovas, le bon droit n'est qu'une simple question de vénalité. Dans ces conditions, c'est, invariablement, le plus généreux qui obtient gain de cause auprès de ces tribunaux corruptibles.

Les grosses affaires sont déférées aux tribunaux du premier ministre, établis à Tananarive, le 29 mars 1881. Elles sont jugées par les Audriambaventy, magistrats du degré supérieur.

Les peines infligées par ces deux juridictions sont l'amende, la confiscation des biens, les fers et la décapitation. Le condamné est marqué au front ; il ne peut porter les cheveux longs, ni revêtir aucune toile propre, ni se couvrir la tête d'un chapeau.

Comme dans l'antique société romaine, il existe aussi un tribunal patriarcal. Chaque famille a ses lois propres, son code domestique, émanant de la volonté des ancêtres. A ce tribunal est dévolu le rôle d'arbitre, au sujet des questions litigieuses, concernant l'adoption, les contrats de mariage, les testaments, les ventes de biens patrimoniaux. Notification de ses délibérations est adressée à l'État, avec l'offrande du hasina à la reine. Cette simple formalité suffit à valider l'acte intervenu à l'amiable devant ce tribunal éminemment conci-

Malgaches condamnés aux fers.

liateur. Mais, si la cupidité ou la jalousie enveniment les contestations, on interjette appel devant les tribunaux du souverain.

Les lois hovas sont muettes sur les restitutions au profit des propriétaires lésés. Tout étant censé appartenir à la reine, le produit des confiscations ordonnées par les tribunaux revient de droit au trésor royal.

Les assignations à comparaître en justice ne peuvent être valables qu'autant qu'elles ont été écrites avec la sagaïe d'argent, ou main de justice — le *tsitiälenga* — qui ne ment jamais.

Les marchés, les baux, les conventions entre particuliers, doivent également être conclus en présence des juges. Il va sans dire que lorsque ces contrats donnent lieu à chicane, c'est celui qui offre le plus beau hasina qui, suivant la coutume hova, a le plus de chance de gagner sa cause.

La peine de mort et les fers sont toujours en usage à Madagascar. Mais le premier ministre, à l'imitation de quelques chefs d'États européens, fait rarement exécuter les sentences capitales. Partout où s'étend l'autorité hova, les cruelles épreuves du feu, de l'eau bouillante et du tanguin ont été abolies. C'est le 14 juillet 1878, que Ranavalona II l'a solennellement proclamé dans un grand Kabar.

Le moment est venu d'expliquer au lecteur ce qu'est ce tanguin qui a joué un si grand rôle, à Madagascar.

Le tanguin est le fruit d'un arbre que l'on trouve surtout dans le pays des Ambanivoules et qui renferme un poison très violent. Lorsqu'un indigène, soit de bonne foi, soit par malice, était accusé d'un crime ou de sorcellerie, il devait, pour se laver de cette imputation, absorber, volontairement, une certaine dose du poison fatal. Le prévenu était avisé par l'anpitanghine — officier chargé du tanguin — du jour fixé pour l'épreuve. A partir de ce moment, il devait s'abstenir de toute nourriture, pendant vingt-quatre heures, et, à l'expiration de ce délai, se rendre, accompagné de ses parents, au lieu particulier destiné à ces sortes d'épreuves. Cet emplacement était facile à reconnaître par les nombreux tombeaux de ceux qui avaient succombé au supplice. Arrivé là, il commençait par se dévêtir et jurait qu'il n'était pas coupable du crime ou du sortilège dont il était accusé. Ensuite, on allumait un grand feu, et on faisait cuire dans une marmite du riz en bouillie. Accroupi sur une natte, le patient attendait que le ministre du tanguin, après avoir raclé dans la marmite la dose de poison qu'il jugeait nécessaire à l'épreuve, lui eût donné ce breuvage à avaler : ce dont il s'acquittait toujours sans sourciller, confiant en la protection des Sikidy. Avant d'absorber la liqueur fatale, l'accusé devait remercier la reine de lui avoir fourni l'occasion de se disculper par cette épreuve, et la saluer.

Le tanguin ne tardait pas à produire son effet. Le corps démesurément gonflé, les cheveux hérissés, le malheureux poussait des cris de douleur et d'épouvante, que les spectateurs prenaient pour les aveux de son crime. Quand l'épreuve se terminait par la mort, il était déclaré coupable; aussitôt, son cadavre était placé sur un bûcher préparé à l'avance, et réduit en cendres. Si, au contraire, son estomac, se montrant rebelle, rejetait le poison, ou si l'officier hova chargé de le lui faire prendre, secrètement soudoyé par lui ou par les siens, lui en faisait prendre une quantité insuffisante, alors il survivait. Dans ce cas, son innocence était solennellement reconnue et célébrée par de nombreux coups de fusils et de copieuses libations.

Il était aisé à l'officier remplissant les fonctions d'exécuteur des hautes œuvres, de doser plus ou moins le poison, de façon à permettre à la victime de survivre ou de mourir. C'est de lui seul que dépendait le salut de l'accusé, auquel il arrivait rarement de rejeter le tanguin. Mais il fallait que le condamné mît un prix bien élevé, pour s'assurer la complicité de ce fonctionnaire, ou que celui-ci lui fût attaché par une vive amitié, car l'exécuteur partageait avec le délateur et le chef du gouvernement les biens du patient, si ce dernier était reconnu coupable, c'est-à-dire s'il succombait à l'épreuve.

Cette cruelle épreuve a fait à Madagascar plus de victimes que la fièvre. Pour n'en citer qu'un exemple, M. de Lastelle estime à plus de cent cinquante mille le nombre de celles qui ont péri par le tanguin, de 1823 à 1844.

On raconte que Radama Ier, sollicité par les Européens d'abolir cette coutume barbare, leur aurait fait cette cynique réponse : « Je ne demande pas mieux que de céder à votre désir, si vous trouvez un impôt correspondant, qui puisse remplir mon trésor aussi abondamment que la confiscation des biens des condamnés.

C'est surtout sous le règne de la féroce Ranavalona Ire, qualifiée de Caligula femelle par beaucoup d'auteurs, que le tanguin fit le plus grand nombre de victimes. On l'employait à tout propos ; il suffisait à la souveraine de supposer que tel ou tel de ses sujets était animé de mauvaises intentions à son égard, pour qu'immédiatement elle lui fît subir la terrible épreuve. Le plus souvent, ce n'était qu'un prétexte pour combler le vide de ses coffres. On lui attribue des faits atroces et qui écœureraient le lecteur ; pour cette raison, nous nous dispenserons de les relater ici.

Le plus grand crime d'alors, celui dont les indigènes s'accusaient entre eux réciproquement, en toute occasion, c'était la sorcellerie. Lorsque quelqu'un en voulait à son voisin, il le dénonçait. Et comme le dénoncé ne pouvait jamais se justifier des assertions mensongères de son délateur, il s'offrait de lui-même à l'épreuve du tanguin, et la subissait sans sourciller, confiant en la protection des idoles. Nous savons quels en étaient les résultats.

Il y avait aussi l'épreuve du tanguin civil. C'est celle que l'on infligea à nos malheureux compatriotes, en 1860. On la pratiquait sur un certain nombre de poulets. Lorsque le plus grand nombre de ces pauvres bêtes survivait, le requérant avait tort et était, par ce fait, condamné à supporter les frais et les dépens.

Si les épreuves par le tanguin, par les caïmans, par l'eau bouillante, si les supplices de la lapidation et de la strangulation ont été rayées du code pénal hova, si on ne précipite plus les condamnés du haut de la roche Ampamarinana, le supplice des fers, les *Gadralavas*, est encore en vigueur. — On entoure le cou du condammé d'un énorme collier de fer, auquel est attachée une barre, également en fer, qui descend verticalement par devant le corps, jusqu'à mi-cuisse, où elle rejoint deux autres barres, rivées à deux anneaux cerclant les chevilles. Ces barres sont souvent trop courtes ; elles empêchent le condamné de se tenir droit. Le poids de chacune d'elles est d'environ 20 kilog. Deux, quatre, six et huit de ces malheureux, appartenant au même district, sont liés ensemble par leur collier, à soixante centimètres de distance l'un de l'autre! Si l'un d'eux vient à succomber, on lui coupe la tête et le pied, pour le débarrasser de ses fers, et ses compagnons survivants porteront jusqu'à la fin le sinistre attirail du défunt. Quand ils tombent malades, si quelque main charitable ne vient pas soulager leurs maux, ils n'ont qu'à attendre la mort.

Comme le gouvernement ne fournit à ces malheureux aucune nourriture, s'ils ne veulent pas mourir de faim, ils sont obligés de travailler pour gagner leur misérable subsistance; car la prison n'est pour eux qu'un dortoir, où on ne les enferme qu'à la nuit; durant la journée, on les emploie, sous la conduite d'un surveillant, à diverses occupations : à entretenir les routes, à porter du bois, etc. Or, la posture dans laquelle ils sont courbés les rend bientôt incapables de tout travail, et, déjà épuisés par la souffrance et l'insomnie, ils meurent d'inanition.

En avril 1857, à l'occasion de la confession générale dont se souvient le lecteur, on condamna un si grand nombre d'indigènes à ce supplice, qu'on rassembla tous les forgerons de Tananarive, sur la place publique, pour leur faire forger, en présence du peuple, les fers destinés aux victimes. Pendant huit jours, les fourneaux ne cessèrent de fonctionner nuit et jour, alimentés, sans relâche, par le charbon que les parents ou les délateurs des condamnés étaient tenus de fournir, ainsi que les fers eux-mêmes et tous les autres instruments du supplice. On évalue le nombre de ces infortunés, mis aux fers, cette année-là, à plus de douze cents. Leurs femmes et leurs enfants, malgré leur innocence, furent vendus comme esclaves, leurs biens furent confisqués. On leur imprima, sur le front ou sur la joue, à l'aide d'un tatouage, un stigmate représentant un bœuf, un hibou ou un chat sauvage, suivant le prétendu crime dont ils étaient accusés.

D'autres furent condamnés à périr par le feu. Pendant que les bourreaux allumaient les bûchers, des soldats, armés de sagaies et de boucliers, hurlaient et dansaient autour des victimes, auxquelles ils crevaient les yeux, en guise d'amusement. D'autres encore furent égorgés à coups de couteau.

Enfin, ce règne fut marqué par des cruautés inouïes. Les supplices les plus raffinés furent inventés. La féroce souveraine poussa la barbarie jusqu'à faire scier le dos à une pauvre femme qui ne voulait pas dénoncer la retraite de son mari.

Assurément, l'histoire jugera sévèrement Ranavalona Ire, mais ne perdons pas de vue que cette reine sauvage était conseillée par des Européens qui, jaloux d'autres Européens, ne reculaient devant aucuns moyens, même les plus sanguinaires, pour faire disparaître tous ceux qui étaient soupçonnés de pactiser avec les adversaires de leur influence.

Oui, c'est à ces vertueux missionnaires anglais qu'il faut attribuer la responsabilité de toutes les horreurs commises par Ranavalona Ire; leur conscience est teinte des flots de sang répandu, quand leur rôle évangélisateur aurait pu exercer une action si bienfaisante et si humanitaire sur cette reine superstitieuse à l'excès. Eux seuls ont fait le mal, eux seuls le font encore et le feront toujours, si nous ne savons écraser la vipère qui rampe sous nos pas.

La dernière mission malgache venue à Paris, en 1887, a été frappée lors de sa visite au Palais de Justice du calme et de la dignité qui entourent la justice française. A la cour d'assises, notamment, elle a établi la différence qui existe entre la justice sommaire et bruyante de son pays et la nôtre.

Les appels correctionnels, relatifs aux délits commis par des Français à Madagascar, sont portés devant la cour de l'île de la Réunion. Cette cour exerce les attributions conférées à la cour d'Aix, par la loi du 28 mai 1886.

Corvée royale. — La corvée royale — *fanompoana* — contribue largement à arrondir le trésor de la reine, qui profite de ce droit régalien pour exiger ce qu'il lui plaît de chacun de ses sujets. La souveraine n'est-elle pas maîtresse absolue du peuple et de la terre? Commande-t-elle les travaux les plus durs? Le peuple obéit, sans se plaindre; il se met à l'œuvre, sans rémunération, trop honoré de peiner à la tâche, pour le bon plaisir de sa souveraine.

On ne saurait imaginer le mal et les fatigues qu'ont coûtés au peuple hova le palais de la reine et celui du premier ministre. Sous la conduite d'officiers, pourvus de leurs tentes et de leurs provisions de riz, il a fallu aux uns, aller chercher jusqu'à Antsirabé, pays calcaire à une trentaine de lieues de la capitale, de la pierre et de la chaux, qu'ils rapportaient sur leur dos; à d'autres, aller chercher au loin l'ardoise qu'une autre corvée était chargée d'extraire des carrières.

Ceux qui essayeraient de se soustraire à la corvée royale sont rigoureusement punis. A vrai dire, aucun ne tente de s'y dérober. Quelques-uns seulement, artistes en horlogerie, en orfèvrerie, en ébénisterie, dissimulent leurs aptitudes, car, le cas échéant, ils seraient réquisitionnés. Un officier viendrait les informer, de la part de Sa Majesté, que leur talent étant fort apprécié, ils doivent, pour leur *fanompoana*, une partie de leur temps à la reine.

Cet abus du pouvoir despotique paralyse singulièrement le développement du progrès à Madagascar; il entrave l'expansion du travail et annihile l'initiative personnelle.

Indépendamment de la corvée royale proprement

dite, qui est une des vieilles coutumes malgaches, il en existe une autre, d'origine plus récente, mais qui pèse peut-être plus lourdement encore aux indigènes. Celle-là, nous l'avons vue en usage à Tahiti, et nous la retrouvons ici, où elle a été importée par les mêmes hommes. Il s'agit de cette obligation, imposée par les révérends anglais, qui consiste à forcer la population à se rendre,

Soldats hovas faisant l'exercice.

le dimanche, aux offices de leur culte. Dans la ferveur de leur zèle évangélique, ces prédicants ont édicté un tarif de pénalités sévères contre ceux qui commettent la faute de manquer au prêche, ou de s'y endormir. Par leur ordre, les récidivistes, notamment, sont condamnés à marcher sur les genoux et sur les coudes dans un marais, où, cinglés par le fouet, ils se traînent jusqu'au cou dans l'eau fangeuse. C'est ce qu'on appelle *piler le marais*.

Voilà par quels moyens persuasifs ces apôtres de la

foi propagent les doctrines du Christ! Ils mènent la liberté de conscience à coups de trique.

Cette corvée dominicale ne leur a pas suffi, ils en ont inventé une autre. Elle a lieu, à l'occasion du *Lohavolana* — nouvelle lune — pour la manducation du pain, en souvenir de la Cène. Non seulement ils exigent de leurs fidèles malgré eux qu'ils fassent acte de présence à cette cérémonie, mais encore ils les contraignent à en payer les frais.

La corvée royale se complète par le *hasina*, ou l'offrande d'une pièce d'argent à la reine, en signe de parfaite soumission à son autorité royale. On s'acquitte de cette contribution, déguisée sous l'apparence d'un présent volontaire et spontané, à certaines époques déterminées, telles que : le premier jour de l'an malgache, ou l'anniversaire du couronnement du souverain. En outre de ce hasina en argent, qu'on pourrait qualifier de casuel, le peuple est encore rançonné d'un hasina permanent, exigible en nature.

Impôts. — La cote personnelle est insignifiante et monte, annuellement, à environ un centime par famille; la taxe annuelle, par famille, varie de trois mesures à trois décalitres de riz. A la mort du souverain, le peuple est frappé d'un impôt extraordinaire de 5 centimes par tête, dont le produit est destiné à couvrir les frais des funérailles du monarque défunt.

Le gouvernement veut-il acheter des armes, ou solder une indemnité de guerre? C'est encore le pauvre peuple qui est mis à réquisition.

Comme on le voit, ce ne sont pas les contributions directes qui alimentent le fisc, — elles ne sont qu'extraordinaires et subordonnées aux besoins du moment ; — la corvée, les amendes, la confiscation, les remplacent avantageusement.

Dans certains cas, le monarque hérite de droit de ses sujets : lorsque, par exemple, une femme du peuple meurt sans laisser de postérité. Alors, elle est considérée comme ayant démérité de la patrie, puisqu'elle n'a pas augmenté le nombre des sujets de Sa Majesté. Les biens d'un particulier, condamné pour sorcellerie, reviennent également à la couronne, ainsi que sa femme et ses enfants, qui deviennent esclaves royaux.

Police. — La police est très bien organisée, à Tananarive et dans les villages principaux, partout enfin où fonctionne une administration régulière ; mais son action est à peu près nulle dans tout le reste du royaume, qui échappe à sa surveillance. Elle est faite par des soldats indigènes, portant le nom d'*antily* (gendarmes). Ils ont pour attributions la recherche des délits, l'arrestation des criminels et des voleurs, et surtout des ennemis du gouvernement. Ils sont chargés, en même temps, d'assurer l'ordre public et de veiller à la sûreté générale, à la propreté des rues, des places, des chemins, et même des cours des habitations privées.

Douanes. — Tout système financier faisant défaut à Madagascar, en dehors des amendes et de la confiscation, qui constituent un casuel variable et aléatoire, le gouvernement n'a de revenus fixes que ses droits de douanes. A la tête de l'administration des douanes est placé un directeur général, résidant à Tananarive. Elles ne sont établies que dans quelques ports du littoral, dont Tamatave et Mazangaye sont les principaux. Les droits, qui sont de 10 p. 100 à l'entrée, sont perçus par les gouverneurs et représentent un rendement peu élevé, surtout si l'on songe qu'avant de parvenir à destination, ils passent par les mains d'un certain nombre d'officiers, et que ceux-ci, échappant à tout contrôle, en prélèvent au passage la plus grosse part.

On serait tenté de croire que cette source de revenus est tarie pour l'État, maintenant que le Comptoir d'escompte de Paris a installé, dans cinq ports, des agents chargés de percevoir les droits jusqu'à concurrence d'une certaine somme, pour garantir l'intérêt et l'amortissement des 15 millions qu'il a prêtés au gouvernement hova. Tout au contraire, l'organisation nouvelle est plutôt à son avantage. Elle ne manquera pas d'améliorer ses finances, sans les obérer de trop lourdes charges. D'abord, sous la surveillance des contrôleurs français, délégués dans chacun des ports concédés, elle obtiendra un rendement supérieur; ensuite, déduction faite de la retenue opérée pour le compte de la dette, l'excédent revenant à l'État dépassera de beaucoup ce que le trésor encaissait auparavant, après toute la filière d'emprunts à fonds perdus dont le produit des droits de douanes était allégé en chemin.

Après ce rapide exposé de la situation, on comprendra aisément que MM. Digby-Willoughby et Abraham Kingdon aient convoité ces douanes, qui, administrées intelligemment, peuvent donner des revenus si élastiques. Fort heureusement, le gouvernement français a vu clair dans leurs manœuvres douteuses; il s'est opposé à la mise à exécution de l'emprunt que ces spéculateurs de première force avaient contracté avec le gouvernement hova, au mépris du traité du 17 décembre 1885.

Que Rainilaiarivony continue à s'en rapporter à nous, qu'il nous laisse faire, et l'avenir lui prouvera, par des chiffres et par des faits, qu'en nous accordant sa confiance, il aura agi tout à la fois, et dans l'intérêt de son pays, et dans son intérêt personnel. Pour commencer, nous le gratifierons d'un système douanier qui rendra ses finances prospères, lequel, joint à l'exploitation de ses mines par nos ingénieurs, lui permettra de s'acquitter envers nous, aisément, et à bref délai. Ensuite, s'il veut bien s'inspirer de nos conseils dévoués, l'Émyrne ne tardera pas à se lancer dans la vraie voie du progrès et à devenir, prochainement, une nation commerçante et éclairée, digne d'entrer par elle-même en rapport avec les nations civilisées.

Officiers supérieurs hovas.

Armée. — On a beaucoup vanté, ces temps derniers, la puissante organisation de l'armée hova, son nombreux effectif, son armement perfectionné.

Pas plus que sous Radama Ier, où elle existait à l'état d'embryon, l'armée hova n'a d'organisation régulière. Elle n'est recrutée, ni par le tirage au sort, ni par la révision. Tout homme libre et valide, âgé de dix ans, est soldat. Il ne touche aucune solde; il reçoit seulement de la reine une pièce de toile, chaque année. En temps de guerre, comme en temps de paix, c'est à lui de pourvoir à sa nourriture.

Son équipement militaire est des plus primitifs : il se compose d'un caleçon, d'une giberne et d'un fusil. Il a les pieds et les mollets nus et les cheveux ras sauf un fort toupet qu'il laisse pousser sur le front ; on lui accorde le privilège de porter chapeau. Quelquefois, il se drape d'un lamba blanc, fait avec la pièce de toile offerte par la reine, dont il s'enveloppe fièrement. Quelques-uns commencent à porter l'uniforme réglementaire, qu'ils endossent seulement les jours de grande revue, ou d'exercice. Mais, comme peu ont le moyen de se donner ce luxe, ils se contentent de la première tenue rudimentaire, que nous venons de décrire. La grande tenue se compose d'un habit rouge à boutons de cuivre, d'un pantalon bleu à bande rouge, et d'un shako rouge. Pas de chassures ; le soldat hova marche toujours pieds nus.

Avant Radama Ier, l'armée hova n'était qu'une horde de sauvages indisciplinés, mais hardis. Leurs femmes, souvent, prenaient part au combat, excitant leurs maris de la voix et du geste, et, par leur exemple, les encourageaient stoïquement à tout souffrir plutôt que de se rendre. Ce ne fut guère qu'en 1817, quand Lesage, l'envoyé de sir Robert Farquhar, persuada à Radama que son armée deviendrait formidable, si elle était initiée aux manœuvres européennes, que ce monarque consentit à confier l'instruction de ses troupes à deux sergents anglais et à distribuer des fusils à ses soldats.

A ce moment, l'armée de Radama n'était pourvue que de sagaies et de boucliers. La sagaie est une longue tige de bois dur, au bout de laquelle est emmanché un fer de lance terminé par une douille tranchante. Les Malgaches manient cette arme avec une incroyable dextérité; ils s'en servent aussi bien à la chasse qu'à la guerre. Bien qu'aujourd'hui la plus grande partie des troupes hovas soit armée de fusils, le fusil n'est pas encore d'un usage général, et beaucoup d'entre eux ont conservé les armes primitives.

Des canons furent également livrés au gouvernement hova, et leur maniement fut enseigné par des sergents anglais. Comme il n'y a pas de cavalerie à Madagascar, ce sont les corvéables qui, en campagne, traînent les pièces d'artillerie ; ce sont eux qui ont remorqué jusque sur les hauteurs de Tananarive les lourds canons qui défendent l'entrée de la capitale.

Enthousiasmé des résultats obtenus, grâce aux conseils de Lesage, Radama Ier se voyait déjà le premier conquérant du monde; il donna au petit bataillon nouvellement organisé à l'européenne le nom prétentieux de *Foloalindagh* (les cent mille hommes), bien que l'effectif de son armée entière ne dépassât pas vingt mille soldats. Farquhar, outre les canons et les fusils qu'il lui avait fournis, lui envoya quatre cents uniformes anglais. Le roi les trouva si beaux qu'il n'osa pas s'en servir, de peur de les abîmer, et les fit soigneusement enfermer sous vitrines, dans une salle de son palais.

Jusqu'à ce règne, en dehors des trois castes qui divisent les sujets en catégories nettement tranchées, il n'y avait, ni dans l'ordre civil, ni dans l'ordre militaire, aucune échelle hiérarchique. C'est un Français, M. Robin, qui fut chargé par Radama Ier de désigner les divers emplois de son armée, par des distinctions correspondantes aux grades adoptés par les usages européens. Celui-ci créa des simples soldats, des caporaux, etc., etc. Mais, finalement, on trouva plus simple et plus pratique de représenter chaque grade par un chiffre plus ou moins élevé, précédant le mot « honneur ». En conséquence, le soldat fut premier honneur, et ainsi de suite jusqu'au 12e honneur, qui équivaut au grade de maréchal. Bientôt le 12e honneur ne suffit plus à l'ambition des grands dignitaires, et, progressivement, on arriva au 16e, qui n'a d'équivalent chez aucune puissance.

Le favoritisme règne en maître, à la cour d'Émyrne. On y voit des généraux par droit de naissance, et des maréchaux à la mamelle, comme il y avait chez nous, autrefois, des colonels au berceau. A partir du 7e inclusivement, les honneurs sont conférés par un diplôme, scellé du grand sceau royal. Il n'y a pas longtemps, chaque officier supérieur avait droit à un nombre considérable d'aides de camp; les plus riches et les plus élevés en grade en comptaient des milliers attachés à leur seule personne. Rainilaiarivony y mit bon ordre, dans un grand kabar tenu le 13 juillet 1876 (1) et régla le nombre d'aides de camp qui devait être attribué à chaque honneur. Néanmoins, on aura lieu d'être étonné, quand on saura que, malgré les sensibles réductions opérées dans ce corps par le premier ministre, un 16e honneur a encore droit à trente aides de camp.

Le gouvernement hova n'ayant adopté, pour ses officiers, aucun type d'uniforme réglementaire, il résulte que ceux-ci, surtout les honneurs supérieurs, offrent une confusion insensée de costumes variés et éclatants, de l'effet le plus bizarre. Ils sont, à leur choix et suivant leur goût, déguisés — c'est le mot — en généraux ou amiraux français, anglais, russes, autrichiens, espagnols, italiens, persans, turcs, etc., etc. Tous portent, sur leur coiffure, une plume blanche, emblème du commandement, et tiennent presque cons-

(1) Se reporter à la notice historique.

tamment à la main un sabre, avec ou sans fourreau. Beaucoup ont la poitrine traversée de grands cordons d'ordres plus ou moins fantaisistes, rehaussés d'aiguillettes. Certains officiers sont, pour la plupart, à cheval, mais c'est le plus petit nombre, et encore, deux esclaves se tiennent à leurs côtés, prêts à réprimer les

Soldat hova, en garnison à Tananarive.

écarts de leur monture et à empêcher le cavalier de tomber. Quelques-uns affectent de porter des costumes civils européens, chamarrés de galons et de broderies. Le premier ministre, en sa qualité de généralissime des troupes hovas, a voulu se distinguer entre tous; il a poussé l'amour exagéré du clinquant jusqu'à faire broder d'or ses souliers. Après ce comble, il faut tirer l'échelle.

Une loi, du 25 mars 1879, a introduit de sérieuses modifications dans l'armée hova qui avait été un peu négligée jusque-là. Cette loi a imposé le service militaire à tout homme libre et valide, âgé de dix-huit ans accomplis, et pour une durée de cinq ans; elle a notablement augmenté l'effectif de l'armée. D'après ses prescriptions, on a commencé à lever, en 1879, 5,000 hommes pour chacun des dix districts de l'Émyrne : ce qui devait fournir, pour les six provinces, un effectif total de 30,000 hommes. Mais le cadre n'a pas été rempli, et la levée en masse n'a pas dépassé 20,000 hommes.

De 1880 à 1883, le gouvernement a ordonné, tous les ans, de nouvelles levées, estimées à 10,000 hommes environ : ce qui, maintenant, porte l'effectif de l'armée active à 30,000 hommes, y compris les contingents recrutés dans les pays conquis.

En plus de ce chiffre, il faut faire entrer en ligne de compte 6 ou 7,000 auxiliaires, composés de Betsiléos, de Tamalas et d'Antsinidras.

Un corps spécial d'ouvriers est adjoint à l'armée. Il remplit l'office de nos soldats du génie, et travaille, à la fois, et pour le gouvernement et pour la troupe.

Quant au service des vivres, il a été complètement oublié dans cette réforme, et n'existe même pas à l'état de projet. Avant d'entrer en campagne, chaque soldat emporte avec lui la provision de vivres qu'il juge nécessaire à son alimentation. Ceux qui ont des esclaves les chargent de leur en procurer.

On ne saurait évaluer le nombre des fusils et des canons fournis par les Anglais au gouvernement hova, depuis le commencement de la dernière guerre. Le général Digby-Willoughby prétend qu'au moment de la signature du traité, il aurait pu mettre en ligne de 40 à 50,000 Hovas, armés et disciplinés à l'européenne, plus

20,000 hommes munis de sagaies, appuyés de 20 batteries de campagne, formant un total de 120 canons. Il ne faut pas ajouter foi à ces vantardises. En tout cas, de pareilles assertions seraient tout à l'honneur des 2 ou 3,000 hommes avec lesquels nous avons tenu campagne pendant deux années, et occupé les points les plus importants de Madagascar.

Quoi qu'il en soit, nous savons que l'armement des forces hovas était exactement, au début des hostilités, de 8 à 9,000 fusils à pierre, de 600 carabines rayées, de 500 chassepots, de 5,000 sniders et remingtons, achetés au moyen d'un impôt extraordinaire, prélevé en 1882 ; d'une mitrailleuse et de 9 pièces de campagne montées sur affût, de 90,000 lances et de quelques canons de gros calibre, les uns de provenance anglaise, les autres fondus à l'usine de M. Laborde, mais de faible portée, couchés, au ras du sol, à l'entrée de Tananarive, de Tamatave et de quelques autres villes.

Les troupes hovas constituent plutôt une réserve qu'une armée active ; nous ne saurions mieux les comparer qu'à nos réservistes. Car, si ce n'est 2 ou 3 mois, pendant lesquels elles campent sous la tente, et manœuvrent, tous les jours, aux environs de la capitale, et 2 jours par mois d'exercice, elles restent tranquilles dans leurs foyers.

Les règlements de l'armée comportent diverses pénalités, plus ou moins sévères, suivant la faute commise. Si le soldat manque à la revue ou à l'exercice, il est fouetté avec une lanière de cuir, dont il reçoit 10 coups pour la première absence, 20 coups pour la seconde, et ainsi de suite. Si le délit est d'une certaine gravité, le délinquant est condamné à piétiner la boue d'une rizière, à porter des pierres sur sa tête, à prendre un bain dans l'eau glacée, à marcher dans un bourbier marécageux. L'officier, pas plus que le simple soldat, n'est exempt de semblables peines, s'il a mérité d'être châtié. L'incorrigible est mis aux fers.

Le tir au fusil et au canon a lieu tout au plus une fois l'an. Les commandements se font en langue malgache. De temps en temps, il y a une revue sur la grande place de Mahomasina, ou champ de Mars; c'est généralement en présence du premier ministre qu'elle a lieu avec toute la pompe voulue, et il n'est pas rare d'y voir assister 25,000 personnes. Les noms des absents et des malades sont pris par les officiers; les paresseux sont réprimandés ou punis, les zélés obtiennent de l'avancement.

Dès qu'une guerre est imminente, aussitôt on convoque les troupes. Obéissant à cet appel, elles viennent camper tout près de Tananarive, où est fixé le rendez-vous. Puis, lorsqu'elles sont au complet, elles se mettent en marche, sur l'ordre du premier ministre. La nuit venue, on dresse le camp, que domine, au centre, la tente du général en chef, et l'on poste, tout autour, des sentinelles avancées. Sur chaque territoire que l'on traverse, on réquisitionne des hommes pour transporter les munitions de guerre: quatre se chargent d'un canon, deux de l'affût, deux autres, chacun d'une roue. Pendant ces marches forcées, les officiers déploient la plus grande activité. On entend continuellement leur voix criarde stimuler les porteurs de fardeaux. Des marchands de toute espèce accompagnent la colonne; ils vendent aux soldats des vivres, des ustensiles, tout ce dont ils peuvent avoir besoin pendant la route.

Sans être dépourvu de courage, le soldat hova n'est pas animé de cette bravoure à toute épreuve, qui néglige la prudence et dédaigne le danger. Il va au feu sans élan, et ne s'échauffe pas pendant l'action; au contraire, il envisage froidement les risques et les chances à courir, et si, au plus fort de la lutte, il reconnaît qu'il est dans des conditions trop inférieures pour avoir le dessus en bataille rangée, il prend la fuite, ou plutôt la simule et a recours à la ruse. Il essaye, alors, de surprendre l'ennemi, à la faveur de la nuit, ou tout

Camp, aux environs de Tananarive.

au moins de le cerner, de façon à empêcher les convois de vivres et de munitions de lui parvenir. S'il réussit dans ces embuscades, il ne fait pas de prisonniers; il massacre tous ceux qui tombent en son pouvoir. L'espionnage joue forcément le rôle le plus important dans cette tactique. A vrai dire, il est la seule méthode stratégique des Hovas. Aussi payent-ils généreusement leurs espions, auxquels ils attribuent une large part dans les razzias qu'ils font, d'hommes, d'esclaves et de troupeaux. Ce peuple est aussi fanatique que nous de son drapeau national, qui, à ses yeux comme aux nôtres, personnifie la patrie. Quand on arbore cet emblème sacré, il l'acclame avec enthousiasme et le salue frénétiquement, du chapeau, de la voix et des mains. Ce drapeau est une bande de soie blanche, de 3 où 4 mètres de long sur 2 mètres de large, brodée, tout autour, d'ornements en soie écarlate. Au milieu, se détachent, en lettres majuscules, les deux initiales du chiffre royal : R.M (Ranavalona Manjaka — Ranavalona Reine) liées ensemble par un trait d'union, en forme de croix, et timbrées d'une couronne fermée. Elles surmontent deux fers de sagaie, tournés dos à dos et présentant censément leur pointe à tout ennemi qui approcherait. La sagaie, on le sait, est l'arme primitive des Malgaches; elle leur est restée chère. C'est pourquoi ils en perpétuent le souvenir sur leur étendard.

Plus le gouvernement hova avancera dans la voie du progrès, plus il travaillera à augmenter l'effectif de son armée et à perfectionner son équipement. Nos bons amis ne manqueront pas de lui en fournir les moyens, dans le but de faire échec à notre politique coloniale. Il serait sage d'y veiller et de prendre des mesures préventives, pour que cette œuvre civilisatrice, qui n'est encore qu'à l'état d'incubation, ne s'opère pas à nos dépens; car c'est à nous, à nous seuls, qu'il appartient de diriger les efforts de ce peuple neuf et de recueillir, plus tard, les fruits pacifiques d'une conquête si laborieusement gagnée. Ne perdons pas de vue cet objectif. Pour mener à bonne fin cette entreprise, il faut nous réserver, sans commettre l'imprudence de nous découvrir. Derrière nos partenaires déclarés se cachent des partenaires occultes, qui, à la façon des grecs, cherchent à voir clair dans notre jeu, par des procédés équivoques. Nous avons en main les atouts; sachons les conserver, et n'abattons notre carte que quand nous tiendrons le point.

Instruction publique. — Autrefois, dans la vieille Europe, les ministres du culte employaient tout leur zèle à étouffer le développement du niveau intellectuel sous l'éteignoir de l'ignorance. Les missionnaires anglais usent, dans les colonies, de la méthode inverse. Dans tous les pays sauvages où, sous le couvert de la foi, ils propagent l'influence anglaise, tout en faisant prospérer leur petit commerce, ils enseignent la lecture et l'écriture, et assurent leur domination, à l'aide de la Bible. Aussi n'est-il pas surprenant de voir ce livre dans toutes les mains, à Madagascar.

C'est à la suite d'une réunion appelée *congregational union meeting*, tenue à Tananarive par les Indépendants, que, le 16 décembre 1868, un édit royal enjoignait à chaque localité de construire une école. Cependant, beaucoup d'enfants n'allaient pas à l'école, ou continuaient à fréquenter celle ouverte par les missionnaires catholiques français. Les Indépendants ne se tinrent pas pour battus; peu leur importait d'attenter à la liberté de l'enseignement et de violer la liberté religieuse, garantie par les traités ! N'ayant aucun scrupule sur le choix de leurs moyens d'action, ils demandèrent et obtinrent l'instruction obligatoire, au profit de leur culte, bien entendu. Le décret qui leur octroyait ce monopole fut proclamé par Rainilaiarivony lui-même, le 14 juillet 1878, à la suite d'une revue, et sanctionné à nouveau, le 29 mars 1881. Dès lors, les enfants des deux sexes, âgés de huit ans, furent contraints de fréquenter les écoles protestantes du royaume, jusqu'à seize ans inclusivement, à moins qu'avant cette limite ils n'eussent acquis une somme d'instruction jugée suffisante.

Si l'instruction est obligatoire pour les enfants libres, elle ne l'est pas pour les esclaves; ceux-ci peuvent, néanmoins, suivre les cours, s'ils y sont autorisés par leurs maîtres.

A partir de ce jour-là, les écoles protestantes furent donc considérées comme écoles nationales, bien que les jésuites français, eux aussi, en possédassent plusieurs, qu'ils avaient fondées à grands frais. Pour arracher à nos missionnaires les quelques élèves qu'ils avaient conservés, les Indépendants ne reculèrent devant aucun mensonge, devant aucune violence. A l'office du dimanche, ils déclaraient publiquement, dans leurs temples, que la reine leur avait accordé l'autorisation d'amener chez eux, de gré ou de force, tous les élèves qui ne suivaient pas leurs écoles, quand, au contraire, l'article 270 du Code hova laisse les parents libres de choisir, pour leurs enfants, l'école qui leur convient; quand Ranavalona, elle-même, a formellement garanti la liberté de l'enseignement, dans l'article 7 du traité conclu avec la France, le 8 août 1868; quand cette clause a été expressément confirmée par l'article 7 de notre dernier traité.

Non contents de menacer, ils en venaient aux voies de fait et envoyaient leurs élèves les plus robustes saisir, au nom du gouvernement, et enlever, sur leur chemin, les élèves se rendant à l'école française. La plupart du temps, ce racolage provoquait des rixes sanglantes. Il arrivait alors que, de crainte de se faire des ennemis irréconciliables de ces sectaires redoutés, dont l'esprit despotique pesait sur le pouvoir, la plupart des parents mettaient leurs enfants dans les écoles anglaises, où, en guise d'instruction pratique, on les abrutissait à apprendre la Bible par cœur. Et il fallait que l'ascendant des missionnaires anglais eût, dans le gouvernement hova, des racines bien profondes, ou

Noble hova et son père, à la promenade.

bien mystérieuses, car Rainilaiarivony a avoué que, bien

des fois, il fut émerveillé des examens publics, auxquels il a assisté, dans les écoles françaises. Dans ces établissements modèles, tout était enseigné aux enfants : depuis l'étude raisonnée de la langue française jusqu'aux éléments des sciences exactes, depuis les arts industriels jusqu'aux arts d'agrément. Ce qui le frappa, surtout, ce furent les résultats surprenants, obtenus dans les ateliers d'apprentissage de travail manuel, dirigés par les frères.

La reine, de son côté, visita plusieurs fois les écoles professionnelles de filles, tenues par les sœurs de Saint-Joseph de Cluny. Non moins que le premier ministre, elle s'extasia sur les ouvrages remarquables qui y sont exécutés, et les trouva si finis, que, souvent, elle les acheta en bloc.

Donc, la reine et le premier ministre s'intéressaient à l'enseignement français et l'interdisaient ouvertement à la population. D'où provient cette contradiction flagrante entre leurs actes et leurs sympathies? C'est là qu'est l'inconnue. Et elle est certainement plus difficile à dégager de l'équation algébrique ainsi posée, que ne l'était, autrefois, la solution de la question romaine, que ne l'est, à l'heure actuelle, la solution de la question bulgare.

Grâce toujours à M. Le Myre de Vilers, qui a réclamé péremptoirement l'exécution intégrale de l'article 7 du traité du 17 décembre, confirmant l'article 3 du traité du 8 août 1868, les enfants malgaches commencent à revenir aux écoles françaises, qu'ils préfèrent d'ailleurs aux écoles anglaises, parce que, doués d'une vive intelligence et avides de s'instruire, ils y trouvent un enseignement qui charme leur esprit, tout en le nourrissant de sérieuses et solides connaissances. Ils y arrivent, dès le petit jour, après avoir quelquefois pour s'y rendre parcouru de grandes distances.

Il existe à Tananarive une faculté de médecine, instituée par ces mêmes missionnaires anglais, que nous rencontrons partout où nous voulons coloniser. En vertu d'une ordonnance royale, nul ne peut exercer la médecine, ni vendre des produits pharmaceutiques, sans être dûment diplômé par cette faculté. Et le diplôme qui confère au postulant le droit d'exercer lui est octroyé, après qu'il a subi un examen portant sur les noms et la composition des diverses substances médicinales. Il ne doit pas être délivré de poison, sans l'ordonnance du médecin.

Mais cette simili-académie de médecine, créée par les méthodistes, n'est plus qu'un mythe ; elle s'est dissoute d'elle-même ; son hôpital, où l'on payait assez cher le droit d'occuper un lit, a fermé ses portes. C'est que le médecin de la résidence, le docteur Boissade, à qui nous devons ce résultat énorme, va visiter ou reçoit gratuitement riche comme pauvre, Malgache comme Européen, au dispensaire qu'il a fondé, et où il délivre des médicaments également gratuits. Aussi sa popularité est-elle immense ; tous les indigènes le saluent de la voix et du chapeau ; beaucoup viennent lui embrasser les mains. Le premier ministre aurait même demandé l'agrément de notre résident, pour nommer le docteur Boissade médecin du palais.

Le gouvernement hova possède une imprimerie, réservée aux besoins des services administratifs. Autrefois, les ordres de la reine étaient transmis verbalement ; aujourd'hui, ils partent de la capitale, imprimés par la presse du palais. Outre cette imprimerie officielle, il existe aussi, à Tananarive, une imprimerie privée. Celle-là imprime plusieurs publications périodiques, les unes en malgache, les autres en anglais ; les unes quotidiennes, les autres hebdomadaires, bi-hebdomadaires, mensuelles, bi-mensuelles, trimestrielles, semestrielles ou annuelles; quelques-unes sont illustrées. Les journaux les plus importants sont: le *Madagascar Times* et le *Gazety Malagasy*, le *Progrès de l'Émyrne.*

Ponts et chaussées. — Les routes font complètement défaut, à Madagascar. Si le gouvernement hova s'est prêté au développement de l'instruction publique et d'autres institutions utilitaires, il n'a jamais voulu laisser établir de grandes voies de communication. « Les Européens trouveront toujours assez tôt le chemin de ma capitale, disait Radama Ier, sans qu'il me soit besoin de construire des chemins, qui en facilitent l'accès à leurs armées. »

Le voyageur qui gagne Tananarive, d'un point quelconque de la côte, ne peut donc y parvenir qu'en suivant des sentiers abrupts, bordés souvent de fondrières et de lacs de boue, et des escarpements surplombant des précipices. Et il doit s'estimer heureux quand, sur son parcours, il ne trouve pas le sentier encombré par une file interminable de soldats, précédant une file de porteurs; car tous les transports se font, là-bas, à dos d'homme. En ce cas, lui et sa suite doivent se ranger pour laisser la voie libre aux porteurs royaux, dont le défilé dure parfois des heures entières. Souvent encore, il est arrêté par le passage de troupeaux de bœufs qui gagnent la côte, où ils sont embarqués.

Comme moyen de locomotion, on est obligé de se contenter d'une espèce de palanquin, particulière au pays: le *filanzana*. C'est un petit siège en bambou, supporté par deux brancards, sur lequel s'assied tant bien que mal le voyageur; de chaque côté, sont des appuis qui soutiennent les bras; les pieds reposent sur une planchette mobile, maintenue par des cordes. Les extrémités des bâtons fixés au siège sont placées sur les épaules de quatre porteurs, appelés *bourjeanes*. Ces hommes sont d'une vigueur et d'une agilité incomparables; sans se soucier du poids qui pèse sur leurs épaules, ils marchent,

Voyage en filiccon.

ils courent, en sifflant, en chantant, et accomplissent ainsi un trajet de cinq ou six lieues, sans s'arrêter.

Ces bourjeanes sont tous d'une fidélité et d'un dévouement à toute épreuve : il n'est pas d'exemple qu'un seul d'entre eux ait cherché à nuire à ceux qui les emploient; tous sont prêts à exposer leur vie, pour sauver celle du voyageur.

Pour les promenades, dans les environs de Tananarive ou des autres centres principaux, on les paye d'après un tarif officiel : douze centièmes ou seize centièmes; pour les longs voyages, on traite avec eux à forfait.

Un voyageur de condition modeste ne peut décemment enrôler moins de dix porteurs, pour lui et ses bagages ; un riche Malgache traîne toujours à sa suite, pour lui et sa famille, de quatre cents à cinq cents esclaves porteurs. Si la reine entreprend une excursion dans ses États, toutes les populations sont réquisitionnées sur son parcours. Ainsi que nous l'avons vu, lors du voyage de Ranavalona II, les uns sont chargés des tentes, les autres de l'ameublement du palais royal ambulant, des provisions de bouche, des canons et des munitions.

En dehors de ce mode de transport, il en existe un autre : la monture du bœuf écorné. En guise de bride on passe une corde aux naseaux de la bête, une espèce de bât sert de selle. Le Malgache monte dessus, et le voilà parti, au pas ou au trot.

Le trajet de Tamatave à Tananarive, itinéraire le plus fréquenté pour monter à la capitale, dure de 10 à 12 jours, selon le temps qu'il fait. Pendant les trois premiers jours, on longe constamment la côte, jusqu'à Andevourante, entre des lacs marécageux d'un côté, et la mer de l'autre. Cette première zone, assez fertile, comparativement à l'intérieur des terres, est toute en pâturages et ombragée par des bouquets d'arbres, au feuillage touffu, qui lui donnent un aspect des plus agréables. Mais ne vous fiez pas à cette apparence trompeuse, car les eaux stagnantes qui croupissent, çà et là, dégagent des miasmes fiévreux, et rendent malsaine la contrée environnante.

A partir d'Andevourante, le décor change à vue. On entre dans une région sauvage, accidentée, hérissée de pics dénudés, uniformément teintés d'un gris crépusculaire et produisant une impression de morne désolation. Alors, comme les Malgaches ne cherchent jamais à contourner les obstacles, la route devient un sentier de chèvres abrupt, qui serpente en lacets capricieux, dans la direction de l'ouest, à travers un amphithéâtre non interrompu de montagnes ou de mamelons, superposés en gradins et entrecoupés par des rivières infestées de caïmans, qu'il faut traverser en pirogue, quand les pluies les ont grossies. Il est juste de convenir, aussi, que plusieurs points offrent les sites les plus beaux qu'on puisse rêver, notamment lorsqu'on atteint la région de l'Anabamazoatra, ou grande forêt. Là, au milieu d'arbres séculaires, des cascades se précipitent d'une hauteur prodigieuse sur des rochers cyclopéens, et se transforment en rivières d'une limpidité de cristal.

Si la direction des chaussées n'existe pas à Madagascar, faute de chaussées, la direction des ponts n'est pas un mythe ; elle relève du ministère de l'intérieur. Quelques rivières importantes sont enjambées par des ponts, et des ponts très solides. Nous avons décrit, dans un précédent chapitre, au sujet d'un voyage de Ranavalona II, comment on les construit. Quand on vient d'en jeter un, on l'inaugure par de grandes réjouissances, mais il est interdit à quiconque d'y passer, avant la reine. Or, si la reine n'a jamais l'occasion de le traverser, les populations riveraines sont condamnées à ne jouir que de sa contemplation platonique.

On cite comme une curiosité le pont jeté sur la rivière Matsiatra, à quelques heures de Fianarantsoa. Il est large de 130 à 140 mètres, muni de parapets et soutenu par 22 arches.

Service postal. — Le service postal se fait régulièrement, par des courriers militaires que le gouvernement hova expédie aux gouverneurs de ses provinces. Une lettre met de 7 à 8 jours, pour parvenir de Tananarive à Tamatave. Un service postal fonctionne, deux fois par mois, entre Tamatave et Andévourante, Vatomandry, Mahanaro, Mahéla et Mananzary. — Diégo-Suarez est mis en communication, tous les 28 jours, avec la France, par les grands paquebots de la compagnie des Messageries maritimes, viâ Obock et Zanzibar.

De Tamatave, les lettres à destination pour l'Europe sont prises par le paquebot des Messageries maritimes, qui, depuis 1885, fait le service entre l'île de la Réunion, les postes français de la côte, les Comores, et Mozambique, pour, de là, être remises au paquebot de la ligne de Marseille à Nouméa, et vice versa. Le paquebot va, en un jour, de Tamatave à la Réunion, et, en dix-huit jours, de la Réunion à Marseille.

D'après une nouvelle convention, passée entre le gouvernement français et la compagnie des Messageries maritimes, le paquebot faisant le service entre Marseille et Nouméa débarquera à Mahé (îles Seychelles) le personnel et les marchandises à destination de Bourbon, Maurice et Madagascar, pour continuer sa route sur l'Australie. Tout d'abord, le paquebot annexe se dirigera directement sur Bourbon-Maurice, d'où passagers et marchandises seront, après un deuxième transbordement, dirigés sur Tamatave, et autres ports. Nous espérons qu'avant peu ce paquebot inclinera un peu sa route vers l'ouest — ce qui ne le détournera pas beaucoup — pour faire une petite escale, de deux ou trois heures, à Diégo-Suarez, qu'il est d'un intérêt si supé-

Pont malgache.

rieur de favoriser le plus possible, ce dont nos chers compatriotes de Bourbon ne nous feront aucun reproche. Car, de cette façon, eux-mêmes seront mis, à l'aller comme au retour, en communication directe avec leur colonie.

Les dépêches télégraphiques ne peuvent être transmises que de Zanzibar ; c'est le point le plus rapproché de la côte de Madagascar où aboutisse une ligne télégraphique communiquant avec l'Europe. La ligne télégraphique reliant Tamatave à Tananarive a été inaugurée le 15 septembre 1887. La taxe par mot est de 25 centimes, avec un minimum de 2 fr. 50 par télégramme.

Poids et mesures. — Les mesures de capacité et de dimension sont réglées par le gouvernement.

La mesure de longueur est divisée en sept fractions, et tout vendeur, qui s'en sert habituellement, doit la demander au gouvernement, telle qu'elle a été déterminée par lui.

L'horloge du palais royal donne l'heure, et le méridien accepté par le gouvernement.

Régime du protectorat. — En exécution du traité du 17 décembre 1885, le gouvernement français est représenté par un résident général.

Aux termes de ce décret, le résident général est le seul dépositaire des pouvoirs du gouvernement de la République française, dans toute l'étendue de l'île de Madagascar ; il y exerce toutes les attributions prévues par le traité du 17 décembre 1885. Il a sa résidence officielle à Tananarive, mais avec la faculté de séjourner à sa convenance sur tout autre point de l'île. Un cabinet, un attaché militaire, un médecin, une escorte de soldats d'infanterie de marine sont attachés à sa personne. Il a sous ses ordres des résidents et des vice-résidents, chargés de remplir des fonctions analogues à celles des agents consulaires (1). Toutefois, les établissements français de Diégo-Suarez, où le gouvernement français crée un port pour notre marine militaire et marchande, constituent un service distinct, placé sous l'autorité directe du ministre de la marine et des colonies, tandis que le résident général relève du ministre des affaires étrangères.

L'organisation des tribunaux consulaires, dans l'île, est réglée sur le modèle des dispositions en vigueur dans les Échelles du Levant, sauf quelques exceptions de détail. En matière civile et commerciale, la juridiction des tribunaux de la Résidence générale et des vice-résidences s'étend sur les Français et les étrangers non indigènes, de même que, par application de l'article 5 du traité du 17 décembre 1885, les Français sont régis par la loi française, pour la répression des crimes et délits commis par eux à Madagascar. De plus, le Résident général, ainsi que les résidents et vice-résidents, sont investis du droit de haute police, conféré aux consuls de France, dans les Échelles du Levant.

Qu'il nous soit permis de faire observer à la direction des protectorats que le nombre des vice-résidences n'est pas assez élevé, et qu'il est du plus haut intérêt, pour la France, d'en installer sur les points les plus importants du littoral, particulièrement de la côte est (2). Pour que le traité puisse donner des résultats satisfaisants, nous avons besoin d'être représentés sérieusement, un peu partout, à Madagascar, par des agents qui exercent une action efficace sur la population et renseignent minutieusement le Résident général sur

(1) Décret du 11 mars 1886.

(2) Le gouvernement français vient de décider l'installation d'un nouveau vice-résident à Tuléar (juin 1888). Ce qui ne portera le nombre des résidences et des vice-résidences qu'à quatre seulement.

l'esprit des indigènes et les menées de nos antagonistes, les Anglais. A la dernière heure, nous apprenons que le Ministre des affaires étrangères a décidé que les agents du Comptoir d'escompte, chargés du contrôle des douanes, à Vatomandry, Fénérive et Vohémar, rempliront, en même temps, les fonctions de vice-résidents et d'agents des postes, sous le contrôle du résident de Tamatave.

Nous constatons avec étonnement que, seul, le commandant de Diégo-Suarez dispose d'une administration organisée. Quoique le gouvernement français n'ait pas encore déterminé très exactement le régime dont il désire doter cet établissement, le commandant désigné pour l'administrer, M. Froger, a pris possession de son poste. A ce propos, n'est-il pas singulier que, sur ce même territoire de Madagascar, Diégo-Suarez soit du ressort du ministère de la marine, et que tout le reste de l'île dépende du ministère des affaires étrangères? Il y a là une anomalie qui indique suffisamment la nécessité de créer un ministère spécial des colonies.

Les dépenses occasionnées par la Résidence générale, les résidences et les vice-résidences s'élèvent, pour l'année courante (1888), à 349,000 francs ; celles qui concernent Diégo-Suarez, pour les frais d'occupation et d'administration, à 931,668 francs.

En exécution du traité du 17 décembre 1885, le corps d'occupation, à Madagascar, est réduit de 6 à 4 compagnies du 2e régiment d'infanterie de marine. Chacune de ces compagnies sera ramenée à l'effectif de 4 officiers et de 146 hommes, sous le commandement d'un lieutenant-colonel; elles tiendront garnison à Diégo-Suarez.

En dehors des troupes françaises, M. Froger, commandant particulier de Diégo Suarez, a organisé des compagnies de tirailleurs sakalaves. Il a l'intention d'envoyer un détachement de ces Sakalaves à l'exposition de 1889.

Comme nous avons essayé de le démontrer, dans ce rapide aperçu de l'organisation politique de Madagascar, cette île possède des éléments administratifs, qui, sous le régime de notre protectorat, permettraient d'espérer rapidement la réussite de nos projets, si l'esprit même de ces institutions inspirées par les indépendants, avec des vues étroites et exclusives, ne menaçait, sans cesse, de compromettre gravement notre action.

CHAPITRE VII

RÈGNES ANIMAL, VÉGÉTAL, MINÉRAL. — AGRICULTURE. INDUSTRIE. — COMMERCE.

On ne rencontre pas, dans l'île de Madagascar, les grands quadrupèdes du continent africain, dont elle n'est cependant séparée que par le canal de Mozambique : on n'y voit ni lions, ni tigres, ni éléphants. Néanmoins, la faune de cette île est riche en plusieurs variétés qui lui sont particulières et que M. Alf. Grandidier a classées à leur rang propre, dans l'échelle zoologique.

Le singe y est inconnu, mais, parmi les quadrumanes, on y trouve les *Makis*, appelés aussi *lémurs* par Linné, dont elle est le berceau par excellence. Et encore, ces animaux se rapprochent-ils plutôt des quadrupèdes que des quadrumanes. Leur famille comprend, selon Cuvier, neuf genres distincts, qui se subdivisent eux-mêmes en trente espèces.

Le *Maki* a pour caractère une tête ronde et délicate, assez intelligente, un museau allongé et pointu, rappelant celui du renard, des yeux larges, grands ouverts, des oreilles courtes, droites et effilées, le pelage soyeux et la queue généralement longue et touffue. La plus petite espèce est la plus jolie ; elle passe, en trois ou quatre jours, de l'état sauvage à la domesticité. La plus grande est le *babakouta-baba-koto* (petit père). Sa taille atteint jusqu'à 1m,50 centimètres. Parmi les différentes espèces de makis, on distingue aussi le *simepoune*, dont la tête ressemble à celle du King-Charles. Ce dernier pourrait marquer la transition qui existe, dans l'ordre zoologique, entre le maki et le singe. Il présente cette particularité anatomique que, de même que chez les ruminants, les dents incisives de l'arcade supérieure lui font défaut. Le maki roux est, de tous les makis, le seul bon à manger : sa chair a un peu le goût de celle du lièvre.

L'*aïe-aie*, horrible petit animal, qui doit son nom bizarre à son cri d'effroi, est un des animaux les plus curieux de Madagascar. Il tient de l'anthropoïde par ses membres postérieurs, et de l'écureuil par sa queue et ses dents. Nyctéophile, le jour l'éblouit; plein d'activité, la nuit, il se nourrit d'insectes et de fruits. On le rencontre au nord de la côte ouest; mais il se multiplie peu, et aura bientôt disparu de l'île.

Il y a, à Madagascar, une sorte de hérisson insectivore, le *tendrac*, gros comme un lapin domestique, dormant en terre, comme la marmotte, pendant sept mois de l'année. Il offre cette particularité qu'il emmagasine autour de sa queue et dans diverses parties de son corps une provision de graisse devant servir à sa nutrition, pendant son sommeil léthargique. Pris à ce moment, il est excellent à manger.

Il n'est pas rare de voir dans les cases malgaches un petit carnassier, de la taille d'un écureuil, les oreilles ornées de boucles. C'est le *voumstira*, dont Madagascar possède plusieurs types. Très facile à apprivoiser, il se nourrit surtout du sang des rats, dont il est l'ennemi acharné.

Nous citerons encore en fait d'animaux particuliers au pays : la *mangouste*, sorte d'ichneumon, qui, d'après Buffon, détruit dans le sable une quantité d'animaux invisibles; le *caméléon*, commun dans l'île, où il est un objet de superstition; la *roussette*, immense chauve-souris, dont les Malgaches recherchent la chair. Quant aux félins, ils se présentent sous une forme plantigrade, que l'on n'a reconnue en aucun autre pays.

Chéloniens. — Les Chéloniens sont, pour les indigènes de la côte ouest, une des branches principales de leur exportation. Ceux-ci possèdent plusieurs variétés de tortues de terre et de marais. M. Alf. Grandidier parle de carapaces de deux tortues éléphantines, trouvées par lui, qui sont certainement celles des plus grandes tortues d'eau douce connues.

Erpétologie. — *Reptiles.* — Les reptiles, à Madagascar, ne sont pas dangereux. On y trouve des serpents de différentes espèces et de différentes grosseurs, entre autres : la couleuvre ordinaire et une petite espèce de boa, ennemie du rat et des poulaillers. Parmi cette dernière espèce, on en remarque surtout deux très petites, dont l'une perce les œufs, et dont l'autre s'introduit dans le nez des animaux, de préférence dans celui des bœufs et des sangliers, pour en sucer le sang.

Le cent-pieds abonde dans l'île. Sa piqûre est, parfois, fort douloureuse; elle occasionne une enflure, et il s'ensuit une fièvre violente pouvant durer trois jours, si l'on n'emploie pas, en temps voulu, les simples dont se servent, en pareil cas, les indigènes.

Crocodiles. — Le plus dangereux de tous les animaux de Madagascar, le seul qui soit véritablement redoutable, c'est le Crocodile, appelé par les Malgaches la *terreur des eaux*. Cet amphibie (*crocodilus Madagascariensis*) est, en ce pays, d'une espèce particulière; il a

Propithèque à diadème. Propithèque laineux.

la tête ronde, et atteint jusqu'à 5 mètres de longueur. Tantôt il demeure caché sous les joncs, guettant sa proie, ou dans la vase, avec laquelle il se confond ; tantôt il reste étendu au soleil pendant des heures entières. Jamais il n'attaque l'homme à terre, où il s'aventure cependant assez loin, quand la faim le presse ; la longueur de son corps, disproportionnée avec la hauteur de ses pattes, courtes et trapues, gêne ses mouvements, et l'on peut, aisément, se sauver à son approche. Mais malheur à celui qui, à la nuit tombante, a la malencontreuse idée de venir se baigner dans la rivière! Là, ce terrible amphibie est dans son élément; là, il est aussi leste, aussi vif, aussi hardi, qu'il est lourd, endormi et hésitant sur la terre ferme ; là, il pousse la témérité jusqu'à s'élancer sur la main des rameurs. Il se précipitera bientôt sur l'imprudent et l'entrainera dans les roseaux, où il le dévorera, en un clin d'œil. A défaut de chair humaine, il se nourrit de poisson, dont il absorbe une immense quantité. C'est dans le sable que le crocodile dépose ses œufs; il les y enterre pour les faire éclore.

Dans beaucoup de tribus, actuellement encore, le crocodile est l'objet d'une grande vénération de la part des indigènes, qui le considèrent comme un animal fabuleux, et l'investissent même du grave privilège de rendre la justice.

Le joyau central qui orne la couronne des souverains hovas est une dent de crocodile en or ; les Sakalaves font de sa plus grosse dent le reliquaire royal; c'est-à-dire qu'ils y renferment les reliques de leurs rois.

Ceux des Malgaches qui ne regardent pas ce saurien comme un animal sacré en ont facilement raison. Ils se servent, pour le capturer, d'un émerillon qu'ils amorcent avec un quartier de bœuf. Ils déposent le tout sur le bord de la rivière, et, tapis derrière les roseaux, attendent que le vorace ait avalé l'appât; alors, ils l'attirent à eux et le tuent à coups de sagaïe.

On ne voit guère de crocodiles, à Madagascar, que le long de la côte; au delà des grandes cataractes, on n'en rencontre plus, dans les rivières de l'intérieur.

Pachydermes. — Des débris fossiles d'hippopotames, recueillis par M. Alf. Grandidier, permettent de supposer qu'à une certaine époque Madagacar a possédé des pachydermes.

Ornithologie. — Les espèces ailées offrent une grande variété. Les forêts sont peuplées de gros perroquets qui parlent très distinctement, quelques jours après qu'on les a pris. Dans certaines parties de l'île, foisonnent les pintades sauvages, les faisans, les merles, les perdrix, les veuves, au dos noir de jais et au ventre orangé, dont le chant aigu et varié fait fuir les oiseaux de proie, les perruches noires et vertes, très babillardes, les cardinaux, qui ravagent les rivières, les pigeons bleus à la tête rouge, les cailles grises, les corbeaux à collerette blanche, les tourterelles, les colibris, la terpsiphone, confondue à tort avec l'oiseau du paradis, qui n'existe pas à Madagascar, à cause des deux longues plumes qui s'élancent de sa queue et qui n'ont d'ailleurs aucune valeur, etc., etc.

Sur le bord des rivières, à l'ombre des feuilles de songe, on peut admirer le parra albinucha; le vouroum-saranioui, le plus bel oiseau de rivière de Madagascar, de la grosseur d'un pigeon, au plumage rouge-feu: les Malgaches l'ont en vénération; ils le regardent comme le protecteur des hommes, parce qu'il les avertit, par son cri, de la présence du crocodile.

Les oiseaux aquatiques sont représentés par plusieurs espèces de canards ; par la poule sultane, la sarcelle à tête rouge, la stapule, dont le plumage, sauf la tête, est couleur de feu, par une espèce de cygne gris, à la crête rouge et bleue, par la bécassine, le héron, etc., etc.

En fait d'oiseaux de mer, fréquentant le rivage, signalons le corbigeau, au cri mélancolique, l'alouette de mer, la frégate, le fou, qui tire son nom de son vol incohérent. Seul, parmi ces oiseaux de mer, le vorombato, ou *eto-eto*, est un excellent gibier.

Comme oiseaux de nuit : le hibou, le chat-huant, le grand-duc.

Parmi les oiseaux de proie citons : une petite espèce de vautour, l'épervier, l'ibis de Madagascar, et le fameux vouroum-mahère. Ce dernier, fort courageux, peut être classé au premier rang des oiseaux de proie; il est l'aigle de ces contrées. Aussi, Radama Ier l'a-t-il adopté comme emblème royal. Il ne se trouve que sur les hauteurs de l'Emyrne, où il fait son nid, dans les anfractuosités des roches les plus escarpées.

Nous n'avons énuméré jusqu'ici que les principaux oiseaux qui existent à Madagascar et sont pour la plupart spéciaux au pays. En effet, sur les cent soixante espèces reconnues par M. Alf. Grandidier, il y en a plus de cent qui sont indigènes.

L'île de Madagascar possédait jadis, un oiseau colossal, aujourd'hui disparu de la surface du globe. L'œuf de cet oiseau avait une contenance de plus de huit litres ; son volume équivalait à celui de 8 œufs d'autruche, ou à celui de 148 œufs de poule. Malgré ces proportions gigantesques, ce n'était pas un oiseau de proie. C'était l'*Œpyornis maximus*. M. Alf. Grandidier a découvert une partie fossile de son squelette, à Amboulitsate.

Fossa (Cryptoprocta ferox).

Entomologie. — A Madagascar, comme dans tous les pays marécageux intertropicaux, il existe une quantité infinie d'insectes malfaisants, dont quelques-uns sont très dangereux, entre autres le scorpion; plusieurs variétés d'araignées, dont la piqûre venimeuse de quelques-unes engendre la fièvre et occasionne parfois la mort. La plus grosse est l'araignée géante (*Epura Madagascariensis*) qui grimpe contre les murs. Les indigènes la mangent en l'accommodant à l'huile ou à la graisse.

Les moustiques pullulent, ainsi que les mouches phosphorescentes; c'est surtout à l'époque de l'hivernage qu'on en est incommodé.

Les variétés de lépidoptères sont à l'infini. Parmi elles citons le plus beau papillon connu : l'*urania riphœa*.

Le ver à soie est surtout localisé dans les environs de Fort-Dauphin, où il n'est pas rare de voir, accrochés aux branches des arbres, des cocons aussi gros que des concombres.

Les abeilles sont communes, surtout sur la côte ouest; elles fournissent, en quantité, du miel excellent et de la cire renommée pour sa bonne qualité.

Ichthyologie. — Les lacs et les rivières sont très poissonneux, mais les espèces sont peu variées. C'est surtout au delà des cascades que l'on pêche les poissons les plus fins et les plus délicats : la carpe, la carangue d'eau douce, la chevrette (*camaron*), sorte de crevette énorme, l'anguille, etc., etc. Les Malgaches ne se nourrissent pas de l'anguille; ils la considèrent comme un poisson malfaisant. Les Européens qui en mangent sont mal vus, et, s'ils le peuvent, les indigènes ne manqueront pas de briser le vase dans lequel ils l'auront fait cuire. En dehors du mulet, on recherche aussi le gourani, poisson plat, plus fort que le turbot ; sa chair est blanche, ferme et délicate. Il serait, parait-il, originaire de Chine et aurait été introduit à Madagascar, après l'avoir été à l'ile de la Réunion. On trouve encore un poisson d'eau douce monstrueux, ressemblant à la vieille. Sa chair est huileuse ; il devient aussi gros que le marsouin et passe pour dévorer les enfants qui se baignent dans ses eaux.

Dans la famille des hirudinées nous remarquons plusieurs espèces de sangsues, les unes et les autres inoffensives.

Les côtes sont fréquentées par le caret (*testudo imbricata*), qui ne diffère de la tortue de terre que par la grosseur et par la carapace, laquelle fournit de l'écaille à l'industrie; par le dugong — *lambo hara* — (porc de récifs), ainsi désigné à cause de sa tête et de son museau, qui ont tout à fait la forme de ceux du porc : sa grosseur, qui est celle d'un bœuf ordinaire, rend sa capture très difficile; il arrive souvent qu'une fois harponné, il fasse chavirer l'embarcation qui le poursuit, et que, par ce fait, les pêcheurs, jetés à la mer, soient exposés à être dévorés par les requins qui infestent ces parages. On rencontre aussi, en ces parages, beaucoup de baleines, mais plutôt du côté d'Andévourante.

Espèce bovine. — L'importation des espèces européennes a parfaitement réussi à Madagascar. La douceur du climat permettant d'y laisser les troupeaux en constante liberté, c'est par milliers que l'on compte le nombre des troupeaux de bœufs qui s'y trouvent aujourd'hui.

L'espèce locale est celle du zébus bison — *bos indicus* — il vit à l'état domestique ou à l'état sauvage.

Les Malgaches l'appellent : *ombé hala* (bœuf du bois). Il est très difficile à ramasser et cette chasse donne plus de mal aux indigènes que celle du sanglier. On distingue trois espèces de zébus : la première, le bouri, est sans cornes; la seconde, à grandes cornes pendantes; la troisième, la plus commune, à cornes aiguës et relevées à une prodigieuse hauteur. Ce dernier seul est exporté.

Ce n'est que sous le règne de Ralambo (1587) que les Malgaches paraissent avoir commencé à manger de la chair du bœuf. Jamais, avant cette époque, raconte la légende, aucun animal de cette espèce ne s'était présenté à leurs regards, quoique d'autres traditions prétendent que les bœufs étaient déjà connus dans l'Emyrne, mais que, jusqu'à ce roi, on ne les mangeait pas. Quand un bœuf mourait de mort naturelle, il était, comme chez les Indiens, enfoui à l'écart.

Espèce chevaline. — Si l'on voit peu de chevaux, à Madagascar, il n'en faut pas conclure que l'espèce chevaline n'aurait pas réussi à s'y acclimater, c'est parce que les indigènes ont reculé devant les peines et les soins que réclame l'élevage des jeunes poulains. Il n'y en a guère qu'à Tananarive, et encore ont-ils été offerts, comme présents, à la famille royale.

Dans ce pays essentiellement montagneux, les chevaux arabes et les mulets rendraient pourtant de très grands services et s'acclimateraient peut-être plus facilement que le cheval normand par exemple, dont la mission a acheté des spécimens, lors de son dernier voyage en France (janvier 1887).

Espèces ovine et caprine. — L'espèce ovine est très répandue ; elle réussit à merveille et est d'une race spéciale au pays : à grosse queue et à aine rase.

Anastomus madagascariensis.

Il en est de même des chèvres, dont beaucoup sont à l'état sauvage.

Espèce porcine. — L'espèce porcine est très prospère et constitue un excellent rapport. On rencontre partout des sangliers (*iambo, anala*, porcs des bois). Ils sont de deux races : la grande, qui est la plus nombreuse, ressemble à la nôtre, à part la structure de la tête qui est effroyable; la petite est assez rare. Les naturels, qui les chassent à la sagaïe et au chien, jouissent d'une grande considération; ils sont fêtés et reçoivent des bœufs, en récompense des services qu'ils rendent à la population, en la débarrassant d'animaux nuisibles qui détruisent souvent des rizières entières.

Espèces canine et féline. — Le chien malgache ressemble au renard, dont il a le poil fauve, les oreilles droites, le museau allongé, la queue large et fournie. Beaucoup vivent dans les forêts, où ils se nourrissent de leur chasse.

Bien que les rats soient si nombreux dans l'île, qu'ils en deviennent un fléau, on y voit très peu de chats. Les Malgaches ont, d'ailleurs, une espèce d'aversion pour ces animaux, dont la plupart vivent à l'état sauvage.

La volaille est très abondante. Le coq blanc, l'oiseau chéri du géant Dérafif (fils de Zanahary le bon génie), est l'objet d'une grande vénération. Il passe pour préserver les hommes et les chiens de la défense du sanglier, qu'il fascine à tel point que, sous l'influence de son regard magnétique, cet animal se précipiterait, de lui-même, sur le fer de la sagaïe. En outre, il a le don de soustraire les indigènes aux embûches du mauvais esprit et de faire bien voir des chefs ceux qui en sont mal vus. Il y a peu de temps encore, on n'aurait pas quitté Tamatave pour Tananarive, sans emporter avec soi un coq blanc.

Règne végétal. — Au siècle dernier, notre illustre compatriote Commerson fut littéralement émerveillé de la richesse végétale de Madagascar, tant au point de vue scientifique qu'au point de vue utilitaire. En effet, presque tous les arbres y sont d'une essence absolument supérieure et, pour la plupart, propres à tous les genres de constructions, principalement à l'ébénisterie.

« La flore de Madagascar (1) présente deux physionomies distinctes. Celle des côtes est et nord-est est la plus riche; elle a déjà été étudiée par beaucoup de savants. Celle des côtes méridionales et occidentales est moins variée; elle est également assez bien connue. Du reste, maintenant, en ce pays, il y a peu de découvertes à faire, dans le règne végétal. La flore de l'intérieur est, pour ainsi dire, nulle : on ne voit guère dans cette région désolée que quelques herbes et quelques humbles plantes, dont les fleurs dépassent à peine le niveau des prairies environnantes. »

Ne pouvant, dans le cadre restreint de cet ouvrage, donner l'énumération complète de toute la flore de Madagascar, nous nous contenterons d'indiquer les principales essences.

Nous citerons : en première ligne, le *Baobab*, le plus grand des arbres connus; le *Nattier*, rival de l'acajou; le *Teck*, dont le bois est employé dans la marine et avec lequel on fabriquait, dans l'antiquité asiatique, les boiseries intérieures des palais; l'*Ampaly*, espèce de morus, dont la feuille rugueuse remplace le papier de verre pour polir les métaux; l'*Avoha*, dont on tire un papier grossier; le *Tapia edulis*, dont les feuilles nourrissent les vers à soie malgaches; l'*Aviavy*, espèce

(1) Alf. Grandidier (*Bulletin de la Société de géographie*, 2e semestre, 1883).

de figuier sauvage; le *Pandanus;* le *Bambou.* Viennent ensuite : le *Chrysopia,* dont la ramification ne pousse qu'à son sommet; — cet arbre atteint 60 pieds, et peut donner les plus beaux mâts de navire; son tronc sert aux indigènes pour la construction de leurs pirogues; — l'*Hymenœa verrucosa,* qui produit une abondante quantité de gomme copal; le *Gutta-percha,* le *Vouhema,* d'où l'on extrait la gomme élastique; l'*Arozo;* le *Laurus sasafras;* le *Cubèbe;* le *Béhaly;* le *Zohana;* le *Bignonia articulata* et le *Bignonia telfaria,* avec lesquels les Malgaches font leurs sagaïes et leurs javelots; le *Zozoro,* dont l'écorce leur sert à fabriquer le papier; l'*Hibiscus et le Mimosa* qui leur donnent le chanvre de leurs cordages et une sorte de feutre grossier.

Le *Santal* abonde, au sud. Sur la côte ouest prédominent l'*Ébène;* l'*Andromène;* le *Bois de rose;* le *Palissandre;* le *Bois de ruban;* l'*Avorrga,* dont la gomme permet d'obtenir un joli vernis rose; le *Tak-amaka,* dont le suc fournit une couleur jaune paille; et un grand nombre d'autres arbres résineux.

Comme plantes arborescentes, mentionnons : le *Rafia,* dont on utilise les fibres intérieures, qui se détachent facilement dans toute leur longueur, pour fabriquer des étoffes, des tentures et même des vêtements de travail; le ravenala (*urania speciosa*), plus connu sous le nom d'arbre du voyageur. L'eau qui se trouve entre la naissance de ses feuilles est très fraîche et très agréable à boire; les indigènes emploient son bois pour leurs charpentes; avec ses feuilles, larges et filandreuses, ils font des plats, des assiettes, des vases, des cuillères, etc.; avec son feuillage sain et frais ils couvrent leurs cases; avec les côtes de ses feuilles, reliées les unes aux autres, ils forment des cloisons assez résistantes; enfin avec son écorce, bien aplatie et séchée, ils font le plancher de leurs habitations.

Madagascar est riche en épices de tous genres : l'agathophillum-aromaticum, le longoza, le gingembre, le poivre sauvage, le capsicum, le tantamo, etc., etc.

En fait de graines oléagineuses, nous distinguons l'azyng, le rara et le fourra, avec lesquelles les Malgaches composent des substances grasses dont ils se servent en guise de pommade. Outre ces graines, différents arbres leur fournissent une douzaine d'espèces d'huile.

Ajoutons à cette énumération sommaire un grand nombre d'orchidées, de fougères, de plantes paludéennes, de cycadées, dont M. Humblot, savant naturaliste, chargé par le gouvernement français d'en classer les variétés, a rassemblé la plus brillante collection qui soit au monde; on peut l'admirer dans l'établissement d'horticulture qu'il a fondé à Tamatave, où il est fixé depuis quinze ans. Ses recherches ont été très fructueuses pour la science. — Puis : l'orseille, dont il se fait un très grand commerce; l'arivou-taon-velou (mille ans de vie); le cytious-cajanus (pois à pigeon); le songo songo, le cactus, l'aloès. Avec ces trois dernières plantes on fait des haies pour enclaver les terres cultivées. — Le tanghinia veneniflua, dont le suc laiteux, épais, caustique, gluant, brûle tout ce qu'il touche.

Madagascar possède aussi beaucoup d'arbres fruitiers, soit indigènes, soit provenant des régions intertropicales : le cocotier, dont la noix, d'après quelques naturalistes, aurait été jetée sur le rivage par les vagues, il n'y aurait pas plus de deux siècles, et aurait germé naturellement; le palmiste blanc, dont la tige atteint quelquefois des hauteurs prodigieuses; le palma christi; de nombreuses variétés de bananier; l'oranger; le mandarinier; le vangassayer; le pamplemousse; le citronnier; le limonier; le manguier; l'avocatier; l'altier; l'évi; le jacquier; l'arbre à pain, dont l'origine remonterait moins haut que celle du cocotier; le pêcher; en un mot, presque tous les représentants de la famille connue sous le nom générique d'hespéridées. Le mûrier y croît partout, ainsi que le figuier, le grenadier, le noyer, et plusieurs variétés de la vigne du Cap. C'est M. Laborde qui a le plus contribué à introduire à Madagascar l'olivier, le noyer, le chêne-liège, l'amandier, le pommier. De ces importations, quelques-unes ont parfaitement réussi; d'autres, à cause de leur végétation trop active, n'ont pu s'acclimater.

Le riz, qui est d'importation ancienne, est la principale production agricole de Madagascar. On en distingue onze variétés : les unes se cultivant dans des terrains secs, les autres dans des terrains humides; ces dernières sont les plus fécondes. Quoique le riz des environs de Manaaou soit le plus renommé, les indigènes lui préfèrent une espèce de riz rouge, récoltée dans les environs de Fort-Dauphin.

Les Malgaches se livrent encore à la culture de différentes espèces d'ignames et de patates, qui paraissent d'origine locale; du manioc, du maïs, du gros millet, de l'arrow-root, du sagoutier, de la canne à sucre, de plusieurs sortes de fèves, des concombres. des melons, des giraumons, des pastèques, etc., etc

Le caféier pousse à souhait; sur ce sol, une plantation bien cultivée peut donner de quinze cents à deux mille grammes, par an et par pied.

La canne à sucre, dont la culture a été entreprise

sur une grande échelle par des Bourbonnais et des Mauriciens, y vient presque à l'état naturel. Madagascar en possède une espèce particulière, très vivace et très saccharifère, dont les plants durent dix ans. Elle produit en général une moyenne de 11,250 kilogrammes par hectare.

Plusieurs sucreries sont installées dans l'île ; elles fonctionnent très bien. Quelques-unes appartiennent à des Français; le premier ministre en possède une à Mahanoro.

Le coton réussit mieux sur les côtes que dans l'intérieur. Le voisinage de la mer lui est en effet plus favorable, mais les Malgaches de l'intérieur le négligent, par la raison toute simple qu'ils le cueillent au profit des grands et que ce travail infructueux les décourage. Il n'en n'est pas moins avéré que le cotonnier serait d'un excellent rapport au colon qui saurait l'exploiter.

Le chanvre vient très bien dans certaines parties de l'île.

Le cocotier produit un rendement triple de celui des contrées les plus réputées pour cette production.

La vigne du Cap, dont on a fait plusieurs essais, a donné les résultats les plus satisfaisants. Elle porte deux fois l'an. Les collines de Madagascar sont naturellement disposées pour la culture de cette plante.

Il existe aussi, dans l'Imérina, plusieurs plantations de thé des plus florissantes; ce thé a été classé parmi les meilleurs par des experts. Aussi, certains cultivateurs espèrent-ils arriver avec cette précieuse plante à un résultat des plus rémunérateurs.

Toutes les plantes potagères, toutes les racines d'Europe poussent à merveille. Le pois du Cap (*phaseolus capensis*) est l'objet d'une importante exportation. Le tabac, que nous allions oublier, est d'une qualité supérieure et est cultivé avec succès sur tous les points de l'île.

Règne minéral. — Indépendamment de ces richesses végétales, Madagascar recèle au fond de ses entrailles des trésors minéraux, jusqu'à ce jour inexploités. C'est ainsi que de superbes mines de cuivre et de plomb, gisant dans les massifs métamorphiques situés à vingt lieues au sud-ouest de Tananarive, ont été découvertes par plusieurs géologues. Le territoire de l'Émyrne possède de nombreuses mines de manganèse, ainsi que des gisements de plombagine, dont les indigènes se servent pour vernir leurs poteries.

Partout, l'on trouve du minerai de fer oligiste ou d'hématite. Les Malgaches l'exploitent et l'emploient pour la fabrication des couteaux, des fers de lance, et des instruments d'un usage domestique.

Le marbre blanc est très commun au centre de l'île; veiné de jaune, il est d'une rare beauté. Dans les environs de Fianarantsoa, on rencontre des carrières d'ardoises, et dans la baie de Baly, sur la côte nord-ouest, des mines de houille et des gisements d'asphalte.

Cette contrée si favorisée de la nature, au point de vue minéral, renferme de l'or et de l'argent en profusion; jusque-là, les lois hovas édictaient des pénalités très sévères contre les indigènes qui osaient les exploiter; aussi, ceux-ci avaient-ils soin de cacher aux étrangers l'endroit où elles se trouvent, afin de ne pas exciter leur cupidité.

Est-ce à tort ou à raison que les méthodistes anglais ont fait courir le bruit que le gouvernement hova se serait départi de sa rigueur irraisonnable, au sujet de ces mines, et autoriserait la recherche et l'ex-

Holiœtus vociferoïdes.

ploitation de l'or, de la houille et des autres minerais? Est-ce à tort ou à raison que ces mêmes méthodistes se vantent d'avoir été déclarés adjudicataires du plus grand nombre de ces mines, pour une période emphytéotique de 99 ans? « Que les Français s'emparent du pays, lisait-on dernièrement, dans le *Madagascar Gazetty*, ils ne mettront toujours pas la main sur les mines que nous avons su nous faire concéder par le gouvernement hova! »

S'il en était ainsi, ce serait regrettable, car il est pour la France d'un intérêt capital de posséder sur ce point du monde, sinon des mines d'or et d'argent, du moins des gisements houillers, de qualité reconnue excellente, offrant à peu près toutes les variétés : la houille sèche, la houille grasse, la houille à gaz, et dont les échantillons ont donné les meilleurs résultats. Ce qui nous fait présumer que cette nouvelle est fausse, c'est que le premier ministre, qui ne pense qu'à amortir au plus tôt les quinze millions empruntés au Comptoir d'escompte, a désigné officiellement M. Rigaud, un jeune ingénieur français, plein d'intelligence et d'activité, pour diriger *au profit du gouvernement hova* l'exploitation de toutes les mines découvertes ou à découvrir et l'installation des industries utiles au pays. — Félicitons-nous donc de l'importance de la situation qui nous est faite et du succès qui a répondu aux recherches minières auxquelles s'est immédiatement livré M. Rigaud. — C'est ainsi qu'une exploitation minière a été concédée à Mahevahanana, à la Compagnie Suberbie, Compagnie française qui extrait environ un kilogramme d'or par jour et que l'exploitation des houillères de Bavatoubé doit être prochainement entreprise pour le compte du gouvernement hova, par des ingénieurs français.

Bien que l'inimitable Code anglo-hova pousse l'esprit d'exclusivisme jusqu'à interdire la fouille des mines de diamants, à Madagascar, nous avons peine à croire à l'existence, dans ce pays, de cette reine des pierres précieuses, dont aucun explorateur, d'ailleurs, n'a encore signalé l'existence, en cette île. Les R.R. anglais auraient-ils des raisons secrètes pour avoir inséré cet article dans ce code qui est leur œuvre? L'avenir se chargera de nous l'apprendre.

En revanche, on y a trouvé des pierres précieuses, assez ordinaires il est vrai et peu variées: des améthystes, des aigues-marines, des opales; et, en très grande quantité, un cristal de roche, d'une beauté extraordinaire; la montagne de Befoume, sur la route de Tamatave à Tananarive, en est constellée. Les filons de quartz, dont cette montagne est également parsemée, scintillent avec un éclat tellement éblouissant, lorsque le soleil darde sur elle ses rayons, que les voyageurs ne peuvent les fixer (1).

Les ocres et les terres colorantes sont en grande abondance. Près de certaines parties de la côte, on ramasse du sel gemme et des pyrites contenant du soufre. Le nitre (sel de terre) se trouve à la surface des escarpements et autres endroits en saillie.

Enfin, au point de vue végétal et minéral, Madagascar est un des pays les plus riches du monde. Maintenant qu'après plusieurs siècles de luttes et de revendications, nous sommes parvenus à faire prévaloir nos droits légitimes sur cette grande île, il nous appartient de bénéficier de nos efforts.

Agriculture. — La fertilité du sol est telle, qu'un méthodiste anglais, qui habite Madagascar depuis

(1) *Documents sur la compagnie de Madagascar*, p. 250.

longtemps, et, par ce fait, connaît à fond toutes les richesses végétales qu'elle renferme, à l'état de trésor inexploité, prétendait que le coton, la canne à sucre et le café y croîtraient en quantité suffisante pour satisfaire à la consommation de tout l'empire britannique, si on prenait la peine de se livrer à la culture de ces denrées. Cette étonnante fertilité est due, en partie, aux pluies torrentielles qui inondent l'île à des époques périodiques. Or, il est à remarquer que, dans tous les pays exceptionnellement favorisés des bienfaits de la nature, les indigènes, insoucieux d'une fortune qu'ils ont sous la main, négligent généralement l'agriculture, source première de la prospétité commerciale d'un peuple, pour demander à l'industrie un gain plus rapide, mais, aussi, plus éphémère.

Il n'en faut pas conclure que les Malgaches ne sont pas agriculteurs : ils le sont, mais avec cette restriction, qu'ils dédaignent toutes les autres productions de leur terre, pour se spécialiser dans une seule culture : celle du riz, qui est la base de leur alimentation.

Malheureusement, c'est au prix de déprédations irréparables qu'ils ont établi leurs plantations. Quand ils trouvaient un terrain à leur convenance, ils s'en emparaient ; quand ce terrain était boisé, pour s'épargner un labeur rude et pénible, ils demandaient au feu de faire la place nette, en cet endroit. Que ce fût du bois de palissandre, de santal ou d'ébène, tout y passait. Que leur importaient ces bois précieux, du moment qu'ils les gênaient dans leur méthode de culture! Ce singulier procédé de déboisement est plus simple et plus expéditif que la cognée. Or, comme le feu ne s'arrêtait pas là où ils avaient fixé les limites de leurs plantations, ils allumaient ainsi de vastes incendies qui se propageaient à des distances considérables, ravageant des forêts entières, sans que les habitants essayassent de les circonscrire. Il en est résulté que ce pays, jadis d'un aspect si riche et si verdoyant, s'est transformé, par suite de ces gigantesques dévastations, en une terre dénudée, aride, épuisée, où quelques arbustes rachitiques poussent, de loin en loin, comme au milieu d'un désert; et que les perturbations climatériques, qui ont été la conséquence directe de ce déplorable état de choses, ont fait de cette île un terrain marécageux, dégageant des miasmes morbides, sauf sur les hauteurs, purifiées par les brises d'une atmosphère éthérée.

On peut donc affirmer que les richesses végétales de Madagascar dorment dans ses entrailles d'un sommeil léthargique : il suffirait d'une culture intelligente et expérimentée pour les faire renaître.

Quant au labour, les Malgaches se contentent de remuer la terre avec une petite bêche; ils invoquent cette excuse que la terre, labourée comme chez nous, serait entraînée par les eaux fluviales au fond des vallées. L'ensemencement est confié aux femmes et aux filles. Elles marchent de front, à travers champs, un bâton pointu à la main; avec ce bâton, elles creusent de petits trous, où elles jettent quelques grains de riz qu'elles recouvrent ensuite du pied, tout en dansant. Voilà comment se pratique, en général, la culture du riz, surtout chez les Hovas. Les Antakares s'y prennent autrement. Après la saison des pluies, ils font piétiner la terre par des bœufs, et sèment ensuite le riz. Quand il est arrivé à maturité, on le récolte par petites gerbes et on l'apporte dans une aire, au milieu de laquelle, comme chez les Hébreux, est placé un tronc d'arbre, ou une pierre, contre laquelle on le frappe, jusqu'à ce que le grain se détache de l'épi. Puis on le serre dans le *toitra* (grenier à riz).

Sur la côte orientale, dans la partie montagneuse comprise entre le cap d'Ambre et Tamatave, des forêts ayant été conservées, on ne voit guère de plantations considérables ; autour de Vohémar, cependant, s'étendent de gros pâturages, où paissent de nombreux troupeaux. Ce n'est qu'à partir de Tamatave, en descendant vers le sud, que se trouvent les grandes plantations : non pas le long du littoral, où le sol est sablonneux, mais en s'avançant dans l'intérieur, où le sable, mélangé à un limon végétal, devient propre à la grande culture.

La côte ouest, où règne une sécheresse excessive, est presque stérile; la nature de son sol ne convient pas à une importante exploitation agricole. Il faut avouer que les Sakalaves, qui l'habitent, s'occupent peu du travail de la terre. Le riz qu'ils récoltent vient presque seul ; aussi leurs moissons sont-elles maigres, et à peine suffisantes pour leur alimentation.

Dans le sud, toujours sur la côte ouest, surtout à la hauteur de Saint-Augustin, la terre présente une teinte noirâtre, permettant de concevoir les plus brillantes espérances ; on s'y livre à la culture des pois du Cap, qui a pris une très grande extension, au point de vue de l'exportation.

Pénétrons maintenant dans l'intérieur, entre 400 et 1,200 mètres d'altitude. Le terrain silico-argileux de cette région, la fraîcheur qu'une eau limpide y entretient, la rendent apte à tous les genres de culture.

Plusieurs essais, tentés pour le blé, démontrent qu'il y germerait facilement. Le chanvre ne demande qu'à y pousser.

La partie centrale de l'île, bien que renfermant la capitale, offre un triste contraste avec le reste du pays. Aucune exploitation agricole ne peut y être entreprise. Ce n'est qu'à force de travail pénible et opiniâtre que les Hovas tirent quelque parti du peu de terre végétale que les pluies n'ont pas entraînée au fond des vallés. Cependant, on y trouve de beaux maïs, des cannes à sucre, des pommes de terre et des haricots. Si la nécessité a fait des Hovas des agriculteurs, rendons-leur au moins cet hommage, qu'ils sont seuls, parmi les autres peuplades de Madagascar, à se donner le mal de gagner leur nourriture.

Il en est de même pour leurs rizières. C'est au prix de difficultés inouïes, vaillamment surmontées, qu'ils sont parvenus à transformer en rizières les pauvres vallées de leur domaine. Et ces rizières, si laborieusement obtenues, sont l'objet de leur constante préoccupation. Elles sont entretenues avec un soin minutieux et entourées de palissades d'aloès, ou de massifs de cactus épineux : véritables remparts impénétrables! Du matin au soir, on les voit, la bêche en main, défoncer la terre, la soulever, la fumer, lâcher l'eau qu'amène un canal artificiel et que retient une digue, arracher le riz brin à brin et le repiquer, quand il est en herbe, avec une symétrie qui fait honneur à leur esprit d'ordre et de patience.

Comme on le voit, l'agriculture malgache se résume à fort peu de chose, mais le sol ne demande qu'à produire ; il est appelé à tenir les brillantes espérances qu'il promet, le jour où des colons sérieux viendront s'installer dans cette grande île, qui offre à leur initiative une surface de 60 millions d'hectares, soit 7 millions de plus que la France. Ils n'auraient pas à craindre ce qui dans beaucoup de colonies nouvelles paralyse les efforts des colons, le manque de bras. Si certaines peuplades nomades et frivoles refusaient de leur prêter leur concours, ils trouveraient chez celles de l'intérieur, particulièrement chez les Betsimisaracs, habitués à frayer avec les blancs, autant et plus de travailleurs qu'ils en auraient besoin.

Ne semblerait-il pas plus doux à ces pauvres indigènes d'être engagés chez des hommes civilisés, que d'être des esclaves corvéables à merci, courbés sous le despotisme de la reine et de son premier ministre ?

La reine est unique propriétaire de toute la terre de Madagascar. Aucun sujet, à quelque rang qu'il appartienne, ne possède un seul pouce du territoire; il n'en a, en quelque sorte, que l'usufruit que la souveraine veut bien lui accorder conditionnellement, selon son bon plaisir. Il en est de même pour tout étranger qui, par ce fait, ne peut acquérir la moindre parcelle du sol. Il est vrai que l'article 6 du traité du 17 novembre 1885 apporte en notre faveur un correctif à cette mesure rigoureuse: il y est stipulé que tout citoyen français aura la faculté de louer des terres, par bail emphytéotique renouvelable au gré des parties. D'ici à ce que ces concessions soient expirées, les négociations de notre gouvernement auront abouti certainement à nous faire octroyer par le gouvernement hova le droit de propriété pur et simple.

Au mois de juillet 1887, une ordonnance royale a fixé la location des terres, suivant leur emplacement, à 1 fr. 50, ou à 2 fr. 50, par arpent et par an.

Industrie. — Nous trouvons, à Madagascar, certaines industries spéciales aux indigènes, parmi lesquelles les tissus et la sparterie occupent, sans contredit, le

Euryceros Prevostis,

premier rang; nous en trouvons aussi d'étrangères, importées par les blancs.

Les tissus de soie des Malgaches sont particulièrement estimés. Voici comment ils les fabriquent : après avoir retiré la chrysalide des cocons, ils font bouillir la soie dans l'eau, pour la débarrasser de la matière visqueuse qui y adhère; puis ils la font sécher et la filent. Pour la tisser, ils se servent d'un métier des plus primitifs, composé de pieux fichés en terre et disposés en rectangle, de façon à tendre les fils; une navette, allant et venant d'un côté à l'autre, et remplissant l'office de peigne, serre le tissu. Mais, vu l'extrême simplicité de son mécanisme, un pareil métier ne peut fournir que des pièces n'ayant guère plus de trois mètres de longueur, sur 50 centimètres de largeur. Vient ensuite la teinture, teinture très élémentaire, extraite du suc de certaines plantes, de certaines écorces d'arbres, ou de terres possédant des propriétés colorantes.

La province d'Emyrne est la plus réputée pour ses soieries, qui atteignent des prix souvent très élevés.

Aux pièces de soie ainsi obtenues, de même qu'à celles de coton, on donne le nom de *lamba*. Les Malgaches en font leur vêtement national, dont ils se drapent non sans grâce. Suivant leur fortune, ils réservent les plus riches de ces lambas pour les sépultures, car ils considéreraient comme un déshonneur d'ensevelir un de leurs parents sans au moins revêtir son corps d'un lamba de soie.

L'apprêt, le filage et le tissage du coton ne diffèrent que fort peu de ceux de la soie. Les Malgaches réussissent aussi dans la perfection le mélange de la soie et du coton, dans les étoffes.

Leurs tissus sont généralement de couleur unie :

blanc safrané, rose saumon ; ils sont doux à l'œil, d'un toucher exquis, presque voluptueux ; mais dès qu'intervient le bariolage des couleurs, l'ignorance des complémentaires et surtout l'application des tons en bandes parallèles, qui empêche toute fusion, offensent l'œil quelque peu délicat. C'est un progrès à accomplir; les Malgaches l'accompliront sous notre gouverne.

Le chanvre ne leur est pas inconnu; ils l'utilisent généralement pour les vêtements de travail, et surtout pour ceux des esclaves.

Du *raofla*, arbre de la famille du cocotier, ils tirent un tissu avec lequel ils fabriquent des vêtements solides pour les esclaves et les pauvres, des toiles d'emballage et des sacs à riz.

Avec les feuilles du *ranivala* (arbre du voyageur), d'un vert brillant et lustré, ils font des nappes, des serviettes, des assiettes, des cuillers, des vases, en un mot la plupart de leurs ustensiles domestiques.

Il n'est pas jusqu'au jonc des marais qui ne leur fournisse une espèce de paille très délicate, avec laquelle ils tressent de légers chapeaux et de coquettes petites corbeilles, les nattes qui recouvrent les planchers des cases, et même des draps de lit d'une finesse étonnante. Les Betsiléos et les Betzimisaraks excellent principalement dans ce genre de travail, vraiment artistique.

La corne de bœuf leur sert à façonner des bijoux, des vases opaques ou transparents, des cuillers, des fourchettes, des boîtes à poudre, etc. Pour la rendre malléable, ils ont recours à la chaleur; puis ils la découpent par lamelles variant d'épaisseur suivant l'usage qu'ils veulent en faire, et la placent dans un moule en bois; ils l'étendent alors avec la main, pour lui donner la forme du moule; après quoi, ils polissent l'objet, dès que, suffisamment refroidi, il a repris sa consistance première.

Certaine terre leur donne une excellente poterie vernie et non vernie, propre à tous les usages. La forme de leurs cruches à eau rappelle celle des amphores de l'antiquité. On en trouve de fort curieux modèles.

Comme le fer abonde à Madagascar, les forgerons y sont nombreux. Après avoir fait subir au minerai les opérations successives du broyage et du lavage, ils le passent aux hauts fourneaux, simple trou creusé en terre, où l'on entasse pêle-mêle charbon et minerai. Ils le soumettent, ensuite, au battage et, finalement, en fabriquent divers outils. Tous les marchés sont approvisionnés de fer.

Jusqu'ici, les indigènes n'ont pas obtenu le ferblanc, mais ils travaillent fort habilement celui qui leur est expédié d'Europe. Chose curieuse, il faut être titré, à Madagascar, pour faire partie de la noble corporation des ferblantiers.

Si, par hasard, une pièce d'or tombe entre les mains d'un Malgache, il la vendra à un orfèvre qui la fera fondre tout aussitôt, pour la transformer en bijou. C'est à dessein que nous avons employé ces mots: *par hasard*, parce que, seule, la pièce de 5 francs en argent a été officiellement adoptée pour les transactions commerciales. On trouve à Tananarive des orfèvres indigènes qui, bien que ne disposant que d'outils très rudimentaires, fabriquent des chaînes, des boucles d'oreilles, des bagues, toutes sortes de jolis objets pouvant être comparés avec ceux fabriqués par nos bijoutiers parisiens.

L'extraction de la pierre ne demande pas aux carriers malgaches le même mal qu'aux nôtres, et n'exige ni poudre ni dynamite. Ils étendent sur le bloc qu'ils ont choisi le plus régulier et le plus uniforme possible une certaine quantité de bouse de bœuf bien sèche, d'une épaisseur proportionnée à l'épaisseur du bloc qui leur est nécessaire, et y mettent le feu ; ils entretiennent le brasier jusqu'à ce que le bloc convoité se détache de lui-même. Comme on le voit, ce moyen des plus primitifs est cependant des plus pratiques.

L'art de la construction a fait, en ce pays, des progrès considérables, ces derniers temps. Si l'on y voit encore beaucoup de misérables cases, formées de quelques poteaux de bois, recouverts par un humble toit de chaume, et qu'entourent, en guise de murailles, des bambous ou des roseaux assemblés par des lianes, ces grossières cabanes tendent de jour en jour à disparaître, aussi bien dans l'intérieur de l'île que sur les côtes. Elles sont généralement remplacées par des constructions régulières, en boue durcie au soleil, offrant une très grande consistance et résistant à l'intempérie des saisons. On en voit aussi en briques cuites, ou simplement séchées à l'air ; d'autres sont en pisé. A Tananarive, la brique cuite coûte relativement cher, à cause de la rareté du bois, tandis que la brique séchée est très bon marché. En résumé, on est certain de trouver dans les principaux centres de Madagascar, notamment sur la côte est, des maisons convenables.

En fait de meubles et d'ustensiles domestiques, les cases sont pourvues de nattes, qui tiennent lieu de sièges et de lits ; de paniers, servant à serrer les vêtements ; de cruches, contenant l'huile pour la cuisine ou pour la toilette ; de vases de terre, de plats, de cuillers en bois, de calebasses pour l'eau, de jarres, de mortiers, de corbeilles pour vanner le riz, etc.

Chaque case possède son *toitra* (grenier à riz), construit tout en haut de l'habitation et reposant sur des colonnes, au sommet desquelles est une planche ronde et parfaitement unie, afin d'empêcher les rats de passer outre. Leurs pirogues sont tout ce qu'il y a de plus primitif. Elles sont faites d'un seul tronc d'arbre, creusé au feu. Ils en ont qui chargent de 4 à 5 tonnes et peuvent contenir de quinze à vingt passagers. Les Malgaches pagayent de chaque côté, tandis que l'un d'eux, à la poupe, gouverne la pirogue, en se servant d'une pagaie plus large, en guise de gouvernail.

Passons aux produits chimiques et organiques. Les Malgaches possèdent les plus utiles, entre autres: la potasse, l'huile de ricin et de pied de bœuf. C'est des cendres du jonc qu'ils tirent ordinairement la potasse, *sira-hazo* (sel de bois) ; ils s'en servaient pour assaisonner leurs aliments, avant l'introduction du sel. La potasse occupe la première place dans leur pharmacie.

Ils obtiennent l'huile de ricin, en pilant les graines de la plante et en les faisant bouillir dans l'eau, d'où elle se dégage par la cuisson, pour monter à la surface. Ils la soutirent ensuite, en l'écumant, et la mettent dans des cruches, où ils la conservent. Son épuration laisse à désirer; ce qui ne les empêche pas d'en consommer en quantité. Ils procèdent de même pour l'huile de pied de bœuf, qu'ils emploient pour l'éclairage : ils savent la frauder, quand ils la vendent, en l'additionnant de suif fondu.

C'est, nous le rappelons avec fierté, à deux de nos compatriotes, à deux Français, MM. de Lastelle et Laborde, que l'industrie malgache doit les progrès qu'elle a réalisés et l'extension qu'elle a prise. Nous n'entretiendrons pas à nouveau le lecteur de l'établissement que fonda M. Laborde, à Mantasoa, et que la barbarie et l'ingratitude des Hovas ont réduit en un amas de ruines. Au milieu des décombres, le voyageur peut encore distinguer les débris de tout un groupe d'usines: une fonderie de canons et de mortiers, avec sa grande roue hydraulique pour le forage des canons et ses hauts fourneaux pour la fonte du minerai; une verrerie, une fabrique de porcelaine, un four à chaux, une savonnerie, un vaste hangar, consacré à l'élevage des vers à soie, et, plus loin, dans un îlot à proximité de ces constructions, une fabrique de bombes et de fusées. Quelle a été la récompense de cet homme de génie? Il a assisté à l'anéantissement de son œuvre et à la dispersion de ses ouvriers! Mais, point n'est besoin d'aller chercher bien loin les véritables auteurs de ces actes de vandalisme. Ce sont les méthodistes anglais qui ont fait le coup, sous la responsabilité du gouvernement hova. Bien plus, l'influence posthume de M. Laborde les gênait dans leur action; pour effacer jusqu'à sa mémoire, qui lui aurait survécu, trop vivace dans les productions de ses fabriques qui auraient pu continuer à fonctionner, après sa mort, ils n'ont rien trouvé de mieux que de faire table rase de son héritage industriel.

C'est encore à lui qu'ils doivent d'avoir connu les procédés employés pour la tannerie; et, si l'on en juge par leurs cuirs, quoique le tan y soit remplacé par l'écorce du pêcher ou du grenadier, ils ont profité de ses leçons; — puis, cette autre industrie si utile : la fabrication du savon. Ils obtiennent ce produit, en mettant tremper des cendres et de la chaux, auxquelles ils ajoutent du suif; ensuite, ils font bouillir le tout à petit feu et, finalement, le versent dans des moules.

Pour faire la poudre, ils emploient comme nous le

soufre, le salpêtre et le charbon de bois. Ils tirent leur salpêtre de l'urine des vaches, soigneusement recueillie par des corvées de femmes, après avoir fait détremper dans cette urine de la terre, de la bouse et autres immondices putréfiés. Quant au charbon, il leur est surtout fourni par le bois de palétuvier, qui se trouve en abondance au bord des marais.

Depuis que les usines créées par M. Laborde ont été détruites, ils ne fabriquent plus d'armes à feu. Les armuriers formés à Mantasoa ne travaillent qu'à la réparation des fusils.

Grâce aux écoles françaises, les cordonniers malgaches sont parvenus à imiter assez bien nos chaussures. Grâce aux sœurs de Saint-Joseph de Cluny, ils possèdent, maintenant, d'excellentes couturières, blanchisseuses, etc. Ils fabriquent à merveille les parapluies, non pas en soie ou en cotonnade, mais en *rabanne*, tissu provenant des fibres du *rafia* (sorte de palmier).

Le métier de tailleur est considéré chez eux comme un art noble, de même qu'autrefois, chez nous, l'art de la verrerie. Rien ne ravit les princes et les grands dignitaires, comme de savoir coudre, eux-mêmes, un habit.

En résumé, le Malgache est, de sa nature, très industrieux; il a du goût, de l'adresse et s'assimile facilement les procédés de la fabrication européenne. S'il veut s'y prêter, on arrivera promptement à former à Madagascar de bons ouvriers dans toutes nos branches d'industrie.

Commerce. — Le commerce intérieur, entre les diverses peuplades, se réduit à fort peu de chose. Elles se suffisent presque toutes à elles-mêmes.

Cependant les Hovas semblent faire exception à cette règle. Non seulement ils trafiquent entre eux et avec leurs voisins, mais encore avec les Européens qui

Falculia palliata.

24

fréquentent le pays. Certains riches Hovas se livrent, sur une très grande échelle, au commerce d'exportation, faisant ainsi concurrence aux négociants européens qui ont établi des comptoirs dans certains ports de Madagascar.

Il existe dans cette île une quantité de bazars, sortes de petits marchés où les indigènes viennent s'approvisionner des objets indispensables aux besoins de la vie. On trouve de ces marchés dans les principales villes; ils portent invariablement le nom du jour de la semaine où ils se tiennent. Celui de Tananarive, qui a lieu le vendredi, s'appelle *Zoma*.

A chacun de ces marchés, se rend une affluence considérable d'indigènes, venant souvent de fort loin pour y vendre bestiaux, riz, tissus, peaux, etc. Dans quelques-uns, aussi, on se livre à la vente des esclaves.

Malgré les droits perçus par la douane qui, sur les produits et marchandises de toute nature, sont de 10 p. 100 à l'entrée comme à la sortie, on ne saurait évaluer exactement le mouvement commercial de Madagascar. Néanmoins, d'après les rendements de cette douane, si sujette à caution, on peut approximativement l'estimer au chiffre minimum de 60 à 70 millions de francs, par année. Et sans trop nous tromper, nous pouvons affirmer que le commerce français entre pour plus de 5 p. 100 dans ce chiffre total, si nous basons cette donnée sur le nombre de navires marchands de différentes nationalités qui viennent mouiller dans les eaux de Madagascar.

Des négociants français, anglais, américains et allemands ont installé des comptoirs assez importants sur presque toute la côte orientale; sur la côte occidentale, on en trouve aussi quelques-uns, notamment à Saint-Augustin, à Tuléar, à Majunga et à Passandava.

En dehors de ces ports, il y a, dans l'intérieur, quelques centres commerciaux, où résident des agents malgaches, le plus souvent hovas. Ces sous-comptoirs ramassent les produits indigènes et les expédient par convois dans les différents comptoirs de la côte.

Le manque de routes paralyse certainement l'extension du commerce en ces régions, car la distance qui sépare le point d'expédition du port destinataire est quelquefois de dix et douze jours de marche, et l'on est obligé, nous le rappelons, d'avoir recours pour la franchir à des porteurs.

Outre les navires français, américains, allemands et anglais, de nombreux caboteurs indiens et arabes visitent Madagascar et traitent pour Bombay, Zanzibar et les autres ports de la côte orientale d'Afrique.

Exportation. — Les principaux produits d'exportation sont : les bœufs, les moutons, le riz, les peaux.

Les îles de la Réunion et de Maurice font venir tous leurs bœufs de la côte est de Madagascar. Le sol, dans ces deux dernières îles, étant en presque totalité affecté à la culture du café et de la canne à sucre, elles achètent tout leur riz à Madagascar.

Dans chaque port, se trouvent des parcs de bestiaux toujours bien fournis. Dès qu'il y a acquéreur, on pousse à la mer les bêtes choisies, et, au moment où elles perdent pied, on les attache par les cornes aux rotins des pirogues qui les remorquent jusqu'au navire, d'où une poulie les hisse sur le pont.

Il nous souvient de la pénible impression que nous avons ressentie, en assistant, un jour, à cet embarquement : une de ces bêtes retomba à la mer, tandis que ses cornes étaient restées à la corde de la poulie. Il arrive encore que, sur huit bœufs que l'on a amarrés à l'arrière de la pirogue, on n'en compte plus que sept en abordant le navire. C'est qu'au passage un requin a prélevé son tribut sur le convoi. Aussi, dans les rades, comme celle de Tamatave, fréquentées par ces squales, les Malgaches escortent-ils le troupeau, la sagaïe à la main, montés sur de petites pirogues entourant celle qui traîne les bœufs.

On a appliqué le procédé de la salaison des viandes depuis plusieurs années déjà, à Madagascar; on peut même dire qu'il a pris une assez grande extension depuis que les îles voisines s'approvisionnent de viandes conservées dans les ports de cette grande île.

Le commerce des peaux est d'origine plus récente. Il y a très peu d'années encore, tout bœuf tué était dépecé avec sa peau. Aujourd'hui il n'en est plus de même; c'est avec un soin minutieux que les indigènes enlèvent les peaux, les imprègnent de sel, les sèchent et les plient pour les porter ensuite aux navires. Les peaux de Madagascar, une des plus importantes branches de l'exportation, sont assez estimées : on évalue à 500,000 ou 600,000 le nombre de celles exportées annuellement. Le prix de chacune varie, suivant les localités, entre 5 fr. 40 et 7 fr. 50.

Après, viennent le sucre de canne, qui se vend 45 fr. les 100 kilog.; le café, assez renommé, qui se vend 70 fr. les 100 kilog; l'indigo, dont nous achetions pour 30 millions à l'étranger; le fer brut, revenant à 20 fr. les 100 kilog.; le saindoux, qui coûte 40 francs les 100 kilog.; la gomme-copal, le caoutchouc, vendus de 300 à 400 francs les 100 kilog. Ce dernier produit a pris, à Madagascar, un très grand développement; le chiffre de son exportation dépasse un million de francs par année. Pendant la dernière guerre, ce sont les Américains qui l'accaparaient, l'échangeant contre des fusils Sniders et autres. Malheureusement, le système adopté par les Malgaches, afin d'en extraire une plus grande quantité, compromet la vitalité de cette plante précieuse qui disparaîtra vite, si nous ne leur indiquons promptement les moyens d'y remédier.

Le miel et la cire peuvent entrer en ligne de compte dans cette statistique commerciale, quoiqu'on ne les récolte qu'accidentellement, pour ainsi dire : les abeilles vivant à l'état sauvage, dans les forêts.

On exporte aussi l'écaille du Caret, tortue qui se trouve en grande abondance sur la côte ouest, et dont le marché de Majunga est particulièrement approvisionné. Puis, en fait de légumes secs : des pois du Cap, des embrevades, des wembes. Il se fait un très grand commerce avec l'orseille, excellent lichen tinctorial, dont Marseille achète, à elle seule, pour plusieurs centaines de mille francs par an.

Citons encore : les bois de palissandre, d'ébène, le bois de rose, de teck, etc., etc. Le commerce du bois est libre sur la côte ouest qui en produit peu ; il ne l'est pas sur la côte est. S'il le devenait, dans cette zone, et surtout sur la côte nord-est, il pourrait s'en faire une très grande exploitation.

Importation. — Les produits dont nous venons de dresser la nomenclature s'échangent couramment contre la pièce de cinq francs en argent. Les indigènes divisent eux-mêmes cette monnaie type en fractions, pour les échanges qu'ils opèrent entre eux.

Ils reçoivent de la percale, de la toile blanche, de l'indienne, de préférence américaines, à cause du bon marché, et aussi des faïences. Pour le rhum, ils s'adressent à Maurice, l'île de la Réunion ne pouvant céder le sien, qui est de qualité supérieure, au même prix que sa congénère. Quant au sel, dont, en dehors de la nourriture, ils consomment une quantité considérable pour la préparation de leurs peaux de bœufs, il provient uniquement des salines de Marseille, d'Hyères et de Port-Bouc.

Ce sont les navires français qui importent en partie les soieries, les articles de Paris, la quincaillerie, la bijouterie, la bimbeloterie, les comestibles, les liqueurs.

Les navires américains, eux, ont la spécialité des fusils, de la poudre et du plomb.

Nous possédons, à Madagascar, plusieurs maisons importantes, qui jouent un rôle prépondérant dans son trafic, entre autres celle de MM. Mantes et Borelli de Regis, successeurs de la maison Frayssinet, laquelle opère aussi dans toute l'Afrique centrale; elle fait, à elle seule, pour 20 à 25 p. 100 du commerce de Tamatave; la maison Macé, qui a plusieurs comptoirs sur la côte sud-ouest, du cap Sainte-Marie à la baie de Mouroundava, et dont le principal est à l'île Nossi-Bé.

Bien que, nous le répétons, on ne puisse apprécier que très approximativement le chiffre exact du mouvement commercial de Madagascar, il est, d'après le rapport d'un négociant français fixé à Tamatave, de 60 millions à 70 millions de francs. Quelles brillantes espérances nous permet de concevoir ce chiffre relativement énorme, quand on songe qu'il est le produit d'un négoce opéré dans les conditions les plus primitives, avec un peuple barbare! Bientôt, nous trouverons là un débouché assuré au trop-plein de notre production, et nous en tirerons directement une foule de produits qui sont actuellement dirigés sur les marchés étrangers, où nous sommes obligés de les acheter en seconde main, tels que: le coton, dont on pourrait aisément augmenter la culture et dont nous consommons pour plus de 150 millions de francs par année; la soie, dont, sur 250 millions qu'atteint notre consommation, nous demandons au moins la moitié à l'exportation faite de Chine, par l'Angleterre; l'indigo, dont nous achetons pour 50 millions sur les marchés étrangers; le riz, que nous tirons des colonies anglaises, pour une somme de 30 millions de francs. Et encore, le riz des Indes est-il bien inférieur au riz de Madagascar, qui comprend douze variétés, parmi lesquelles le riz rouge. Cette importation directe nous coûterait sensiblement moins cher.

Il serait non moins facile de faire venir du bétail de Madagascar, notre port de mer le plus proche n'en étant éloigné que de dix-huit à vingt jours, par le canal de Suez. Le bœuf ne se vendant là-bas, sur place, que 50 ou 60 francs, c'est un prix qui peut tenter la spéculation, et les consommateurs y trouveraient un avantage par la suite. A défaut du commerce du gros bétail, ou pourrait faire celui du mouton. Un mouton du poids de 50 kilogrammes se vend sur les marchés indigènes à raison de 1 fr. 50 et de 2 francs.

En dehors de ces considérations intéressées, il s'agit de poursuivre un but national patriotique; il s'agit de résister victorieusement à la concurrence que nous font quelques maisons anglaises et allemandes, nouvellement établies; il s'agit d'imposer, en tout et pour tout, notre suprématie dans cette colonie qui est nôtre, en vertu du sang de nos soldats, versé pour le triomphe de nos droits! Au lieu de nous adresser à des entremetteurs, faisons nos affaires nous-mêmes, sans l'intermédiaire des courtiers étrangers. C'est à ce prix seulement que nous relèverons le commerce français, atteint d'une névrose passagère, mais non chronique!

ILE MADAGASCAR.

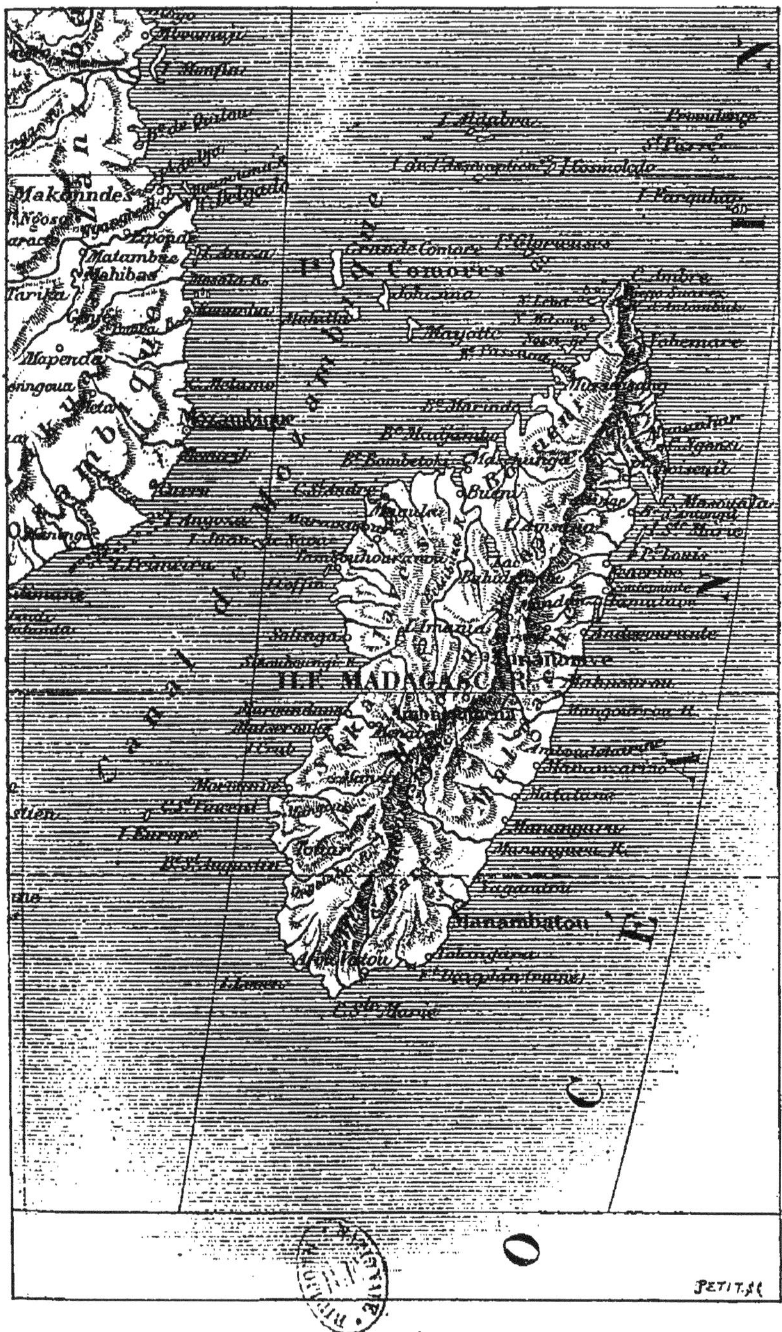

TABLE DES MATIÈRES

755-88. — CORBEIL. Imprimerie CRÉTÉ.

* **L'Architecture en France**, par G. Cerfberr de Médelsheim. 1 vol. 126 grav.

* **Voyage de la mission Flatters** au pays des Touareg-Azdjers, par le capitaine H. Brosselard. 1 vol. 40 grav. et une carte.

* **Les Généraux de la République**, par A. Barbou, bibliothécaire à la bibliothèque Sainte-Geneviève. 2e éd. 1 vol. 30 grav.

* **L'Art de l'éclairage**, par Louis Figuier. 2e édit., 1 vol. 114 grav.

* **Les Aérostats**, par Louis Figuier. 2e éd. 1 vol. 55 grav.

CONTES ILLUSTRÉS

ÉLIE BERTHET

* **Paris avant l'histoire.** Un superbe volume gr. in-8 raisin, illustré de 70 dess. de F. Bourdin, gravés sur bois par Bellenger, Chevallier, Dargent, Farlet, Léveillé et Puylat. Broché.. 10 fr.

* **Les petits Écoliers dans les cinq parties du monde.** *Deuxième édition.* 1 vol. in-8 raisin, illustré de grandes compositions, par Emile Bayard, et de 83 vignettes dans le texte........ 7 fr.

* **Les petites Écolières dans les cinq parties du monde** (*ouvrage couronné par l'Académie française*), 1 magnifique vol. in-8 raisin, illustré de 104 vignettes sur bois.................. 7 fr.

---

* **Les Robinsons français**, par P. Delcourt. 1 superbe vol. in-8o jés. illustré de 150 grav. sur bois. Dess. hors texte de Motty. 10 fr.

* **Le petit Pâtre**, par Albert Girard. 1 joli volume in-8o, illustré de 25 grav. sur bois.............................. 2 fr.

* **Les Héros de l'Avenir**, par E. Matthis. 1 charmant vol. in-8o, illustré de 25 grav. sur bois.......................... 2 fr.

* **Histoire fantastique du célèbre Pierrot**, par Alfred Assolant. *Deuxième édition.* 1 beau vol. in-8 raisin, illustré de 100 dessins de Yan'Dargent................................ 7 fr.

ÉDOUARD LABOULAYE

(de l'Institut)

Contes bleus. *Quatrième édition.* 1 beau volume in-8o raisin. illustré de 200 dessins par Yan' Dargent................ 10 fr.

Nouveaux contes bleus. *Quatrième édition.* 1 beau volume in-8 raisin, illustré de 120 dessins par Yan' Dargent......... 10 fr.

Derniers contes bleus. Superbe vol. in-8o raisin, illust. de 149 dessins dans le texte par H. Pille et H. Scott, et orné de 10 eaux-fortes hors texte, dessinées par H. Pille et gravées par H. Manesse, ainsi que d'un portrait de l'auteur gravé sur acier. Broché.. 12 fr.

* COLLECTION DE VOLUMES IN-4 ILLUSTRÉS

Brochés, 5 fr. — Reliés en toile rouge, avec plaques or, noir et argent, tranches dorées, biseaux, 6 fr. 50

L'Expérience du Grand-Papa, par ÉLIE BERTHET. *Ouvrage couronné par l'Académie française.* Un magnifique volume, illustré de 101 gravures sur bois et de 7 grandes compositions par *C. E. Matthis.*

La Tâche du petit Pierre, par JEANNE MAIRET (MADAME CHARLES BIGOT). *Ouvrage couronné par l'Académie française.* Un charmant vol. illustré de 46 gravures, dessins hors texte par *Ferdinandus.*

Pique Toto. La Paix et la Guerre, par C. E. MATTHIS. Un superbe volume illustré de 44 compositions dessinées par l'auteur.

Il a été tiré de cet ouvrage 45 exemplaires sur papier du Japon, numérotés à la presse. Prix.......................... 25 fr.

Les Deux Gaspards, par C. E. MATTHIS. 1 beau vol. in-4 écu, illustré de 33 compositions hors texte, vignettes, têtes et fins de chapitres, par C. E. MATTHIS.

Il a été tiré de cet ouvrage 50 exemplaires sur papier du Japon, numérotés à la presse. Prix.......................... 25 fr.

La Veillée au Pays Breton, par L. MANESSE. *Deuxième édition.* 1 beau vol. in-4 écu, illustré de 82 gravures. Compositions hors texte par C. E. MATTHIS.

Nos Petits Diables, par Albert GIRARD. *Troisième édition.* 1 beau vol. in-4 écu, illustré de 82 grav. sur bois et précédé d'une lettre-préface par M. François Coppée, de l'Académie française.

COLLECTION D'ALBUMS IN-4, IMPRIMÉS EN QUATRE COULEURS

TEXTE ET AQUARELLES PAR G. GAULARD

Chaque album contient un conte inédit, illustré de 16 compositions.
Broché, 1 fr. 25. — Cartonné avec biseaux, 1 fr. 50.

PELÉ LE SALE.
GUILERI, HISTOIRE D'UN CHEVAL.
M. ET Mme CADICHON, ANES SAVANTS.
LA MÈRE CADICHON ET SES QUATRE ENFANTS.

Armée française, par G. GAULARD. Magnifique tableau de 1m,20 de largeur sur 0m,90 de hauteur, tiré en quatre couleurs à la presse lithographique, et contenant 75 uniformes de fantassins ou de cavaliers, dessinés et coloriés d'après les derniers documents 2 fr. 50

Le même tableau imprimé, sur toile.......................... 5 fr. »

LE MÊME TABLEAU (*Réduction*), mesurant 0m,90 de largeur sur 0m,65 de hauteur.......................... 1 fr. 50

Collé sur toile et plié d'une manière portative....... 3 fr.

La Joie de la Maison, par Émile DESBEAUX. 1 beau volume in-8 raisin, élégamment cartonné, biseaux, tranches dorées, orné de 9 chromolithographies.......................... 5 fr.

HISTOIRE

ŒUVRES DE M. HENRI MARTIN

SÉNATEUR, MEMBRE DE L'ACADÉMIE FRANÇAISE

* **Histoire de France depuis les temps les plus reculés jusqu'en 1789.** 4e édition, suivie d'une table générale analytique et alphabétique. 17 vol. in-8 cav. avec le portrait de l'auteur...... 102 fr.

LE MÊME OUVRAGE, 17 vol. ornés de 52 grav. sur acier... 118 fr.

* **Histoire de France depuis 1789 jusqu'à nos jours,** complément de l'*Histoire de France depuis les temps les plus reculés jusqu'en* 1789, du même auteur. L'ouvrage forme 8 vol. in-8 cav. — Chaque vol. sans grav. 6 fr.; — avec grav.......................... 7 fr.

* **Histoire de France populaire depuis les temps les plus reculés jusqu'à nos jours** (1866). 7 vol. grand in-8 jésus. illustrés de 1725 grav. — Prix des 7 vol.......................... 56 fr.

* **Histoire de la Révolution française de 1789 à 1799.** 2 forts vol. in-16.. 7 fr.

Daniel Manin, dernier président de la République de Venise; précédé d'un *Souvenir de Manin*, par M. E. Legouvé (de l'Académie française). 1 vol. in-18 jésus, orné du portrait de Manin....... 3 fr. 50

La Russie et l'Europe. 1 beau vol. in-8 cav................ 6 fr.

ERNEST HAMEL

* **Précis de l'histoire de la Révolution** (Mai 1789-Novembre 1795). — *Deuxième édition.* 1 vol. grand in-8.................. 7 fr. 50

* **Histoire de la République sous le Directoire et le Consulat** (novembre 1795-mai 1804). — *Deuxième édition.* 1 volume grand in-8.. 7 fr. 50

* **Histoire du premier empire** (mai 1804-avril 1814). Deuxième édition, ornée de 8 gravures sur acier et augmentée d'un index alphabétique. 2 forts volumes grand in-8...................... 15 fr.

* **Histoire de la Restauration** (avril 1814-juillet 1830), 2 vol. gr. in-8, illustrés de 8 gravures sur acier.......................... 16 fr.

AUGUSTIN CHALLAMEL

CONSERVATEUR A LA BIBLIOTHÈQUE SAINTE-GENEVIÈVE

* I. **Histoire de la liberté en France depuis les origines jusqu'en 1789.** 1 beau vol. in-8 cavalier...................... 7 fr. 50

* II. **Histoire de la liberté en France depuis 1789 jusqu'à nos jours.** 1 beau vol. in-8 cavalier........................ 7 fr. 50

ŒUVRES DE M. A. THIERS

Histoire de la Révolution française, 10 vol. in-8, 55 grav. sur acier.. 60 fr.

Le même ouvrage, 4 vol. grand in-8 jésus, 40 grav. sur acier. 40 fr.

Le même ouvrage, 8 vol. in-18 jésus.......................... 28 fr.

* Le même ouvrage. *Edition populaire*, illustrée de plus de 400 grav. d'après les dessins de Yan' Dargent. 2 vol. in-8 jésus... 22 fr.

Atlas de l'histoire de la Révolution française, 32 cartes et plans gravés sur acier. In-folio cart.......................... 16 fr.

Le même atlas. *Edition populaire*, in-4°. Cart.............. 10 fr.

Histoire du Consulat et de l'Empire. 20 vol. in-8 carré, illustrés de 75 grav. sur acier; plus un vol. de table analytique et alphabétique. Les 21 vol. brochés.......................... 125 fr.

* Le même ouvrage. *Edition populaire*, illustrée de 350 grav. L'ouvrage complet, 5 vol. grand in-8 jésus...................... 48 fr.

Atlas de l'histoire du Consulat et de l'Empire. 66 cartes ou plans gravés sur acier. In-folio cart.......................... 30 fr.

* Le même atlas. *Edition populaire*. In-4°. Cart............ 15 fr.

De la propriété. Un vol. in-8 carré........................ 4 fr.

* Le même ouvrage. Un vol. in-18 jésus........................ 2 fr.

* **Sainte-Hélène**. Un vol. in-18 jésus........................ 2 fr.

* **Waterloo**. 2 vol. in-18 jésus.............................. 2 fr.

* **Congrès de Vienne**. Un vol. in-18 jésus.................... 2 fr.

* **L'Œuvre de A. Thiers**. Extraits précédés d'une notice biographique et reliés entre eux au moyen d'un résumé pour la partie historique, par G. Robertet, ancien professeur de l'Université, chef de bureau au ministère de l'Instruction publique, conformément aux programmes officiels de l'enseignement secondaire spécial du 10 août 1886 et du brevet supérieur du 22 juillet 1887. Ouvrage accompagné d'un portrait de A. Thiers et d'une carte des opérations militaires de 1789-1815.............................. 3 fr.

AUGUSTIN THIERRY

Œuvres complètes, 5 v. in-8 cav., ornés de 21 gr. tirées à part. 30 fr.

Chaque ouvrage se vend séparément.......................... 6 fr.

Le même ouvrage. 10 vol. in-16.............................. 20 fr.

* *Histoire de la conquête de l'Angleterre*. 4 vol......... 8 fr.
* *Lettres sur l'Histoire de France*. 1 vol................. 2 fr.
* *Dix ans d'Etudes historiques*. 1 vol..................... 2 »
* *Récits des temps mérovingiens*. 2 vol.................... 4 »
* *Essai sur l'histoire du tiers-état*. 2 vol................ 4 »

Histoire de la conquête de l'Angleterre par les Normands. Un beau vol. grand in-8 jésus, illustré de 35 grav. hors texte..... 10 fr.

Albums de l'histoire de France, contenant chacun VINGT-CINQ dessins par H. VERNET, RAFFET, PHILIPPOTEAUX, DE NEUVILLE, E. BAYARD, H. CLERGET, texte par H. MARTIN, A. THIERS, J. MACÉ, A. DE LA FORGE, E. BERTHET, E. VAUCHEZ. Reliés en toile rouge, titre or tranches dorées, biseaux :

Sièges et batailles	2 fr.	Hommes de guerre	1 fr. 75
Monuments	2 fr.	Écrivains célèbres	1 fr. 75
Scènes et faits historiques	2 fr.	Personnages illustres	1 fr. 75

L'empereur Alexandre II, VINGT-SIX ANS DE RÈGNE (1855-1881), par C. DE CARDONNE. Un superbe vol. grand in-8 jésus......... 20 fr.

Histoire de Paris et de ses monuments, par DULAURE, édition refondue et complétée par L. BATISSIER. Un vol. in-8 jésus, orné de 51 vues sur acier, des armoiries et d'un plan de la ville de Paris.... 20 fr.

Histoire de l'Algérie ancienne et moderne, par Léon GALIBERT, ornée de 23 vign. sur acier, d'un grand nombre de bois dessinés par RAFFET et d'une carte de l'Algérie. 1 beau vol. grand in-8 jésus... 18 fr.

La Russie ancienne et moderne, par Charles ROMEY et Alfred JACOBS. 1 beau vol. in-8 jésus, illustré de 18 grav. sur acier....... 18 fr.

Histoire d'Espagne, par MARY LAFON. 2 vol. in-8 cav. 16 grav. sur acier .... 12 fr.

* **Histoire des ducs de Normandie,** par A. LABUTTE ; préface par HENRI MARTIN. 2e édit., 12 grav. 1 beau vol. in-8 cav.......... ... 6 fr.

* **Les Marins,** par MM. E. GŒPP et MANNOURY D'ECTOT. 2 vol. in-8 carré, ornés de 47 portraits et de 9 dessins de navires............. 8 fr.

LE MÊME OUVRAGE. 2 vol. in-8 raisin, augmentés de 24 grav. 14 fr.

Campagne de 1870, armée du Rhin, par le Dr QUESNOY. 1 beau vol. in-8 avec *carte en 5 couleurs*. 2e édit. ; suivie des Ambulances. 6 fr.

* **Analyse des principales campagnes,** CONDUITES EN EUROPE DEPUIS LOUIS XIV JUSQU'A NOS JOURS, par Gustave HUE, professeur de géographie à l'école militaire de Saint-Cyr. Un fort vol. in-16. 3 fr. 50

L'Europe sous les armes, par le Lieutenant-colonel HENNEBERT. 65 cartes et plans. 1 volume in-16.................. 3 fr. 50

GEOGRAPHIE

Introduction à l'étude de la géographie, ou Notions de géographie mathématique et de géographie physique, par un MARIN. Un beau vol. in-16, ill. de 40 grav. et de 4 cartes.......... .... 3 fr.

Géographie universelle de Malte-Brun, édition entièrement refondue et mise au courant de la science par Th. LAVALLÉE, ancien professeur de l'École militaire de Saint-Cyr. 6 forts volumes in-8 jésus, illustrés de 64 gravures sur acier.................. .... 72 fr.

Atlas universel de géographie Ancienne et Moderne, pour servir à l'intelligence de la *Géographie universelle de Malte-Brun* et *Th. Lavallée.* 31 cartes in-folio, coloriées, dressées par A. TARDIEU, revues et corrigées par A. VUILLEMIN. L'atlas cartonné........ .... 16 fr.

Atlas universel de géographie moderne, physique, politique, historique, industriel, commercial et militaire, dressé par MM. BUREAU, HUE et GOEDORP, professeurs de géographie à l'École militaire de Saint-Cyr, revu, pour toutes les cartes générales, par M. MASPÉRO, professeur au Collège de France, et composé de 42 magnifiques cartes imprimées en plusieurs couleurs. Cartonné ... 12 fr.

1. Planisphère.
2. Europe physique.
3. Europe politique.
4. Carte politique de l'Europe centrale.
5. Europe centrale (partie occidentale).
6. — (partie centrale).
7. — (partie orientale).
8. Carte géologique de la région française.
9. Carte physique de la région française.
10. France forestière.
11. France agricole.
12. France météorologique.
13. Formation du territoire français.
14. Carte historique de la région française.
15. France administrative.
16. France militaire.
17. France industrielle et commerciale.
18. Communications rapides du territoire français.
19. Camp retranché de Paris.
20. Frontière du Nord-Est de la France.
21. Carte des places fortes du Nord et de l'Est de la France.
22. Frontière du Sud-Est de la France.
23. Carte des Pyrénées.
24. France (région du Nord Ouest).
25. Algérie et Tunisie.
26. Colonies françaises.
27. Iles Britanniques.
28. Carte de la Suisse.
29. Italie.
30. Carte physique et militaire des Alpes et du Pô.
31. Carte de la péninsule ibérique.
32. Russie et pays scandinaves.
33. Hongrie et Turquie.
34. Grèce.
35. Caucase et Crimée.
36. Asie.
37. Afrique.
38. Amérique septentrionale.
39. Carte militaire des États-Unis (partie orientale).
40. Carte militaire des États-Unis (partie occidentale).
41. Amérique méridionale.
42. Océanie.

NOS FRONTIÈRES

Par le colonel E. BUREAU, ancien professeur de géographie à l'École de Saint-Cyr. 1 vol. in-16, orné de 12 cartes. Broché.. 2 fr. 25
Cartonné .... 2 fr. 50

LE GRAND DUCHÉ DE LUXEMBOURG

Vis à vis de la France et de l'Allemagne, par L. GÉLINET, lieutenant au 154e d'infanterie. 1 vol. orné de 4 cartes hors texte. 2 fr. 25
Cartonnage anglais, titre or.......................... 2 fr. 50

GÉOGRAPHIE PHYSIQUE

Historique et militaire de la région française (France, Hollande Belgique, Suisse, frontière occidentale de l'Allemagne), par E. BUREAU, colonel d'infanterie, ancien répétiteur d'histoire, ancien professeur de géographie militaire à l'Ecole de Saint-Cyr, 1 fort volume in-16 de 1,000 pages, cartonné à l'anglaise.... 7 fr. 50

APERÇU DE GÉOGRAPHIE MILITAIRE

De l'Europe (moins la France), par le commandant Gustave HUE, professeur de géographie à l'École de Saint-Cyr. Un vol. in-16, avec 41 cartes ou plans.............................. 4 fr.

VOYAGE AUTOUR DU MONDE

Nouvelle édition, résumé général des Voyages de découvertes de Magellan, Bougainville, Cook, Lapérouse, Basil-Hall, Duperrey, Dumont d'Urville, Laplace, Baudin, etc., publié sous la direction de M. DUMONT D'URVILLE, accompagné de 45 grav. sur acier dessinées par ROUARGUE, et de deux cartes pour l'intelligence du voyage. 2 vol. grand in-8.. 30 fr.

VOYAGE DANS LES DEUX AMÉRIQUES

Publié sous la direction de M. Alcide D'ORBIGNY. Nouvelle édition, revue et augmentée de renseignements sur les états du nouveau monde, et principalement sur la Californie, le Mexique, Cayenne, Haïti, etc. 1 vol. in-8 jésus, illustré de 28 grav. et deux cartes sur acier .... 15 fr.

VOYAGE EN ASIE ET EN AFRIQUE

Par EYRIÈS. Édition corrigée et augmentée des récits des plus récents voyages dans l'intérieur des terres, par M. Alfred JACOBS. 1 vol. in-8 jésus, illustré de 25 vignettes sur acier et de deux cartes. 15 fr.

L'ITALIE D'APRÈS NATURE

(*Italie Méridionale*), par Mme Louis FIGUIER. 1 volume in-8. Broché.. 3 fr.

SCIENCE — INDUSTRIE
HISTOIRE NATURELLE — BEAUX-ARTS

* Les merveilles de la science, ou description populaire des inventions modernes, par Louis Figuier, 4 forts vol. grand in-8 jésus, illustrés de 1817 grav. ; broché.. 40 fr.
  Chaque volume se vend séparément, broché............ 10 fr.

* Les merveilles de l'industrie ou description populaire des procédés industriels depuis les temps les plus reculés jusqu'à nos jours, par Louis Figuier, 4 vol. gr. in-8 jésus, illustrés de 1380 grav.. 40 fr.
  Chaque volume se vend séparément, broché............ 10 fr.

* Métaux, mines, mineurs et industries métallurgiques, par Émile With. 1 vol. gr. in-8, illustré de 192 grav........... 10 fr.

* Traité élémentaire d'astronomie, par A. Boillot. 2e *édition*. Un beau vol. in-18, orné de 108 grav. sur cuivre.............. 4 fr.

ŒUVRES COMPLÈTES DE BUFFON

Nouvelle édition, avec la classification de Cuvier et des extraits de Daubenton, ornée de 128 planches gravées sur acier, contenant 300 sujets coloriés d'après les dessins de M. Édouard Traviès. 6 vol. grand in-8 jésus.. 90 fr.

ŒUVRES DE LACÉPÈDE

Cétacés, Quadrupèdes ovipares, serpents et poissons. Nouvelle édition, précédée de l'éloge de Lacépède par Cuvier, avec notes, et la nouvelle classification de Desmarest. 2 vol. grand in-8 jésus, ornés de 36 planches gravées sur acier d'après les dessins de M. Édouard Traviès, représentant 72 sujets coloriés.... 30 fr.

Nids, tanières et terriers. (*Les Architectes de la nature.*) Deuxième édition. D'après J.-G. Wood, par Hippolyte Lucas. Magnifique publication illustrée de 200 vignettes placées dans le texte, et de 20 gravures tirées à part. 1 beau vol. grand in-8 jésus..... 10 fr.

Les principaux types des êtres vivants des cinq parties du monde; atlas in-4, contenant 582 gravures, à l'usage des Lycées, Collèges, Écoles primaires et de tous les établissements d'instruction, accompagné d'un texte explicatif, formant un volume in-16, par M. Edmond Perrier, professeur au Muséum d'histoire naturelle. Prix de l'atlas et du volume cartonné.............................. 6 fr.

Les Phases de la Vie (du berceau à la tombe), par le Dr F. Quesnoy, médecin inspecteur en retraite du service de santé des armées. 1 vol. in-16.. 3 fr.

ENCYCLOPÉDIE DES BEAUX-ARTS PLASTIQUES

Historique, archéologique, biographique, chronologique et monogrammatique, par Auguste Demmin. *Épigraphie*, *Paléographie*, *Architectures* civile, religieuse et militaire ; *Céramique* ancienne et moderne ; *Sculpture* et *Peinture* de toutes les écoles ; *Gravure* sur métaux et sur bois, etc. Cette publication illustrée de 6,000 grav., complétée par une table alphabétique de 20,000 mots, forme 3 vol. grand in-8 cartonnés en toile.. 80 fr.

Dessin indutriel. — *Cours élémentaire et pratique*, par L. Guiguet, officier de l'Instruction publique, professeur à l'Association polytechnique. 1 vol. grand in-8 jésus, avec un album de 46 planches in-folio. Prix du volume broché et de l'album cartonné..... 22 fr

Toutes les planches de l'album se vendent séparément 50 cent.

LITTÉRATURE

Œuvres complètes de Chateaubriand, nouvelle édition, ornée de 31 magnifiques gravures sur acier. 12 forts vol. in-8 cavalier.. 72 fr.
Chaque volume se vend séparément. 6 fr.

Tomes
1. Essais historiques sur les Révolutions.
*2. Le Génie du christianisme.
*3. Les Martyrs.
*4. Itinéraire de Paris à Jérusalem.
5. Romans et poésies diverses.
6. Essai sur la littérature anglaise, le *Paradis perdu*, et Poèmes.

Tomes
7. Études historiques.
8. Analyse raisonnée de l'histoire de France et Mélanges politiques.
9. Voyages et mélanges littéraires
10. Congrès de Vérone.
11. Polémique et Mélanges politiques.
12. Opinions et Discours, et Vie de Rancé.

ŒUVRES DE LAMARTINE

(Chaque ouvrage se vend séparément)

IN-8 CAVALIER

Premières et Nouvelles Méditations. 1 vol., 4 gravures...... 7 50
Harmonies poétiques, Recueillements. 1 vol., 3 gravures..... 7 50
Jocelyn. 1 vol. 3 gravures...... 7 50
Chute d'un Ange, 1 vol., 1 grav. 7 50
Voyage en Orient. 2 vol. 12 grav. 15 »
Confidences et Nouvelles Confidences. 1 vol. 8 gravures..... 7 50
*Le Manuscrit de ma mère. 1 vol. 7 50
Histoire des Girondins. 4 vol., 40 gravures................ 30 »

IN-18 JÉSUS

*Premières Méditations 1 vol... 3 50
*Nouvelles Méditations. 1 vol... 3 50
*Harmonies poétiques. 1 vol... 3 50
Recueillements poétiques. 1 vol. 3 50
Jocelyn. 1 vol................ 3 50
Chute d'un Ange. 1 vol........ 3 50
Voyage en Orient. 2 vol....... 7 »
Confidences. 1 vol............ 3 50
Nouvelles Confidences. 1 vol.... 3 50
*Manuscrit de ma mère. 1 vol.. 3 50
Histoire des Girondins. 6 vol... 21 »
Lectures pour tous. 1 fort vol... 3 50
Raphaël. 1 vol................ 1 25
Graziella. 1 vol.............. 1 25
*Le Tailleur de pierres de Saint-Point. 1 vol................ 1 25

L'Œuvre de Lamartine, Extraits, par G. Robertet, ancien professeur de l'Université, chef de bureau au Ministère de l'Instruction publique. 1 vol. in-16, accompagné d'un portrait de Lamartine....... 3 fr.

ŒUVRES DE JEAN REYNAUD

Terre et Ciel. Philosophie religieuse 5e éd. 1 fort vol. in-8 cav....... 7
Merlin de Thionville, avec portrait et fac-simile. 1 fort vol. in-8 cav. 7
L'esprit de la Gaule. 1 beau vol.... 6
*Lectures variées. 1 vol. in-8...... 6
Études encyclopédiques. 3 vol..... 18

ŒUVRES DE WALTER SCOTT

Traduction de M. DEFAUCONPRET; édition illustrée de 59 vignettes et portraits sur acier d'après RAFFET. 30 vol. in-8 cav........ 150 fr.

Chaque volume se vend séparément.................... 5 fr.

1. *Wawerley.
2. *Guy Mannering.
3. L'Antiquaire.
4. Rob-Roy.
5. Le Nain noir. — Les Puritains d'Écosse.
6. La Prison d'Édimbourg.
7.* La Fiancée de Lammermoor. — L'Officier de fortune.
8. *Ivanhoé.
9. Le Monastère.
10. L'Abbé.
11. Kenilworth.
12. Le Pirate.
13. Les Aventures de Nigel.
14. Peveril du Pic.
15. *Quentin Durward.
16. Eaux de Saint-Ronan.
17. Redgauntlet.
18. Connétable de Chester.
19. *Richard en Palestine.
20. Woodstock.
21. Chroniques de la Canongate.
22. La Jolie Fille de Perth.
23. *Charles le Téméraire.
24. Robert de Paris.
25. Le Château périlleux. — La Démonologie.
26. 27. 28. Histoire d'Écosse.
29. 30. Romans poétiques.

LE MÊME OUVRAGE, *nouvelle édition*, publiée en 30 volumes in-8 carré, avec gravures sur acier. Chaque volume........... 3 fr. 50

ŒUVRES DE J. FENIMORE COOPER

Traduction de DEFAUCONPRET ornée de 60 jolies vignettes d'après les dessins de MM. Alfred et Tony JOHANNOT. 30 volumes in-8 cavalier.. 150 fr.

Chaque volume se vend séparément..................... 5 fr.

1. Précaution.
2.* L'Espion.
3.*Le Pilote.
4. Lionnel Lincoln.
5.*Les Mohicans.
6.*Les Pionniers.
7.*La Prairie.
8.*Le Corsaire rouge.
9. Les Puritains.
10. L'Écumeur de mer.
11. Le Bravo.
12. L'Heidenmauer.
13. Le Bourreau de Berne
14. Les Monikins.
15. Le Paquebot.
16. Ève Effingham.
17.*Le Lac Ontario.
18. Mercédès de Castille.
19.*Le Tueur de daims.
20. Les deux Amiraux.
21. Le Feu-Follet.
22. A Bord et à Terre.
23. Lucie Hardinge.
24. Wyandotté.
25. Satanstoë.
26. Le Porte-Chaîne.
27. Ravensnest.
28. Les Lions de mer.
29. Le Cratere.
30. Les Mœurs du jour.

LE MÊME OUVRAGE, *nouvelle édition*, publiée en 30 volumes in-8 carré, avec gravures sur acier. Chaque volume.......... 3 fr. 50

OUVRAGES DIVERS

Du plus grand crime au plus petit délit, par G. VIBERT, docteur en droit, conseiller à la cour de Douai. Un fort vol. in-16. Broché .... 3 fr. 50

La Corbeille des fées, par Mme la vicomtesse de FORSANZ, précédée d'une préface par M. DE LA VILLEMARQUÉ, de l'Institut. 1 volume in-16, orné de 13 compositions hors texte par C. E. MATTHIS.

Broché .... 2 fr. 25

Cartonné en toile rouge, avec plaques or et noir, tranches dorées .... 3 fr. 50

Le Chien, *son histoire, ses exploits, ses aventures*, par Alfred BARBOU, bibliothécaire à la bibliothèque Sainte-Geneviève. Un vol. grand in-8 raisin, illustré de 87 compositions .... 10 fr.

Musée historique de Versailles, contenant tous les tableaux remarquables des galeries de Versailles, 56 planches gravées sur acier, avec un texte explicatif, par M. Henri MARTIN. 1 splendide volume in-4, relié .... 30 fr.

Physiologie du goût, par BRILLAT SAVARIN. Nouvelle édition précédée d'une Introduction par ALPHONSE KARR, illustrée par BERTALL de 200 gravures sur bois placées dans le texte et de 7 grav. sur acier tirées sur papier de Chine. 1 magnifique vol. gr. in-8 jésus .... 15 fr.

Histoire de la Magie et de la Fatalité à travers les temps et les peuples, par P. CHRISTIAN. Un beau volume grand in-8, illustré par Émile BAYARD .... 10 fr.

Don Quichotte de la Manche, par Michel CERVANTES, traduction de M. Ch. FURNE. 1 beau vol. grand in-8 jésus, illustré de 160 dessins par M. Gustave ROUX. Broché .... 8 fr.

Les aventures du Baron Munchhausen. Édition nouvelle, traduite par Th. GAUTIER fils, et illustré par Gustave DORÉ. 1 volume in-8. Br. 4 fr.; relié avec plaques or, tranches dorées .... 7 fr.

Album-Vocabulaire du premier âge, en français, anglais, allemand, italien et espagnol, par MM. A. LE BRUN, H. HAMILTON et G. HEUMANN. 1 vol. grand in-8 raisin, illustré de 800 gravures avec plaques et biseaux .... 6 fr.

Chefs-d'œuvre épiques de tous les peuples, par A. CHASSANG, inspecteur général de l'Instruction publique, et L. MARCOU, maître de conférences à la Faculté des lettres de Paris. 1 vol. in-16. 3 fr. 50

A cheval! En chasse! par Robert DE FAUCONNET. Charmant volume in-8 écu, illustré de 70 **gravures**, tiré sur papier vélin teinté (Édition d'amateur).. 5 fr.

La vie à la campagne. Chasse, pêche, courses, haras, beaux-arts, agriculture, acclimatation des races, pisciculture, régates, voyages, bains de mer, eaux thermales, etc. 6 beaux vol. grand in-8 jésus ornés de nombreuses gravures sur acier et de plus de 2,000 gravures sur bois intercalées dans le texte....... **60 fr.**

La Chasse et la Table, par CHARLES JOBEY. — Nouveau traité en vers et en prose donnant la manière de chasser, de tuer et d'apprêter le gibier. Joli vol. in-18, papier vélin glacé, avec gravures sur acier.. 3 fr. 50

Le Divorce et la séparation de corps, *à l'usage des gens du monde et la manière de s'en servir* (*Deuxième édition*), par G. de CAVILLY. 1 beau volume in-16.. 3 fr. 50

L'Éloquence sous les Césars, par AMIEL, agrégé de l'Université. 1 vol. in-8.. 5 fr.

Histoire des villes de France, avec une Introduction et un Résumé général pour chaque province, par ARISTIDE GUILBERT, et une société de membres de l'Institut, de Savants, de Magistrats, d'Administrateurs, etc., ornée de 90 magnifiques gravures sur acier par ROUARGUE FRÈRES, de 113 armoiries coloriées des villes et d'une carte de France par province. 6 vol. grand in-8 jésus.... 92 fr.

Histoire d'Espagne, depuis les premiers temps historiques jusqu'à la mort de Ferdinand VII, par **Rosseeuw Saint-Hilaire**, professeur agrégé d'histoire à la Faculté des lettres de Paris. 14 vol. in-8 carré.. 70 fr.

LITTÉRATURE CLASSIQUE

MOLIÈRE. — Œuvres complètes, précédées de la Vie de Molière par VOLTAIRE. 2 volumes in-8 cavalier ornés de 16 vignettes d'après MM. Horace Vernet, Desenne et Johannot, gravées par Nargeot.. 14 fr.

P. CORNEILLE. — Œuvres dramatiques, précédées de la vie de P. Corneille par FONTENELLE. Nouvelle édition, ornée de 11 gravures sur acier d'après Bayalos, et d'un magnifique portrait de P. Corneille. 1 fort volume in-8, papier cavalier .... 7 fr.

JEAN RACINE. — Œuvres, précédées d'un essai sur sa vie et ses ouvrages par L.-S. AUGER, de l'Académie française, et ornées de 13 vignettes d'après Gérard, Girodet, Desenne. 1 beau volume in-8 cavalier.. 7 fr.

BOILEAU. — Œuvres, avec un choix de notes, et les imitations des auteurs anciens. Nouvelle édition précédée d'une notice sur Boileau par SAINTE-BEUVE, de l'Académie française. 1 volume in-8 cavalier, 6 vignettes et 1 portrait sur acier..................... 5 fr.

Le même ouvrage, édition de luxe, tirée à 110 exempl., sur grand papier vergé, numérotés à la presse. 1 vol. orné de grav. sur acier, imprimées sur papier de Chine .... 25 fr.

LA BRUYÈRE. — Les Caractères et les *Maximes de La Rochefoucauld*, précédés d'une notice par M. SUARD. Nouvelle édition. 1 beau volume in-8 cavalier, orné d'un portrait de J. DE LA BRUYÈRE.. 5 fr.

LA FONTAINE. — Fables, illustrées par Tony JOHANNOT de 13 gravures sur acier. Nouvelle édition, augmentée d'un choix de notes. et précédée d'une Notice sur La Fontaine par SAINTE-BEUVE, de l'Académie française. 1 vol. in-8 cav.......................... 5 fr.

VAUVENARGUES, édition nouvelle, précédée de l'*Éloge de Vauvenargues* couronné par l'Académie française, et accompagnée de notes et commentaires par M. D.-L. GILBERT. 1 volume in-8 cavalier avec portrait sur acier.

— *Œuvres posthumes* et *œuvres inédites*, avec notes et commentaires par M. D.-L. GILBERT. 1 volume in-8 cavalier. — Prix des deux volumes .... 12 fr.

FÉNELON. — **Les aventures de Télémaque**. 1 beau vol. in-8° cavalier, orné de 12 grav et d'un portrait gravé sur acier .... 6 fr.

BOSSUET. — **Discours sur l'Histoire universelle et Oraisons funèbres**. 1 volume in-8° cavalier........................ ..... 5 fr.

Mme DE SÉVIGNÉ. — **Lettres**, précédées d'une notice historique et littéraire. 1 beau volume in-8 cavalier, orné d'un portrait..... 6 fr.

VOLTAIRE. — **Siècle de Louis XIV**. 1 beau volume in-8 cavalier, orné d'un portrait de Louis XIV.......................... 6 fr.

VOLTAIRE. — **Théâtre**, précédé d'une notice sur sa vie et ses ouvrages. 1 beau volume in-8 cavalier, orné d'un portrait..... 6 fr.

BEAUMARCHAIS. — **Théâtre**, précédé d'une notice par SAINT-MARC GIRARDIN. 1 vol. in-8 cav., illustré de 5 vignettes sur acier, d'après Tony Johannot .... 6 fr.

DEMOUSTIER. — **Lettres à Émilie sur la Mythologie**. 1 vol. in-8 cav., orné de 12 grav. sur acier, imprimées sur Chine....... 7 fr.

Le même ouvrage, édition de luxe, 1 fort volume tiré à 110 exemplaires sur grand papier vergé, numérotés à la presse, orné d'une collection de 13 magnifiques gravures sur acier, tirées sur Chine..... 25 fr.

LE SAGE. — **Gil Blas de Santillane**. Nouvelle édition, 1 volume in-8 cavalier, orné de 8 gravures sur acier et d'un portrait de l'auteur .... 7 fr.

A. HAMILTON. — **Mémoires de Grammont et contes**. 1 volume in-8 cavalier orné de 6 gravures sur acier, d'après les dessins de Moreau.. 6 fr.

MICHEL CERVANTÈS. — **Don Quichotte de la Manche**. Traduction nouvelle par Ch. FURNE, 2 volumes in-8 cavalier ornés de gravures sur acier.. 8 fr.

9154-87. — CORBEIL. Imprimerie CRÉTÉ.

CHEZ LES MÊMES ÉDITEURS

BIBLIOTHÈQUE INSTRUCTIVE

Collection de volumes in-16 illustrés, brochés....... 2 fr. 25
Cartonnés en toile rouge ou lavallière, avec plaque or, tranches dorées. 3 fr. 50

Le Liège et ses applications, par H. de Graffigny. 1 vol., 50 grav.

L'Armée d'Afrique, par le Dr F. Quesnoy. 1 vol. 46 grav., 1 carte.

La grande Pêche (Tortues de mer, Animaux inférieurs), par le Dr H.-E. Sauvage. 1 vol., 70 grav.

Les Invisibles, par Fabre-Domergue. 1 vol., 90 grav.

Tahiti *et les Colonies françaises de la Polynésie*, par H. Le Chartier, avec une lettre-préface de M. Ferd. de Lesseps. 1 vol., 25 grav. et 2 cartes hors texte.

Les grands Conquérants, par A. Desprez. 1 vol., 50 grav.

Le Combat pour la vie, par O. de Rawton. 1 vol., 110 grav.

La Mer, par A. Dubarry. 1 vol., 90 grav. sur bois.

Nos frontières perdues, par A. Lepage. 1 vol., 80 gr. et 13 cartes.

Histoire de la Lune, par W. de Fonvielle. 1 vol., 72 grav.

La Chine, par Victor Tissot. 1 vol., 65 grav. sur bois.

L'Algérie, par le Dr F. Quesnoy. 1 vol. 100 grav. et 1 carte.

Les Insectes nuisibles à l'agriculture et à la viticulture. Moyens de les combattre, par E. Menault. 1 vol. orné de 105 grav. sur bois.

Les Paysans et leurs Seigneurs avant 1789, par L. Manesse. 50 grav.

Les Grandes Souveraines, par A. Desprez. 50 grav.

Nouvelles lectures scientifiques. *Première année*, par Max. Flajat. 1 vol., 236 grav.

L'homme blanc au pays des noirs, par J. Gourdault. 1 vol., 70 grav. et 1 carte de l'Afrique.

La Nouvelle-Calédonie et les Nouvelles-Hébrides, par H. Le Chartier. 1 vol., 45 grav. et 2 cartes.

Les Plantes qui guérissent et les Plantes qui tuent, par O. de Rawton. 1 v. 130 grav.

Jeanne Darc, par Henri Martin, de l'Académie française. 20 grav.

L'Héroïsme français, par A. Lair. 1 vol. orné de 56 grav.

Les Colonies perdues (le Canada et l'Inde), par Ch. Canivet. 1 vol. orné de 65 grav.

Le Japon, par G. Depping. 1 vol., 47 grav. et 1 carte.

L'Architecture en France, par G. Cerfberr de Médelsheim. 1 vol. orné de 126 grav.

Le Boire et le Manger, par Armand Dubarry. 126 grav.

Les Généraux de la République, par A. Barbou (2e édit.). 1 vol. orné de 35 grav. sur bois.

Voyage de la mission Flatters au pays des Touareg-Azdjers, par le capitaine H. Brosselard. 40 grav. et 1 carte.

La grande Pêche (Les Poissons), par le Dr H.-E. Sauvage. 1 vol. orné de 67 grav.

Les Chasses de l'Algérie par le Général Margueritte, (3e édit.). 1 vol. orné de 65 grav.

L'Égypte, par J. Hervé. 1 vol., 87 grav. sur bois et 2 cartes.

L'Art de l'éclairage, par Louis Figuier (2e éd.). 114 grav.

Les Aérostats, par Louis Figuier (2e édit.). 1 vol., 53 grav.

www.ingramcontent.com/pod-product-compliance
Ingram Content Group UK Ltd.
Pitfield, Milton Keynes, MK11 3LW, UK
UKHW020154250726
13967UKWH00003B/1047